红土镍矿冶炼镍铁新技术
原理与应用

李光辉　姜　涛　罗　骏　饶明军　著

北　京
冶金工业出版社
2023

内 容 提 要

本书对镍资源及红土镍矿的开发利用进行了综述，详细阐述了红土镍矿冶炼镍铁流程中的选择性固态还原技术、熔炼渣系调控技术、软熔性能调控技术、冶炼渣资源化利用技术的原理与工业生产应用新进展。

本书可供冶金工程、矿业工程、资源综合利用等领域的科研、生产、管理人员阅读参考。

图书在版编目（CIP）数据

红土镍矿冶炼镍铁新技术：原理与应用/李光辉等著. —北京：冶金工业出版社，2018.10（2023.2 重印）
ISBN 978-7-5024-8005-9

Ⅰ.①红… Ⅱ.①李… Ⅲ.①镍铁—铁合金熔炼—研究 Ⅳ.①TF644

中国版本图书馆 CIP 数据核字（2018）第 272780 号

红土镍矿冶炼镍铁新技术：原理与应用

出版发行 冶金工业出版社		**电 话** (010)64027926	
地 址 北京市东城区嵩祝院北巷 39 号		**邮 编** 100009	
网 址 www.mip1953.com		**电子信箱** service@ mip1953.com	

责任编辑 曾 媛 刘小峰 美术编辑 彭子赫 版式设计 孙跃红
责任校对 石 静 责任印制 禹 蕊
北京建宏印刷有限公司印刷
2018 年 10 月第 1 版，2023 年 2 月第 2 次印刷
710mm×1000mm 1/16；15.25 印张；295 千字；229 页
定价 99.00 元

投稿电话 (010)64027932 投稿信箱 tougao@cnmip.com.cn
营销中心电话 (010)64044283
冶金工业出版社天猫旗舰店 yjgycbs.tmall.com
（本书如有印装质量问题，本社营销中心负责退换）

序

镍是一种重要的战略金属，广泛应用于制造不锈钢等行业与领域。传统的镍基不锈钢生产工艺以电解镍为镍源，电解镍的生产主要以硫化镍矿为原料。但随着硫化镍矿资源的日益枯竭，电解镍的供应已不能满足不锈钢工业对镍金属的需求。红土镍矿占陆基镍矿资源的72%，以红土镍矿为原料生产镍铁、以镍铁替代电解镍为镍源是不锈钢工业持续发展的必然趋势。

我国镍铁工业发展迅速，但暴露出的问题也十分突出。一是资源问题：我国红土镍矿资源严重短缺，镍铁生产原料几乎全部依赖进口，由于原料镍品位低、含水量大、运输费用高，导致我国镍铁及不锈钢生产成本高、国际竞争力差；二是工艺技术问题：现有的三种镍铁生产工艺——回转窑-电炉法、烧结-高炉法、回转窑粒铁法普遍存在原料适应性差、流程长、能耗大等问题，其中高炉法和电炉法均需两步高温过程；三是镍铁冶炼渣的处理问题：冶炼单位镍铁排渣量是普通生铁冶炼排渣量的10~15倍，我国镍铁冶炼渣累计堆存量已超过2亿吨，并仍在以每年约3000万吨的速度快速增加，但目前对镍铁冶炼渣的利用率不足10%，其大量堆存带来的环境隐患已成为危及镍铁工业存续的紧迫问题。

近十余年来，中南大学李光辉、姜涛两位教授及其所带领的团队在红土镍矿冶炼镍铁和资源综合利用领域持续开展科学研究和技术攻关，从镍铁制备新工艺的开发、现有工艺技术的革新、镍铁冶炼渣的增值利用等方面，对红土镍矿冶炼镍铁进行了全方位的技术创新，并广泛开展工程化应用于实践工作，为解决我国镍铁生产目前存在的突出问题提供了可行的途径。

针对现有镍铁生产工艺存在的原料适应性差、工艺流程长、生产成本高等问题，发明了红土镍矿选择性固态还原-磁选制备镍铁新工艺并建厂实施，新工艺一步高温生产镍铁，操作温度较传统的高炉法和电炉法降低500℃，较粒铁法降低300℃，原料适应性强，生产成本较高温熔炼工艺降低30%，为合理与优化利用国外中低品位红土镍矿资源、发展我国不锈钢产业开拓了新途径。

针对预还原-电炉熔炼工艺存在的操作温度高、能耗大等问题，构建了以透辉石和镁铁橄榄石为主要物相的低熔点新渣型，开发出渣系优化调控新技术，在广东广青金属科技有限公司、宝钢德盛不锈钢有限公司等企业获得工业应用，电炉操作温度降低50~100℃，吨镍铁生产电耗平均降低15%以上，革新了现有的高温熔炼镍铁生产工艺。

针对回转窑粒铁法工艺存在的镍铁颗粒生长聚集困难、渣铁分离难度大、金属回收率低，以及烧结-高炉法工艺存在的烧结矿成品率低、质量差等问题，研究揭示了红土镍矿焙烧过程物相转变对软熔性能的影响规律，查明了高温焙烧过程适宜低熔点透辉石相的液相生成行为，开发出红土镍矿软熔性能调控新技术，大幅提升了红土镍矿烧结的产量、质量指标，回转窑最高还原温度降低至1200~1250℃，焙砂中镍铁颗粒明显长大，显著改善了镍铁分选效果，突破了烧结法与粒铁法生产工艺的技术瓶颈。

针对镍铁冶炼渣含镁高、活性低、通常含铬、难以利用的问题，设计出以镁橄榄石为主体相、镁铝铬尖晶石为强化相的耐火材料组分，开发出镍铁冶炼渣制备镁橄榄石型复相耐火材料和高温轻质隔热材料新方法，并在工业生产中获得了性能优于 MS-65 等商业制品的产品，实现镍铁冶炼渣的高效增值利用，为解决镍铁冶炼渣带来的环境问题提供了新途径。

《红土镍矿冶炼镍铁新技术：原理与应用》一书是作者系统总结上

述研究工作提炼而成的学术成果。在内容编排上，该书各部分均从基础理论研究，到新技术开发，再到工程化应用与实践，循序渐进，逐渐展开。这是迄今所见红土镍矿加工利用领域中内容最新颖、体系最完善、基础研究最深入的一本优秀的原创性著作，对从事镍铁生产的管理者和技术人员，以及红土镍矿资源开发利用的企业和相关研究单位都有较大的参考价值。相信该书的出版必将对我国红土镍矿冶炼镍铁的技术发展与进步起到显著的推动作用。

中国工程院院士

2018 年 8 月

前　言

不锈钢是重要的高端材料。镍是生产不锈钢的重要合金元素，镍基不锈钢的生产通常以硫化镍矿为原料制备的电解镍为金属镍源。随着硫化镍矿资源日益枯竭，以红土镍矿为原料生产镍铁、以镍铁替代电解镍为镍源是不锈钢工业持续发展的重要趋势。

近十年来，我国镍铁工业发展十分迅速，但也暴露出红土镍矿资源短缺、主要依赖进口、生产成本高，现有镍铁冶炼工艺流程长、能耗大，镍铁冶炼渣排放量大导致环境污染等问题，亟待开发红土镍矿高效冶炼镍铁及镍铁冶炼渣清洁利用新工艺、新方法、新技术。

针对这些突出问题，本书作者及所在团队持续开展了历时十余年的基础研究和技术攻关，发明了红土镍矿选择性固态还原-磁选制备镍铁新工艺，开发出红土镍矿还原熔炼的渣系优化调控新技术、红土镍矿软熔性能调控新技术、镍铁冶炼渣制备镁橄榄石型复相耐火材料和高温轻质隔热材料的新方法，本书即以此为基础总结提炼而成。

全书共分为 5 章，每章的内容均按照基础研究、技术开发和工业应用的层次叙述。第 1 章介绍了镍的基本性质和用途、红土镍矿处理技术进展及镍铁工业存在的问题、面临的挑战与发展趋势。第 2 章针对我国镍铁生产原料主要依赖进口、运输费用高，现有镍铁生产工艺流程长、能耗高以及由此带来的生产成本高等问题，以开发短流程、低能耗、低成本的镍铁生产新工艺为目标，通过揭示红土镍矿还原/硫化的热力学、动力学规律，探明固态还原焙烧过程中镍铁晶粒的生长行为，开发出红土镍矿选择性固态还原-磁选制备镍铁新工艺，实现了一步高温固态还原制备镍铁，操作温度较传统的高炉法和电炉法降低

500℃，较回转窑粒铁法降低 300℃，为合理与优化利用国外中低品位红土镍矿资源、发展我国镍铁与不锈钢工业开拓了新方法。第 3 章针对目前镍铁生产广泛采用的预还原-电炉工艺存在的操作温度高、电耗大等问题，查明了钙、镁、硅、铝和亚铁等组分对熔渣性质的影响，构建了以透辉石和镁铁橄榄石为主要物相的低熔点新渣型，开发出以控制 FeO 含量为中心、以调节四元碱度为主要手段的渣系优化调控新技术，实现了降低电炉冶炼温度、节约电耗、提高金属回收率的目的。第 4 章针对回转窑粒铁法工艺存在的渣铁分离困难、金属回收率低以及烧结-高炉法工艺存在的烧结矿成品率低、质量差、冶炼性能不佳等问题，提出了降低红土镍矿软熔温度、促进液相生成的技术方案，建立了红土镍矿焙烧过程物相转变与软熔性能的相互关系，查明了高温焙烧过程中适宜低熔点透辉石相的液相生成行为，开发出红土镍矿软熔性能调控新技术，提高了红土镍矿烧结矿的产量质量和高炉冶炼指标，大幅降低了回转窑最高还原温度，促进了镍铁颗粒的生长聚集，显著改善了回转窑粒铁法工艺镍铁分选效果。第 5 章针对镍铁冶炼渣含镁高、活性低且通常含铬、利用难度大等问题，立足于镍铁冶炼渣的成分和物相特点，设计出以镁橄榄石为主体相、镁铝铬尖晶石为强化相的耐火材料组分，开发出原料级配技术调控体积膨胀，添加剂优化物相组分、液相生成与产品织构的镍铁冶炼渣制备耐火材料和高温轻质隔热材料的新方法，实现镍铁冶炼渣的增值利用。

　　本书相关研究工作先后获得了国家杰出青年科学基金（50725416）、国家自然科学基金重点项目（51234008）、教育部新世纪优秀人才支持计划（NCET-11-0515）等的资助。在技术开发和工业应用过程中，先后得到了广东广青金属科技有限公司、宝钢德盛不锈钢有限公司、北海诚德镍业有限公司以及印尼 SILO 公司等国内外企业的大力支持，作者在此表达诚挚的谢意。

　　本书第 5 章由彭志伟、古佛全编写。刘牡丹、董海刚、史唐明、张鑫、智谦、刘君豪、贾浩、王江等研究生参与了本书的研究与资料收集整理工作，在此一并表示感谢。

最后，特别感谢邱冠周院士对我们的长期指导与培养，并在百忙之中为本书作序。

书中不足之处，恳请广大读者和同行批评指正。

著　者
2018 年 8 月

目　录

1 绪　　论

1.1　镍的性质与用途

1.1.1　镍的性质

镍是 1751 年由瑞典矿物学家克朗斯塔特（A. F. Cronstedt）分离出来的银白色铁磁性金属，位于元素周期表中第四周期第Ⅷ族，原子序数 28，原子量 58.71，密度 8.9g/cm³（20℃），熔点 1455℃，沸点 2915℃，硬度 5，其元素特征谱线为 232.0nm。地壳中镍的含量丰富，仅次于硅、氧、铁、镁，居第 5 位。镍的化合价有−1、+1、+2、+3、+4，在简单化合物中以+2 价最稳定。镍的氧化物有 NiO、Ni_3O_4 和 Ni_2O_3，硫化物主要有 NiS_2、Ni_6S_5、Ni_3S_2、NiS 等。NiO 熔点为 1650~1660℃，易被 C 或 CO 还原成金属。镍与 CO 反应生成挥发性羰基镍（$Ni(CO)_4$），在标态下羰基镍是无色的液体，43℃时沸腾、180℃时分解[1]。

镍的延展性好、韧性强，延伸率为 25%~45%，能压成厚度 0.02mm 以下薄片，可用于锻造和轧制各种机件。镍的高温性能好，加热到 700~800℃仍不氧化，并能保持一定的强度。镍的抗氧化和耐腐蚀性能优良，在常温潮湿空气中镍表面形成的致密氧化膜阻止其内部继续氧化。镍能耐氟、碱盐水和有机物质腐蚀，在稀酸中溶解缓慢，强硝酸能使其表面钝化而具有抗蚀性[2,3]。

1.1.2　镍的用途

镍是一种重要的战略金属，是高新技术领域和人类高水平物质文化体系建设不可缺少的金属，已成为现代航空工业、国防工业的关键材料，在国民经济中起着举足轻重的作用。镍主要作为合金元素用于生产不锈钢、高温合金钢、高性能特种合金、镍基喷镀材料等[4]。镍钴合金是一种永磁材料，广泛用于电子遥控、原子能工业和超声工艺等领域。在化学工业中，镍常用作氢化催化剂，与铂钯等一样，镍能吸收大量的氢，近年来镍和稀土合成的储氢合金和泡沫镍广泛应用于生产镍氢、镍镉电池，成为重要的清洁高效的电池原料。此外，镍还可用作陶瓷颜料和金属表面的防腐镀层。

不锈钢是指在空气、水、蒸汽等弱腐蚀介质中不生锈和在酸、碱、盐溶液等强腐蚀介质中耐腐蚀的钢，广泛应用于民用产品和建筑装饰等行业。不锈钢按其主要化学组成可分为铬不锈钢（俗称400系）、铬镍不锈钢、铬镍钼不锈钢（俗称300系）、铬锰氮不锈钢（俗称200系）。按金相组织分类为：铁素体（F）型不锈钢、马氏体（M）型不锈钢、奥氏体（A）型不锈钢、奥氏体-铁素体（A-F）型双相不锈钢、奥氏体-马氏体（A-M）型双相不锈钢和沉淀硬化（PH）型不锈钢。表1-1是三类常见不锈钢的主要性能比较。

表1-1 三种常见不锈钢的主要性能比较

分 类	金相组织	磁 性	强 度	耐蚀性	加工性
200系	奥氏体	无	高	一般	较好
300系	奥氏体	无	较高	好	好
400系	铁素体/马氏体	有	中/高	良	一般

镍被称为奥氏体形成元素，在不锈钢中的主要作用在于它可改变钢的晶体结构，形成奥氏体晶体，从而改善不锈钢的可塑性、可焊接性和韧性等属性。普碳钢的晶体结构为铁素体，呈体心立方（BCC）结构，镍加入后促使钢的晶体结构从体心立方结构转变为面心立方（FCC）结构，FCC结构被称为奥氏体。常见的奥氏体形成元素除镍以外还有碳、氮、锰、铜等。

在不锈钢中同时存在两种相反作用：铁素体形成元素不断生成铁素体，奥氏体形成元素不断生成奥氏体，而不锈钢最终的晶体结构取决于两类添加元素的相对数量。铬是一种铁素体形成元素，所以铬在不锈钢晶体结构的形成上和奥氏体形成元素之间是一种竞争关系。因为铁和铬都是铁素体形成元素，所以400系列不锈钢是完全铁素体不锈钢，具有磁性。在把奥氏体形成元素镍加入到铁铬钢时，随着镍成分增加，形成的奥氏体数量也会逐渐增加，直至所有的铁素体结构都被转变为奥氏体结构，这样就形成了300系列不锈钢。如果仅添加一半数量的镍，就会形成50%的铁素体和50%的奥氏体，这种结构被称为双相不锈钢[5,6]。目前使用的不锈钢约70%是奥氏体不锈钢。

1.2 镍的生产与消费

近年来，全球原镍年生产量和年消费量总体呈现增长趋势。以2010~2017年间的原镍生产及消费数据为例[7,8]（如图1-1所示），2010年全球原镍消费量为146.5万吨（以金属镍计，以下同），到2017年其消费量已经增加至192.4万吨，八年间消费量增长率达到31%。对于镍产量而言，2010年全球生产镍144.2万吨，2014年达到近七年来的最高值199.4万吨，相较于2010年产量增长超过38%。2015~2017年产量略有回落，三年分别为197万吨、182.8万吨和182.2万吨。从图1-1中所示原镍供需平衡情况来看，2010年和2011年全球镍生产和消费基本达到平衡；2012~2015年全球范围内原镍产量均高于消费量，镍供应过剩导致2016年、2017年镍生产量呈现小幅下跌。

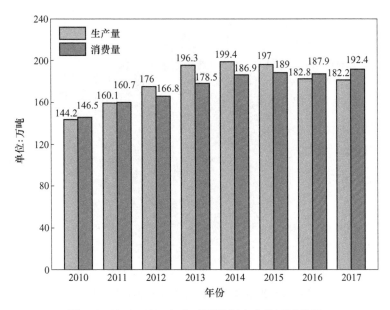

图 1-1　2010~2017 年全球原镍年生产量及消费量

图 1-2 所示为 2015 年度各主要国家或地区的原镍消费量占全球总消费比例[9]。镍消费量比重较大的国家和地区包括中国（51%）、美国（8%）、日本（7%）、韩国（4%）、意大利（4%）、德国（3%）、中国台湾（3%）、印度（3%）等。其中，以中国镍消费量所占比例最大，其消费量超过全球镍消费总量的一半。这主要归因于近年来中国国民经济的增长，基础设施建设的快速发展消耗大量不锈钢建材，对镍需求量急剧增加。除中国之外，镍消费比重较大的国家主要来自于发达国家，发展中国家所消费的原镍量非常少，仅印度的镍消费量占比达到 3%。随着这些发展中国家或地区的经济加速发展以及对基础设施建设的不断投入，可以预期全球范围内镍的需求仍将会持续增加。

2010~2017 年中国的原镍年生产量及其消费量变化趋势如图 1-3 所示[9,10]。2010~2013 年间，国内原镍产量基本保持逐年提高的趋势，由 2010 年的 33 万吨增长至 2013 年的 73.6 万吨，年均增幅超过 40%。自 2014 年起，由于中国企业逐步走出国门，在海外投资兴建镍铁生产线，国内原镍产量随之开始呈下降趋势。

近年来，国内的镍消费呈明显增长趋势，2010 年原镍消费量为 59 万吨，2016 年提高至 106.3 万吨，相比于 2010 年增长率超过 80%。国内的原镍产量始终无法满足国内不锈钢生产对镍消费的需求。以 2010~2017 年计，七年间年均镍进口量占国内镍消费量的比重超过 30%，特别在 2015 年，因国内产量下降使镍进口量达 47.1 万吨，接近当年国内消费量的一半。

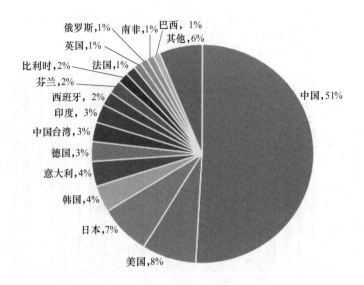

图 1-2　2015 年主要国家和地区原镍消费比例

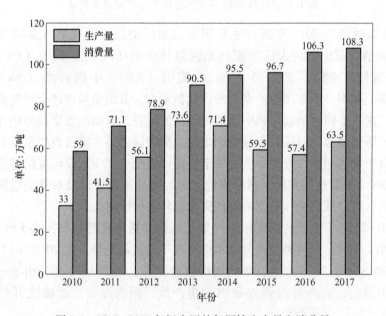

图 1-3　2010~2017 年间中国的年原镍生产量和消费量

对比图 1-1 和图 1-3 所示 2010~2017 年间全球和中国原镍消费数据，可以发现，除中国之外，世界范围内的镍消费量基本维持在 90 万吨/年。由此说明，中国对镍的消费需求左右着全球范围内的镍生产量和消费量。这主要归因于全球范围内、特别是中国的镍矿资源现状。

1.3 镍的资源

全球镍资源储量丰富，在地核中镍以天然镍铁合金形式存在，含镍量高，但无法开发。世界上可开采利用的镍矿资源包括硫化矿型镍矿、红土型镍矿和海底含镍锰结核三个主要类型。相较于硫化镍矿和红土镍矿，海底含镍锰结核由于受开采技术等因素限制尚未有效利用。据美国地质调查局 2017 年的统计数据显示，全球已探明陆基镍基础储量约 7900 万吨（以金属镍计，以下同），含镍资源总量1.4 亿吨左右[11]，集中分布在澳大利亚、巴西、新喀里多尼亚、俄罗斯、古巴、印度尼西亚、南非、菲律宾、中国以及加拿大等国家（如图 1-4 所示）。其中以地处赤道附近的国家镍矿资源最为丰富，仅澳大利亚已探明的陆基镍储量就达到1900 万吨，占全球总储量的 24% 左右。资源储量排名前十位国家的镍储量之和占全球总储量的 86%，表明全球镍矿资源呈集中分布趋势。

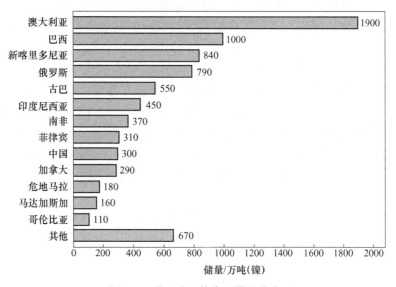

图 1-4　世界陆地镍资源储量分布

在已探明的陆基镍矿资源中，平均镍含量在 1% 或以上的镍资源量约 1.3 亿吨左右。在这些镍矿资源中，硫化型镍矿占比 40% 左右，其余约 60% 为红土型镍矿资源[13]。全球硫化镍矿主要分布在加拿大、俄罗斯、澳大利亚、中国和南非等国家。大型硫化镍矿床区包括澳大利亚坎巴尔达镍矿带、俄罗斯科拉半岛镍矿带和西伯利亚诺里尔斯克镍矿带、加拿大安大略省萨德伯里镍矿带和曼尼托巴省汤普森镍矿带、中国甘肃省金川镍矿带和吉林省磐石镍矿带、博茨瓦纳塞莱比-皮奎镍矿带、芬兰科塔拉蒂镍矿带等[12,13]。

硫化镍矿主要赋存于镁和铁含量高的侵入火成岩中（镁铁质和超基性岩）。最常见的硫化镍矿物为镍黄铁矿 [$(Ni,Fe)_9S_8$]，通常与磁黄铁矿结合，其他有价金属如铜、钴、金、银和铂族金属常以硫化矿形式与镍黄铁矿共生。硫化镍矿一般采用浮选预先分离大部分脉石和磁黄铁矿，得到硫化镍精矿[14]。由于有少量镍以晶格取代形式存在磁黄铁矿中，浮选精矿中的镍回收率在80%~85%左右。

硫化镍精矿一般粗炼制得高冰镍或粗镍，再精炼得到镍丸和镍粉，也有通过湿法冶金制备金属镍的相关研究和应用，如氨浸-氢还原法和高压氧化浸出-电积法等。硫化镍精矿的粗炼主要包括闪速熔炼和电炉熔炼，其中闪速熔炼是硫化镍精矿的主要处理方法，其镍产量占硫化镍矿冶炼镍的比例超过70%。

闪速熔炼法由芬兰奥托昆普公司在闪速熔炼处理铜精矿基础上发展而来，其流程为：精矿沸腾干燥—氧气闪速炉熔炼—转炉吹炼。闪速熔炼的优点为：硫化镍精矿焙烧脱硫和熔炼可在炉内同时进行，工艺处理量大、原料处理范围广、能耗低、生产成本低，冰镍中金属富集比高，烟气SO_2浓度高、适合于酸厂回收。其工艺不足之处在于氧气消耗大（一般为精矿质量的25%~30%），投资高，熔渣需通过电炉贫化处理。该工艺在加拿大 Copper Cliff 冶炼厂、巴西 Fortaleza 冶炼厂、芬兰 Harjavalta 冶炼厂、俄罗斯 Norisk Nadezda 冶炼厂、中国金川冶炼厂、澳大利亚 Kalgoorlie 冶炼厂、博茨瓦纳 BCL 冶炼厂均有应用[15]。

除闪速炉熔炼外，硫化镍精矿还可通过电炉进行熔炼，电炉熔炼工艺一般采用焙烧—电炉熔炼—转炉吹炼流程。其特点在于熔炼中镍的分配系数达100以上，镍回收率为97%~98%。该工艺应用于加拿大 Falconbirdge、Thompson 冶炼厂，俄罗斯 Pechenga、Norilsk 冶炼厂，南非 Union-Mortiner、Waterval、Polokwane、Impala、Lonmin 和 Northam 冶炼厂，美国 Stilwater 冶炼厂，津巴布韦 Zimplates 冶炼厂[16]。

硫化镍精矿经粗炼后得到的高冰镍或粗镍还需进一步精炼，精炼工艺包括羰基法、盐酸浸出法、电解精炼法和常压浸出—高压浸出—氢还原法等[17]。

羰基法是先通过一氧化碳气体与活性金属镍反应生成气相羰基镍 [$Ni(CO)_4$]，随后羰基镍在150~300℃温度下可再次分解为金属镍固体和一氧化碳气体。羰基法具有高选择性分离有价金属的优势。镍提取率一般超过95%，原料中的铜、钴和贵金属等基本不发生羰基反应而保留在渣中。该方法最大的缺点在于羰基化合物属于剧毒物质，对设备要求高、必须密封。

盐酸浸出法是通过浓盐酸从细磨的高冰镍中选择性浸出镍，硫化铜、贵金属等保留在浸出渣中。采用溶剂萃取法对氯化镍溶液除杂后，再用电积法制取高纯镍；或从净化液中结晶氯化镍，经高温水解制成氧化镍后用氢还原成金属镍丸。

采用电解精炼法处理高冰镍时，先将高冰镍进行焙烧后浸出，浸出渣在炉内铸型后电解制得阴极镍。该法在处理粗镍时，直接将转炉吹炼的粗镍铸块电解得到电解镍，其他有价元素如铂族金属从阳极泥回收，阳极液中的钴经沉淀后回收。

常压浸出—高压浸出—氢还原法是先将破碎的高冰镍常压浸出 50%~60% 镍和钴，固液分离后浸出渣再高压浸出（浸出温度 204℃，浸出压力 4.2MPa）剩余的铜、镍、钴、铁和其他惰性杂质保留在浸出渣中。过滤后的滤液经电解得到电积铜，含镍、钴的废电解液返回常压浸出。常压浸出液采用三价氢氧化镍沉淀氢氧化钴，滤液通过高压釜用氢还原生产镍粉。氢氧化钴残渣采用氨处理生产金属钴粉和硫酸铵。

世界范围内的红土镍矿资源主要分布在赤道附近，包括新喀里多尼亚、古巴、印度尼西亚、菲律宾、缅甸、越南、巴西等国家地区。大型红土镍矿矿区主要有新喀里多尼亚镍矿区、古巴奥连特镍矿带、印度尼西亚摩鹿加和苏拉威西镍矿带、菲律宾巴拉望镍矿带、澳大利亚昆士兰镍矿带、巴西米纳斯吉拉斯和戈亚斯镍矿带、多米尼加班南镍矿带、希腊拉耶马镍矿带等[18]。

我国已探明的镍基础储量约为 300 万吨，全球排名第 9 位（图 1-4 所示）。将国内镍资源总量与近年来镍消费量相比较可知，我国镍资源储量难以满足长期的消费需求，这是近年来国内镍进口量居高不下的主要原因。从具体的镍矿资源分布来看，国内硫化型镍矿资源较为丰富，资源保有量占全国镍矿资源总量的 90% 以上。硫化镍矿主要分布在西北、西南和东北等地区，其中甘肃的储量最大，约占全国镍资源储量的 62% 左右。主要的硫化镍矿矿区有金川镍矿、喀拉通克镍矿和黄山镍矿等。金川镍矿储量丰富，规模仅次于加拿大萨德伯里矿，居世界第二位[19]。

另一方面，我国红土镍矿资源匮乏，保有量仅占全国镍矿资源量的 10% 左右。国内红土镍矿资源还存在镍品位较低、开采成本较高等问题。作为不锈钢生产和消费大国，中国每年需要从印度尼西亚、澳大利亚和菲律宾等国家进口大量红土镍矿来发展不锈钢产业。在 2014 年印度尼西亚颁布限制镍原矿出口政策前，我国进口红土镍矿大部分来自于印度尼西亚，之后红土镍矿进口转向菲律宾等国。2016 年印度尼西亚政府重新放松对矿产资源出口的限制后，我国恢复从印度尼西亚进口红土镍矿，数量也逐年增加。

受红土镍矿选冶技术的限制，在过去相当长一段时期内，硫化镍矿是全球镍生产的主要来源，采用高品位硫化镍精矿作为原料生产优质的含镍产品以满足各行业对镍的需求。随着已勘探硫化镍矿的不断消耗和新勘探硫化镍矿储量的不断减少，全球范围内可开采的硫化镍矿资源日益枯竭，难以满足不断增长的镍生产量对原料的需求。如何高效低成本开发红土镍矿资源，对镍工业的健康发展有着极其重要的意义。

相较于硫化镍矿，红土镍矿资源更加丰富、易于开采，红土镍矿中伴生有多种有价金属如铁、钴、铬等，对这些有价金属的综合回收能够提高红土镍矿的利用价值。近年来对低品位红土镍矿资源的开发进展十分迅速，据统计显示，自

2010 年起全球范围内由红土镍矿生产的镍量占全年镍产量的比例已经超过硫化镍矿[20]。镍工业开发利用的重心已经由硫化镍矿逐渐转向红土镍矿。

　　一般而言，由地表自上而下可将红土镍矿大致分成三个不同层带，分别为褐铁矿层、过渡层以及腐泥土层（如图 1-5 所示）。受长期风化淋积所致，上层褐铁矿型红土镍矿的镍品位最低，铁品位最高，铁主要以针铁矿形式存在，镍主要以晶格取代或吸附的形式赋存于针铁矿中；下层腐泥土型红土镍矿镍品位最高，铁品位较低，铁主要以类质同象等形式存在于蛇纹石等硅酸盐中，也含有少量赤铁矿和针铁矿等，绝大部分的镍与铁共生；中部过渡层红土镍矿中镍、铁品位介于褐铁矿型和腐泥土型之间，铁、镍主要赋存于针铁矿、赤铁矿和各类硅酸盐矿物中[21]。

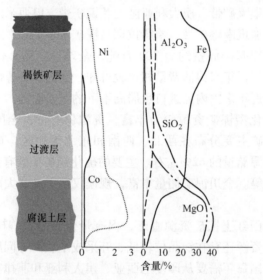

图 1-5　红土镍矿矿层分布及化学成分含量百分比

　　除镍、铁之外，不同层带的红土镍矿中钴、镁、铝、硅、铬等元素含量也有所差异，这导致不同类型红土镍矿所适用的冶金方法各不相同。从红土镍矿中生产镍或镍铁的工艺大致可分为火法冶金和湿法冶金两类工艺。上层的褐铁矿型红土镍矿中由于镁、硅含量相对较低，钴含量相对较高，适合于湿法工艺提取镍、钴等有价金属；下层腐泥土型红土镍矿中镍含量高、铁含量较低，更适合于火法冶炼生产镍铁；对于过渡层红土镍矿而言，火法和湿法冶金工艺一般都能满足其生产要求。

1.4　红土镍矿湿法冶金工艺

1.4.1　直接浸出工艺

　　红土镍矿的直接浸出工艺主要包括高压酸浸和常压酸浸两种。高压酸浸处理红土镍矿始于 20 世纪 50 年代，该工艺在高温和高压条件下实现了镍、钴与铁等主要杂质的选择性浸出，镍、钴浸出率一般可以达到 90% 以上，铁、铝、硅等杂质大部分集中在浸出渣。该工艺的关键技术为：在浸出温度 245~270℃ 和浸出压力 4~5MPa 的条件下，采用硫酸溶液将红土镍矿中镍、钴、铁、铝、镁、硅等组分充分溶解，溶液中的铁、铝离子在高温高压下发生水解而转变成赤铁矿和水合明矾石沉淀，浸出的硅在降温时也会形成硅酸沉淀。浸出液中剩余的铝、硅等杂质通过调控 pH 值等手段进行沉淀分离，镍、钴、镁等保留在浸出液中。最后，在溶液中添加硫化剂或碱性物将镍、钴沉淀得到相应的硫化物或氢氧化物，进一步精炼生产相关产品[22]。研究表明：在硫酸用量 250kg/t 矿、浸出温度 250℃、浸出时间 1h 和液固比 3∶1 的优化条件下，红土镍矿中镍和钴的浸出率分别达到 97% 和 96%，铁浸出率低于 1%，实现了镍、钴与铁的高效选择性浸出[23]。

红土镍矿高压酸浸工艺先后被古巴 MOA，澳大利亚 Bulong、Cawse、Murrin Murrin 和 Ravensthorpe，菲律宾 Coral Bay 和 Taganito，巴布亚新几内亚 Ramu，马达加斯加 Ambatovy 等镍钴生产企业所采用。生产实践表明，该工艺从褐铁矿型红土镍矿中提取镍、钴等有价金属具有一定的技术优势，但部分企业的生产情况来看，高压酸浸工艺也存在些问题，就工艺的经济性而言，目前高压酸浸工艺主要用于处理含铁高、含硅镁较低的褐铁矿型红土镍矿，一般要求镁含量低于 5wt.%。其主要原因在于，浸出过程中含镁矿物溶解是最主要的酸耗来源，原料中镁含量的增加导致工艺酸耗显著提升，在后续浸出液中分离镁的成本也将提高。由于采用严苛的高温、高压和高腐蚀生产条件，该工艺需要使用特殊设备进行生产（如钛合金高压釜），这在很大程度上提高了企业的投资和生产成本；另一方面，在高压浸出过程中，赤铁矿和硫酸钙等的生成容易导致高压釜内部结垢，处理高压釜中结垢物需要停产作业，既影响生产的顺行，操作起来也相对困难。

鉴于高压酸浸工艺的缺点，常压酸浸处理低品位褐铁矿型红土镍矿的技术受到广泛关注与重视。相对于高压酸浸而言，常压酸浸工艺更为简单，具有工艺能耗低、无需使用高压釜等优势。常压酸浸中使用的浸出剂主要包括盐酸、硫酸、磷酸、硝酸等[24~26]。褐铁矿型红土镍矿中镍主要以晶格取代形式赋存于针铁矿中，镍的浸出依赖于针铁矿的溶解。然而，在常压浸出条件下针铁矿又难以溶解，导致工艺存在镍浸出率低和镍、铁浸出选择性差两个普遍问题[27]。为了提高镍的浸出率，在浸出过程中添加一些还原剂（如硫代硫酸盐、连二亚硫酸盐、SO_2 等）或使用带还原性质的酸（如柠檬酸等）强化针铁矿的溶解[28,29]。但这个强化过程必然导致铁浸出率的增加，对后续溶液中镍、铁分离产生不利影响。研究表明：在硫酸用量 0.72mol/L、浸出温度 90℃、浸出时间 6h 时，在添加 0.3mol/L SO_2 条件下，红土镍矿中镍、铁的浸出率可从 45% 左右提高至 85% 左右[30]。虽然添加还原剂能够有效提高镍浸出率，但是对于提高镍、铁浸出选择性的作用有限。采用磷酸作为浸出剂，在浸出温度90℃、浸出时间3h、磷酸浓度3mol/L的优化条件下，镍、钴浸出率分别达到98.7%和89.8%，而98.7%的铁以二水合磷酸铁形式沉淀，进一步提纯化工后可制备磷酸铁。因此，通过磷酸常压浸出可实现红土镍矿的绿色高效增值利用[26]。

高压-常压两段浸出主要是将褐铁矿型红土镍矿和腐泥土型红土镍矿分别用于高压和常压浸出。具体流程是，首先通过高压酸浸处理褐铁矿型红土镍矿，再将高压酸浸液用于常压浸出高镁腐泥土型红土镍矿，常压酸浸后的浸出渣可以循环进行高压浸出。该工艺利用高镁型红土镍矿中含镁矿物的溶解来中和高压浸出液中的过量酸液，在无需添加其他碱性物质的条件下实现了调控浸出液pH值的目的。同时，也利用高压浸出液中的余酸浸出高镁型红土镍矿中的镍、钴等，从而提高了镍的整体回收率，降低生产成本[31]。

除高压酸浸和常压酸浸工艺之外，其他一些直接浸出工艺也被开发或报道，如高压-常压两段浸出工艺、堆浸和生物浸出等。生物浸出工艺是利用微生物自身的氧化或还原特性，使红土镍矿中某些矿物氧化或还原，达到分离有价组分的目的[32]。与上述其他浸出工艺相比，采用堆浸和生物浸出在常温下耗时长，甚至要求几个月。

1.4.2 预焙烧-浸出工艺

预焙烧-浸出工艺主要包括还原焙烧-氨浸、还原焙烧-酸浸、氧化焙烧-酸浸、氯化焙烧-水浸、硫酸化焙烧-水浸等。红土镍矿或配加某些添加剂的红土镍矿通过氧化/还原焙烧处理，改变镍、铁赋存矿物（如针铁矿、蛇纹石等）的结构、物相组成或铁、镍的化合价态，改善其在酸性溶液或水溶液的溶解性能，提高镍、钴等金属的浸出效率。

预焙烧-浸出工艺中，还原焙烧-氨浸（又称Caron法）实现了大规模工业生产，是目前主要的红土镍矿湿法冶金工艺之一，生产企业包括澳大利亚昆士兰镍业公司（QNI）的雅布鲁精炼厂和古巴的尼加罗冶炼厂等。红土镍矿在600~700℃温度下进行选择性还原焙烧，将镍、钴氧化物还原至金属态，高价铁氧化物还原成磁铁矿。浸出时在浸出液中通入NH_3和CO_2气体将金属态的镍、钴以氨络离子形式浸出，而铁、镁等杂质进入浸出渣，实现镍、钴与铁等的有效分离。该工艺可以实现浸出剂的循环利用，镍的综合回收率约75%~80%，但钴回收率仅40%~50%[33,34]。

还原焙烧-酸浸工艺与还原焙烧-氨浸工艺相似，主要是通过还原作用选择性地将红土镍矿中镍、钴等还原成金属态，高价铁氧化物还原为磁铁矿或浮氏体。在后续酸浸过程中，金属态的镍和钴易溶于酸性溶液中，从而提高了镍、钴的浸出率，降低了酸耗量和浸出时间[35]。采用该工艺处理印度尼西亚某高铁低镍型红土矿（TFe 50.88wt.%，NiO 0.38wt.%），在焙烧温度 700℃ 条件下，于 30vol.% CO/（CO+CO₂）的气氛中还原焙烧 90min，还原产物中的金属镍和钴经 0.05mol/L H₂SO₄ 浸出，在 70℃ 下浸出 60min，镍浸出率达到 93%，还原后铁主要以磁铁矿形式进入浸出渣，通过磁选可实现铁的回收[36]。

氧化焙烧-酸浸与还原焙烧-酸浸机制有所不同，该工艺在相对较低的焙烧温度（200~600℃）下，使针铁矿、蛇纹石等发生脱水和分解反应，改变矿物结构，提高矿物颗粒的孔隙度和比表面积，实现在较低浸出温度和酸耗条件下强化镍、钴浸出的目的[37]。焙烧过程中针铁矿转变成赤铁矿，提高铁氧化物酸浸出活化能，降低酸浸过程中铁的浸出率，一定程度上提高镍、铁浸出选择性[38]。在浸出温度 50℃，浸出时间 1h，HCl 浓度 4mol/L 的条件下，与原矿直接浸出相比，经 400℃ 预焙烧后，镍浸出率可从 67.1% 提高至 92.7%，铁的浸出率可从 78% 降至 32.5%[39]。

硫酸化焙烧-水浸和氯化焙烧-水浸原理基本一致，在一定的温度和焙烧气氛下，利用含硫或含氯添加剂使红土镍矿中的主要金属组分转变成可溶于水的硫酸盐或氯盐。硫酸化焙烧采用浓硫酸或硫酸盐（如硫酸铵、硫酸氢铵、硫酸钠等）为添加剂，焙烧温度一般在 200~500℃[40,41]。氯化焙烧一般使用氯盐（如氯化钠、氯化镁等）作为添加剂，其焙烧温度高于硫酸化焙烧，达到 700~1000℃ 左右[42]。某菲律宾红土镍矿（Ni 1.5wt.%，Co 0.05wt.%）在焙烧温度 300℃、焙烧时间 90min、硫酸氢铵外配 150% 的优化条件下，镍、钴、锰、镁和铁的浸出率分别达到 95%、96%、92%、57% 和 79%，浸出液再通过分步沉淀实现上述金属的分离回收和硫酸氢铵的闭路循环[43]。

1.5　红土镍矿火法冶金工艺

尽管针对红土镍矿湿法冶金方面的研究开展了大量的工作，开发了一系列高效提取镍、钴的工艺和技术，且工艺能耗和生产成本明显低于火法冶金。但受生产规模较小和生产流程过长等因素所限，湿法冶金技术在红土镍矿生产镍量中所占比重较小。相较而言，火法冶金能够通过大规模工业生产来满足当前形势下不锈钢行业对镍的需求，同时能回收铁提高综合经济效益。据不完全统计，目前全球镍生产量中的 80% 以上由火法冶金提供，主要包括生产镍锍的造锍熔炼工艺和生产镍铁的回转窑粒铁工艺、高炉熔炼工艺、回转窑预还原-电炉熔炼工艺等。

1.5.1　造锍熔炼工艺

造锍熔炼生产镍锍在 20 世纪 20~30 年代开始应用，是最早用于工业生产的红土镍矿火法处理工艺。通过在红土镍矿中配入硫黄、硫化矿或石膏等硫化剂，在鼓风炉或电炉中经 1500~1600℃ 温度熔炼制得低冰镍（Ni₃S₂·FeS），后经转炉吹炼生产镍品位 40wt.% 以上的高冰镍[44]。全球每年由氧化镍矿生产的镍锍在 12 万吨左右（以金属镍计）。

造锍熔炼的基本原理为：高温条件下红土镍矿物料熔化形成液相，矿石中的镍、钴和铁等金属被还原后与硫化剂发生反应，形成硫化镍、硫化钴和硫化铁等的混合熔体，即低镍锍。造锍熔炼工艺的优势在于生产设备相对简单、工艺成熟、产品具有可调性。高冰镍经过焙烧脱硫后可用于直接还原、制备不锈钢生产使用的通用镍，也可以作为常压羰基法精炼镍的原料生产镍丸和镍粉，还可以制成阳极板通过电解精炼生产阴极镍。当然，造锍熔炼工艺也存在能耗高、污染大、镍的回收率较低（全流程镍回收率 70% 左右）等问题。采用该工艺生产高镍锍的工厂主要有新喀里多尼亚的安博冶炼厂、印度尼西亚苏拉威西的梭罗科冶炼厂等。

1.5.2　冶炼镍铁工艺

红土镍矿冶炼镍铁的工艺主要有三种：回转窑粒铁工艺、烧结-高炉工艺和回转窑预还原-电炉工艺。

1.5.2.1　回转窑粒铁法

回转窑粒铁法的原则工艺流程如图 1-6 所示。红土镍矿原矿经干燥、破碎、筛分处理后与熔剂、还原剂按一定比例混合制成团块，团块在回转窑内经干燥和高温还原焙烧生成镍铁，焙砂经水淬冷却、破碎、筛分、磁选或重选分离镍铁与渣，得到珠状镍铁粒或镍铁粉[45,46]。红土镍矿团块从回转窑窑尾进入，窑内高温焙烧过程可分为三个阶段，先后为干燥段、还原段和镍铁颗粒生长段。干燥段温度一般低于 800℃，脱除红土镍矿中结晶水；还原段温度为 800~1350℃ 左右，主要用于镍氧化物和铁氧化物的还原；在镍铁颗粒生长段，保持物料熔融或半熔融状态使还原段生成的镍铁颗粒充分聚集，所需温度应达 1400~1450℃[47,48]。

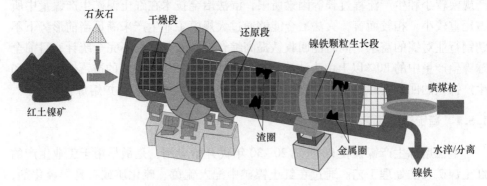

图 1-6　红土镍矿粒铁法工艺流程示意图

回转窑粒铁法制备镍铁工艺具有流程短、镍回收率高、能耗低、对红土镍矿原料的适应性强等优势。该工艺一般使用低阶烟煤和无烟煤作为还原剂和燃料，总体能耗中约 80%~85% 由煤来提供，是目前处理高品位红土镍矿最为经济的方法[49]。该工艺最初由德国 Krupp-Renn 直接还原炼铁工艺发展而来，日本大江山冶炼厂在 20 世纪 30 年代首先使用回转窑直接还原工艺生产镍铁，发展为"大江山"工艺并持续运行至今[50]。大江山冶炼厂设有 5 条回转窑生产线，以高品位红土镍矿（镍品位大于 2wt.%）为原料、石灰石作为熔剂和脱硫剂、无烟煤作为还原剂进行生产，年产镍铁 1.5 万吨左右（以金属镍计）。

鉴于粒铁法工艺的显著优势，国内许多镍铁厂正在建设或已经投产了部分回转窑粒铁法镍铁生产线[51]。如朝阳重型建材机械制造有限公司先后在齐齐哈尔、江苏南通和江苏泰州等地开展回转窑还原生产镍铁的试验及工业生产，得到的镍铁产品中含镍 10wt.% 以上；北海诚德镍业有限公司于 2013 年在广西北海建设 4 条回转窑镍铁生产线；宝钢德盛不锈钢有限公司在福建罗源第二粗炼厂开展回转窑直接还原生产镍铁技术改造项目，并于 2016 年 8 月进行试生产，镍总回收率可达 90%；上海泛太平洋集团在北马鲁谷省建成两条生产线，生产镍品位 10wt.%~13wt.% 镍铁产品；大丰港（印尼）和顺镍业有限公司项目二期规划在印尼苏拉威西修建 6 条镍铁生产线，预计将形成 15 万吨左右的镍铁产能。

1.5.2.2　烧结-高炉法

高炉冶炼红土镍矿制备含镍生铁工艺流程与现代高炉炼铁流程基本一致，如图 1-7 所示。将红土镍矿破碎，与熔剂和燃料配料混合后，在烧结机上进行抽风烧结，成品烧结矿再进入高炉熔炼产出含镍生铁。该工艺一般以高铁低镁型红土镍矿（镍品位 0.7wt.%~1.5wt.% 左右）为原料，产品中镍品位保持在 3wt.%~6wt.%，通常用于生产 200 系不锈钢[21,52]。在 21 世纪初，由于我国不锈钢需求

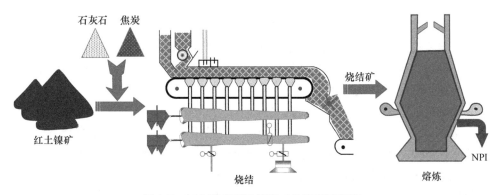

图 1-7　红土镍矿高炉熔炼工艺流程示意图

量猛增和国际镍价上涨，国内许多民营企业采用小高炉（50~150m³）处理红土镍矿生产镍铁，高炉熔炼工艺得到一定程度的发展。

近年来，受国家淘汰落后产能及环保压力等多重影响，最初用于炼铁的小高炉在国内大受限制并逐步淘汰。由于高炉熔炼工艺具有工艺成熟、生产量大和原料要求低等优势，一些镍铁厂采用该法生产低品位含镍生铁，作为 200 系不锈钢生产原料。国内新建高炉容量一般在 350~600m³ 左右，如北海诚德镍业有限公司建有 3 座 550m³ 高炉生产低镍生铁；山东鑫海科技有限公司分别建有 1 座 350m³ 和 1 座 128m³ 高炉。此外，国内镍铁企业在海外建有容量更小（80~150m³ 左右）的高炉，如振石控股集团印尼公司镍铁冶炼项目在马鲁古省格贝岛建成投产 4 座 80m³ 高炉，生产镍品位在 10wt.% 以下的镍铁；联福达（厦门）进出口有限公司于 2015 年在印尼新建 3 座 80m³ 高炉生产中低品位镍铁（Ni 4wt.%~6wt.%），年产镍铁 0.18 万吨（以金属镍计）；宁波明辉集团和亨泰源冶金分别在印尼苏拉威西省和万丹省建成投产 1 座 128m³ 高炉；新华联印尼镍铁冶炼项目正在建设 4 座 80m³ 高炉生产线，预计年产镍铁 10 万吨；大丰港（印尼）和顺镍业有限公司在印尼苏拉威西省兴建 4 座 86m³ 高炉，镍铁产能在 13.5 万~15 万吨。此外，还包括青岛恒顺众昇、衡山工贸子公司、青岛金鳞贸易、泰州永兴合金、福建泛华、宁夏华源冶金、宁波银亿矿业等镍铁企业在印尼规划或在建高炉生产线。

1.5.2.3 回转窑预还原-电炉熔炼法

回转窑预还原-电炉熔炼工艺（RKEF）是 20 世纪 50 年代由美国埃肯公司在新喀里多尼亚多尼安博冶炼厂开发，目前已经发展为世界范围内利用红土镍矿生产镍铁的主流工艺，其产能占比超过全球镍铁总产能的 2/3[53]。RKEF 工艺原则流程如图 1-8 所示，由于红土镍矿含水量高（30wt.%~40wt.%），在电炉熔炼前需要对矿石干燥脱水，干燥后的红土镍矿在回转窑内还原焙烧，焙砂进入电炉内进一步还原熔炼生产粗镍铁。回转窑预还原焙烧可为电炉熔炼提供所需的热焙砂，降低电炉电耗，另一方面可将红土镍矿中部分镍、铁还原成金属镍和金属铁，一定程度上减轻了电炉的冶炼负荷。在还原焙烧过程中回转窑产生的烟气可用于干燥红土镍矿，电炉产生的含 CO 废气经净化后能够作为回转窑的还原剂使用，实现炉气的循环利用[54]。

RKEF 工艺具有原料适应性强，各类型红土镍矿资源均可用于生产。镍铁产品质量优良，镍含量可达 10wt.%~20wt.%，主要用于生产 300 系中高档不锈钢。目前采用 RKEF 工艺生产镍铁的企业遍布全球，如法国埃赫曼镍业集团在新喀里多尼亚的 Doniambo 精炼厂、日本住友金属矿业有限公司日向冶炼厂和日本镍公司敦贺冶炼厂、韩国浦项制铁子公司 SNNC 和韩国镍公司翁山精炼厂、国际镍公司印度尼西亚分公司索罗阿科厂、坦姆邦公司波马拉厂等。

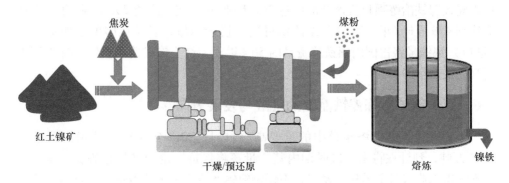

焦炭

煤粉

红土镍矿

干燥/预还原

熔炼

镍铁

图 1-8　红土镍矿 RKEF 工艺流程示意图

　　2010 年初，中国恩菲工程技术有限公司引入 RKEF 工艺并国产化后建成的第一条镍铁生产线成功投产。之后中国政府在《产业结构调整指导目录（2011 年版）》中明确将"高效利用红土镍矿炼精制镍铁的回转窑－矿热炉（RKEF）工艺技术"列为鼓励类产业。该工艺在国内取得了巨大的发展，此后绝大部分新建的镍铁厂或镍铁生产线均采用此工艺生产，镍铁产品中镍含量普遍达到 10wt.%～15wt.%。其中，山东鑫海科技有限公司和江苏德龙镍业有限公司分别建有 21 条 RKEF 生产线和 19 条 RKEF 生产线。浙江青山集团基于传统的 RKEF 生产流程，开发了从红土镍矿到镍铁再到不锈钢生产的连铸连轧工艺一体化模式，分别在福建（福建鼎信实业有限公司）和广东（广东广青金属科技有限公司）进行不锈钢生产，整体生产成本明显下降，企业经济效益显著提高。

　　除已经进入生产的镍铁项目外，国内仍有部分规模较大的在建 RKEF 项目，如金川集团在广西防城港设计年产 100 万吨镍铁项目、河北唐山凯源实业设计的年产 100 万吨镍铁项目、临沂亿晨镍铬合金有限公司规划 6 台 33000kVA RKEF 电炉，预计新增镍铁产能 100 万吨/年。国内采用 RKEF 工艺生产的镍铁企业一般使用从缅甸、菲律宾以及印度尼西亚等国家进口的红土镍矿。

　　近年来受印度尼西亚等国家红土镍矿出口限制，以及原料运输成本居高不下，国内镍铁企业开始在红土镍矿原产地兴建镍铁生产线。由恩菲设计和中国有色集团投资建设的缅甸达贡山 RKEF 项目 72000kWA 电炉于 2015 年建成投产。浙江青山集团在印度尼西亚苏拉威西省建设的青山印尼镍冶炼厂于 2015 年和 2016 年先后投产 4 台和 8 台 33000kVA 电炉，镍铁产能接近 150 万吨/年，另有 8 条 33000kVA 电炉生产线正在建设。此外，包括金川集团、青岛恒顺众昇集团、新兴铸管股份有限公司、江苏德龙镍业有限公司、江苏名铸国际贸易有限公司、罕王实业集团有限公司、上海华迪（温州迈拓）、江苏大丰海港控股集团、新华联印尼镍铁冶炼项目、青岛恒顺电气等镍铁企业均已经在印度尼西亚建成投产或正在兴建（规划）RKEF 生产线。截至 2017 年 4 月底，我国企业在印度尼西亚投资建设镍铁冶炼项目投产产能已达 261 万吨/年、在建产能 208 万吨/年，总产能达到 470 万吨/年。当中资镍铁项目进入投产峰值，届时从印度尼西亚生产（进口）镍铁量将占国内镍铁消费量的 50%以上，红土镍矿冶炼镍铁将迎来更大更好的发展空间。

1.6 红土镍矿冶炼镍铁面临的挑战与发展方向

不锈钢是国民经济建设中的重要高端材料。2017 年全球不锈钢产量达到 4578 万吨，预计在将来一段时期内其产量还将保持一定的增长趋势。近年来我国不锈钢工业取得了迅猛的发展，不锈钢粗钢产量和表观消费量已连续多年位居世界第一。由图 1-9 所示近八年来我国不锈钢粗钢产量及表观消费量的数据来看，2017 年国内不锈钢粗钢产量达到 2577 万吨，表观消费量为 1985 万吨，与 2010 年产量和表观消费量相比，增长率分别约达 130%和 110%[55,56]。

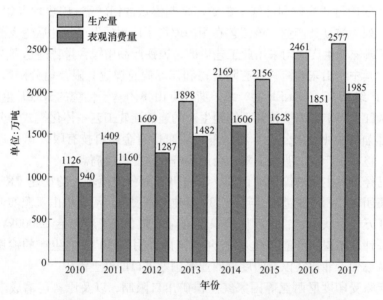

图 1-9　2010~2017 年中国不锈钢粗钢年产量及消费量

镍主要用于不锈钢生产，传统的不锈钢生产通常以价格昂贵的电解镍为原料，其成本占不锈钢总生产成本的 70%左右。由于镍铁价格远低于电解镍，不锈钢企业逐步发展为使用镍铁替代电解镍，如太钢和宝钢不锈钢生产中镍铁使用占比达 60%以上，福建鼎信实业镍铁使用率更是超过 90%。2010 年镍铁生产量和消费量均超过电解镍，成为不锈钢生产主要镍来源。红土镍矿是当前也是将来相当长时间内镍生产的最主要原料，利用红土镍矿冶炼镍铁是保障不锈钢工艺持续健康发展的基础。

但是，受镍铁生产原料红土镍矿的特殊物化性质所限，目前用于镍铁生产的三种火法冶炼工艺仍然存在一些亟待解决的问题。

对于回转窑粒铁法工艺而言，为实现物理分选过程中镍铁与渣的有效分离，在回转窑还原过程中，需要使物料达到熔融或半熔融态，以改善物料内部的传质条件，促进镍铁颗粒的聚集长大[57,58]。由于红土镍矿中硅、镁含量高，还原焙烧过程中生成的辉石和橄榄石类物相熔点较高，为满足液相的生成条件，回转窑内所需还原焙烧温度高，操作条件苛刻。以日本大江山镍铁厂生产为例，还原焙烧过程中，红土镍矿中的蛇纹石等将转变成镁铁橄榄石，要求回转窑窑头镍铁颗粒生长段的还原温度提高至1400~1450℃。另一方面，生产过程中液相量难以掌控，导致在回转窑的还原区域和镍铁长大区域易生成结圈物（如图1-6所示），严重影响生产顺行[59,60]。正是因为存在上述问题，导致该工艺迟迟无法大规模推广应用，除日本大江山镍铁厂实现了真正的镍铁生产外，其他直接还原生产线如国内的北海诚德镍业有限公司和宝钢德盛不锈钢有限公司也只是利用回转窑在1200~1350℃温度区间内还原红土镍矿，并通过磨矿、磁选等技术分离65%左右非磁性尾渣，剩余渣铁再提供给电炉或高炉进行镍铁冶炼生产。

对于烧结-高炉法工艺而言，因红土镍矿与现代高炉炼铁原料差别大，烧结和高炉冶炼阶段的操作条件并不一致。在红土镍矿烧结生产中普遍存在烧结固体燃耗高、返矿量大，成品烧结矿转鼓强度偏低、粒级分布不理想等问题[61,62]。由于红土镍矿中铁、镍品位较低，高炉熔炼时渣量大、炉缸铁水温度低、铁水流动性差、渣铁分离困难。特别在冶炼低铁高镁型红土镍矿时，高炉渣量和炉渣黏度过大，导致生产难以顺行，这也是高炉工艺一般采用高铁低镁型红土镍矿生产低品位含镍生铁的主要原因。为保证高炉顺行，熔炼时需要提高焦炭的配入量，一般还需在高炉内添加萤石以改善铁水流动性和强化渣铁分离，环境污染较为严重[63,64]。

回转窑预还原-电炉熔炼工艺最大的缺点在于其电炉熔炼时电耗高，导致其工艺总能耗和生产成本高。究其原因也在于红土镍矿冶炼时渣量大，炉渣所需冶炼温度高，为保证铁水和渣的分离，炉渣温度一般需要维持在1550℃以上，甚至超过1600℃，这导致电炉的电能消耗巨大。尽管基于多年的生产经验积累，一些镍铁厂为降低能耗及生产成本，对红土镍矿原料和生产工艺进行局部优化和改进，如控制红土镍矿原料镁硅质量比降低熔炼温度、回转窑还原焙砂直接热装进矿热炉、回转窑及矿热炉尾气余热用于干燥和预还原红土镍矿，以及从红土镍矿到镍铁再到不锈钢连铸连轧工艺一体化生产等，但与直接还原工艺和高炉工艺相比，采用RKEF工艺生产镍铁的成本仍然要高出10%~20%[65]。

综上，虽然近年来我国和世界范围内红土镍矿冶炼镍铁工艺发展迅速，但也暴露出原料波动大、工艺适用性差、生产流程长、能耗大、环境污染重等问题，已成为制约镍铁工业乃至不锈钢工业持续健康发展的隐患，亟待开展基础研究与技术开发，突破以红土镍矿为原料生产镍铁工艺中的若干技术瓶颈，实现低成本、高效率、环境友好的镍铁生产，为不锈钢工业的持续健康发展提供支撑。

参考文献

［1］ 彭容秋. 镍冶金［M］. 长沙：中南大学出版社，2004.

［2］ 康喜范. 镍及其耐蚀合金［M］. 北京：冶金工业出版社，2016.

［3］ 饶明军. 红土镍矿制取镍铁合金原料的新工艺及机理研究［D］. 长沙：中南大学，2010.

［4］ 陆世英. 超级不锈钢和高镍耐蚀合金［M］. 北京：化学工业出版社，2012.

［5］ 周建男，周天时. 利用红土镍矿冶炼镍铁合金及不锈钢［M］. 北京：化学工业出版社，2016.

［6］ 贾浩. 红土镍矿矿热炉熔炼镍铁及渣型研究［D］. 长沙：中南大学，2016.

［7］ International Nickel Study Group（INSG）. World nickel statistics［EB/OL］. 2015-08-27. http：//www. insg. org/stats. aspx .

［8］ World Bureau of Metal Statistics（WBMS）. Press release February 2018：January to December 2017 Metals Balances［EB/OL］. 2018-02-21. http：//www. world-bureau. com/readnews. asp?id=57.

［9］ 佚名. 2015 年全球原镍消费国家（地区）排行榜［J］. 中国金属通报，2016（4）：22.

［10］ 饶明军. 红土镍矿选择性还原/硫化制备粗镍铁的基础与新工艺研究［D］. 长沙：中南大学，2014.

［11］ U.S. Geological Survey. Mineral commodity summaries 2018：U.S. Geological Survey, 2018［EB/OL］. http：//doi. org/10. 3133/70180197.

［12］ 佚名. 硫化镍矿区域分布［J］. 金川科技，2017（2）：51.

［13］ 中华人民共和国. 中国统计年鉴［M］. 北京：中国统计出版社，2016.

［14］ 刘明宝，印万忠. 中国硫化镍矿和红土镍矿资源现状及利用技术研究［J］. 有色金属工程，2011，1（5）：25-28.

［15］ 吴东升. 镍火法熔炼技术发展综述［J］. 湖南有色金属，2011，27（1）：17-19，47.

［16］ 陈自江. 镍冶金技术问答［M］. 长沙：中南大学出版社，2013.

［17］ 史唐明. 含硫添加剂强化红土镍矿固态还原焙烧的研究［D］. 长沙：中南大学，2012.

［18］ 佚名. 红土镍矿区域分布［J］. 金川科技，2017（1）：37.

［19］ 高晓艳. 羰基法制取镍粉的工艺研究［D］. 长春：吉林大学，2004.

［20］ Rao M J, Li G H, Jiang T, et al. Carbothermic reduction of nickeliferous laterite ores for nickel pig iron production in China：A review［J］. JOM, 2013, 65（11）：1573-1583.

［21］ 智谦. 腐泥土型红土镍矿烧结成矿特性的研究［D］. 长沙：中南大学，2013.

［22］ Whittington B I, Muir D. Pressure acid leaching of nickel laterites：A Review［J］. Mineral Processing and Extractive Metallurgy Review, 2000, 21：527-600.

［23］ Guo X Y, Shi W T, Li D, et al. Leaching behavior of metals from limonitic laterite ore by high pressure acid leaching [J]. Transactions of Nonferrous Metals Society of China, 2011, 21 (1): 191-195.

[24] 蔡文. 褐铁矿型红土镍矿中镍和铁的常压酸浸行为研究 [D]. 长沙：中南大学, 2013.

[25] McDonald R G, Whittington B I. Atmospheric acid leaching of nickel laterites review: Part I. Sulphuric acid technologies [J]. Hydrometallurgy, 2008, 91 (1-4): 35-55.

[26] Li G H, Zhou Q, Zhu Z P, et al. Selective leaching of nickel and cobalt from limonitic laterite using phosphoric acid: An alternative for value-added processing of laterite [J]. Journal of Cleaner Production, 2018, 189: 620-626.

[27] Luo J, Li G H, Rao M J, et al. Atmospheric leaching characteristics of nickel and iron in limonitic laterite with sulfuric acid in the presence of sodium sulfite [J]. Minerals Engineering, 2015, 78: 38-44.

[28] Li G H, Rao M J, Jiang T, et al. Leaching of limonitic laterite ore by acidic thiosulfate solution [J]. Minerals Engineering, 2011, 24: 859-863.

[29] 彭志伟. 红土镍矿有机酸浸提取镍钴的研究 [D]. 长沙：中南大学, 2008.

[30] Senanayake G, Das G K. A comparative study of leaching kinetics of limonitic laterite and synthetic iron oxides in sulfuric acid containing sulfur dioxide [J]. Hydrometallurgy, 2004, 72 (1-2): 59-72.

[31] Neudorf D, Huggins D A. Method for nickel and cobalt recovery from laterite ores by combination of atmospheric and moderate pressure leaching: EP: 1778883 A1 [P]. 2007.

[32] Hallberg K B, Grail B M, du Plessis C A, et al. Reductive dissolution of ferric iron minerals: A new approach for bio-processing nickel laterites [J]. Minerals Engineering, 2011, 24 (7): 620-624.

[33] Chander S, Sharma V N. Reduction roasting/ammonia leaching of nickeliferous laterites [J]. Hydrometallurgy, 1981, 7 (4): 315-327.

[34] Rhamdhani M A, Chen J, Hidayat T, et al. Advances in research on nickel production through the Caron Process [C]. Proceedings of EMC 2009, 2009: 899-914.

[35] Zevgolis E N, Zografidis C, Perraki T, et al. Phase transformations of nickeliferous laterites during preheating and reduction with carbon monoxide [J]. Journal of Thermal Analysis & Calorimetry, 2010, 100 (1): 133-139.

[36] Purwanto H, Shimada T, Takahashi R, et al. Recovery of nickel from selectively reduced laterite ore by sulphuric acid leaching [J]. ISIJ International, 2003, 43 (2): 181-186.

[37] 李金辉, 李新海, 胡启阳, 等. 活化焙烧强化盐酸浸出红土镍矿的镍 [J]. 中南大学学报 (自然科学版), 2010, 41 (5): 1691-1697.

[38] Li J, Bunney K, Watling H R, et al. Thermal pre-treatment of refractory limonite ores to enhance the extraction of nickel and cobalt under heap leaching conditions [J]. Minerals Engineering, 2013, 41: 71-78.

[39] Li J H, Li X H, Hu Q Y, et al. Effect of pre-roasting on leaching of laterite [J]. Hydrometallurgy, 2009, 99 (1-2): 84-88.

［40］ Xu Y, Xie Y, Yan L, et al. A new method for recovering valuable metals from low-grade nickeliferous oxide ores ［J］. Hydrometallurgy, 2005, 80: 280-285.

［41］ Li J H, Chen Z F, Shen B P, et al. The extraction of valuable metals and phase transformation and formation mechanism in roasting-water leaching process of laterite with ammonium sulfate ［J］. Journal of Cleaner Production, 2016, 140: 1148-1155.

［42］ Fan C L, Zhai X J, Fu Y, et al. Extraction of nickel and cobalt from reduced limonitic laterite using a selective chlorination-water leaching process ［J］. Hydrometallurgy, 2010, 105 (1-2): 191-194.

［43］ 石剑锋，王志兴，胡启阳，等. 硫酸氢铵硫酸化焙烧法红土镍矿提取镍钴 ［J］. 中国有色金属学报，2013, 23 (2): 510-515.

［44］ 李金辉，李洋洋，郑顺，等. 红土镍矿冶金综述 ［J］. 有色金属科学与工程，2015 (1): 35-40.

［45］ Rao M J, Li G H, Zhang X, et al. Reductive roasting of nickel laterite ore with sodium sulphate for Fe-Ni production. Part Ⅱ: Phase transformation and grain growth ［J］. Separation Science and Technology, 2016, 51 (10): 1727-1735.

［46］ Rao M J, Li G H, Zhang X, et al. Reductive roasting of nickel laterite ore with sodium sulfate for Fe-Ni production. Part Ⅰ: Reduction/sulfidation characteristics ［J］. Separation Science and Technology, 2016, 51 (8): 1408-1420.

［47］ Tsuji H. Behavior of reduction and growth of metal in smelting of saprolite Ni-ore in a rotary kiln for production of Ferro-nickel alloy ［J］. ISIJ International, 2012, 52 (6): 1000-1009.

［48］ Kobayashi Y, Todoroki H, Tsuji H. Melting behavior of siliceous nickel ore in a rotary kiln to produce ferronickel alloys ［J］. ISIJ International, 2011, 51 (1): 35-40.

［49］ Li G H, Shi T M, Rao M J, et al. Beneficiation of nickeliferous laterite by reduction roasting in the presence of sodium sulfate ［J］. Minerals Engineering, 2012, 32: 19-26.

［50］ Yamasaki S, Noda M, Tachino N. Production of ferro-nickel and environmental measures at YAKIN Oheyama Co., Ltd. ［J］. Journal of the Mining and Materials Processing Institute of Japan, 2007, 123 (12): 689-692.

［51］ 陶高驰，肖峰，蒋伟. 国内采用回转窑生产镍铁的实践 ［J］. 有色金属（冶炼部分），2014 (8): 51-54.

［52］ 吴超，陈雨，张祉倩，等. 国内外红土镍矿高炉冶炼技术的现状与展望 ［J］. 冶金丛刊，2012 (6): 47-50.

［53］ Polyakov O. Chapter 10-Technology of Ferronickel ［M］ //Handbook of Ferroalloys, Elsevier Ltd., 2013: 367-375.

［54］ Liu P, Li B, Cheung S C P, et al. Material and energy flows in rotary kiln-electric furnace smelting of ferronickel alloy with energy saving ［J］. Appl. Therm. Eng., 2016, 109: 542-549.

［55］ 中国特钢企业协会不锈钢分会（CSSC）. 不锈钢分会公布 2016 年中国不锈钢产量数据 ［EB/OL］. 2017-01-23. http: //www.cssc.org.cn/shuju/shijiebuxiugangchanliangshuju/2017-

01-23/1442. html.

[56] International Stainless Steel Forum (ISSF). Meltshop production statistics 2001 to 2016 [EB/OL]. http：//www. worldstainless. org/crude_steel_production/meltshop_production_2001_2016.

[57] Luo J, Li G H, Peng Z W, et al. Phase evolution and Ni-Fe granular growth of saprolitic laterite ore-CaO mixtures during reductive roasting [J]. JOM, 2016, 68 (12)：3015-3021.

[58] Li G H, Luo J, Peng Z W, et al. Effect of quaternary basicity on melting behavior and ferronickel particles growth of saprolitic laterite ores in Krupp-Renn process [J]. ISIJ International, 2015, 55 (9)：1828-1833.

[59] Tsuji H, Tachino N. Ring formation in the smelting of saprolite Ni-ore in a rotary kiln for production of Ferro-nickel alloy: Mechanism [J]. ISIJ International, 2012, 52 (10)：1724-1729.

[60] Tsuji H, Tachino N. Ring Formation in the smelting of saprolite Ni-ore in a rotary kiln for production of Ferro-nickel alloy: Examination of the mechanism [J]. ISIJ International, 2012, 52 (11)：1951-1957.

[61] Li G H, Zhi Q, Rao M J, et al. Effect of basicity on sintering behavior of saprolitic nickel laterite in air [J]. Powder Technology, 2013, 249：212-219.

[62] Luo J, Li G H, Rao M J, et al. Evaluation of sintering behaviors of saprolitic nickeliferous laterite based on quaternary basicity [J]. JOM, 2015, 67 (9)：1966-1974.

[63] 张友平, 周渝生, 李肇毅, 等. 红土矿高炉法生产低镍生铁工艺技术分析 [C]. 中国金属学会, 成都, 2007.

[64] 潘料庭, 杨静, 许严邦. 红土镍矿烧结配加添加剂的工业试验 [J]. 烧结球团, 2013, 38 (2)：25-27.

[65] 罗骏. 红土镍矿还原/熔炼制备镍铁的渣系调控理论与技术研究 [D]. 长沙：中南大学, 2017.

2 红土镍矿选择性固态还原新工艺

我国红土镍矿资源严重短缺，镍铁生产矿石原料几乎全部依赖进口，由于原料镍品位低（1wt.%～2wt.%）、含水量高（35wt.%～45wt.%），运输费用高，导致我国镍铁及不锈钢生产成本高、国际竞争力差。因此，为合理与优化利用国外中低品位红土镍矿资源发展我国不锈钢工业，实现镍铁的高效低耗低成本生产，扩大可利用的资源范围，需要开拓镍铁制备的新方法。红土镍矿经选择性还原、以金属铁为载体富集镍，通过磁选分离可制备高品质镍铁产品，其关键在于：一是镍/铁的选择性还原，以最大限度提高镍铁产品中的镍含量；二是镍铁晶（颗）粒的充分长大，为镍铁与脉石的高效分离创造条件。

2.1 铁镍氧化物还原/硫化热力学

红土镍矿还原焙烧过程复杂、多种反应相互交织影响，通过热力学计算和分析有助于了解还原焙烧过程多元多相反应体系中各反应的方向和限度，以及反应条件对物相转化过程的影响，从而为镍铁氧化物的选择性还原提供热力学依据。

反应的标准吉布斯自由能可以判断反应的自发进行程度，当 $\Delta_r G_m^{\ominus} = 0$ 时，反应达到平衡，当 $\Delta_r G_m^{\ominus} < 0$ 时反应可以自发正向进行，当 $\Delta_r G_m^{\ominus} > 0$ 时，反应逆向进行。根据方程 $\Delta_r G_m = \Delta_r G_m^{\ominus} + RT \ln K$，当反应处于平衡状态时，其 $\Delta_r G_m^{\ominus} = 0$，则可得：

$$\ln K^{\ominus} = - \Delta_r G_m^{\ominus} / RT \tag{2-1}$$

$$MeO + CO === Me + CO_2 , \ \Delta_r G_m = A + BT \tag{2-2}$$

对于金属氧化物的还原而言（式（2-2）），当 MeO 和 Me 都是纯凝聚相（即 $a_{Me} = a_{MeO} = 1$），且体系压力对反应平衡无影响，不加考虑，故反应的自由度数为 1。影响反应平衡的条件只有温度和气体成分，故反应的平衡常数为：

$$K^{\ominus} = \frac{p_{CO_2}}{p_{CO}} = \frac{CO_2 \ vol.\%}{CO \ vol.\%} \tag{2-3}$$

平衡气相成分与温度的关系可由下列关系式获得：

$$\Delta_r G_m^{\ominus} = A + BT = - RT \ln \frac{p_{CO_2}}{p_{CO}} = - RT \ln \frac{CO_2 \ vol.\%}{CO \ vol.\%}$$

即

$$\ln \frac{\%CO_2}{\%CO} = - \frac{A + BT}{8.314T} = \frac{A'}{T} + B' \tag{2-4}$$

同时有 $\qquad$ CO vol.% + CO$_2$ vol.% = 100 $\qquad$ (2-5)

当给定 MeO 时，即可求出 A'、B'，联解式（2-4）和式（2-5）即可求出 %CO 与 T 的关系。反应为吸热反应时，$A'>0$，CO vol.% 随温度升高而降低；对于放热反应，$A'<0$，CO vol.% 则随温度升高而增大。

2.1.1　还原热力学

铁氧化物和镍氧化物的碳热还原热力学已得到较为系统的研究[1,2]，在碳热还原过程中，CO 还原镍、铁氧化物的反应及计算所得 $\Delta_r G_m^{\ominus}$ -T 二项式见表 2-1。

表 2-1　镍、铁氧化物碳热还原反应方程式及其 $\Delta_r G_m^{\ominus}$-T

反应	化学反应方程式	$\Delta_r G_m^{\ominus}$ -T/J · mol^{-1}
（1）	$NiO + CO(g) \Longrightarrow Ni + CO_2(g)$	$-48298 + 1.67T$
（2）	$1/2C + 1/2CO_2(g) \Longrightarrow CO(g)$	$85350 - 87.25T$
（3）	$Fe_3O_4 + CO(g) \Longrightarrow 3FeO + CO_2(g)$	$35380 - 40.16T$
（4）	$FeO + CO(g) \Longrightarrow Fe + CO_2(g)$	$-22800 + 24.26T$
（5）	$3Fe_2O_3 + CO(g) \Longrightarrow 2Fe_3O_4 + CO_2(g)$	$-52131 - 41.0T$
（6）	$1/4Fe_3O_4 + CO(g) \Longrightarrow 3/4Fe + CO_2(g)$	$-9832 + 8.58T$

根据表 2-1 中各反应的 $\Delta_r G_m^{\ominus}$ -T 二项式，可得到镍、铁氧化物反应的平衡气相组成与温度的关系，将其一起绘入图 2-1 中。从图 2-1 可以看出 NiO、Fe$_2$O$_3$ 在 CO 浓度及还原温度都很低的情况下就可以被 CO 还原，说明 NiO 极易被 CO 还原成金属镍，Fe$_2$O$_3$ 极易被还原成 Fe$_3$O$_4$。

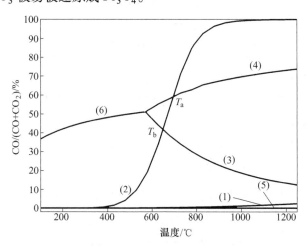

图 2-1　表 2-1 中固体碳直接还原镍、铁氧化物的平衡气相组成与温度的关系

固体碳气化反应气相平衡曲线分别与 FeO 和 Fe_3O_4 的还原平衡曲线相交于 T_a 和 T_b 点，$T_a = 685℃$，对应平衡气相中 CO 约为 59.1vol.%；$T_b = 647℃$，平衡气相中 CO 浓度约为 40.1vol.%。在 T_a 点温度以上，体系中 CO 浓度高于各级氧化铁间接还原的 CO 平衡浓度，铁氧化物最终被还原为金属铁；在 T_a 与 T_b 温度点之间时，由于体系 CO 浓度仅高于 Fe_3O_4 还原反应的 CO 平衡浓度，而低于 FeO_x 还原反应的 CO 平衡浓度，故铁氧化物向 FeO_x 转化；在 T_b 温度点以下，体系 CO 浓度低于 Fe_3O_4 和 FeO_x 还原反应的 CO 平衡浓度，铁氧化物都向 Fe_3O_4 转化。

因此，T_a 和 T_b 将图划为三个区，$T > T_a$ 的区域为金属铁稳定区；$T < T_b$ 的区域为 Fe_3O_4 稳定区；$T_a > T > T_b$ 的区域为 FeO 稳定区。由此可见，当 $T > 685℃$，CO 浓度 $> 59.1vol.\%$ 时，铁氧化物可转化为金属铁，这表明控制还原反应气氛和温度（$T < 685℃$，$CO < 59.1vol.\%$），则可实现镍氧化物和铁氧化物的选择性还原。

2.1.2　硫化热力学

采用单质硫作为硫化剂进行红土镍矿的硫化焙烧，硫化焙砂经浮选使硫化镍在精矿中得以富集。这一工艺中硫化焙烧镍的硫化率主要取决于单质硫的添加量和反应温度[3]，升高反应温度将大幅度提高表 2-2 中反应（8）的热力学驱动力，即有利于镍的选择性硫化。硫化反应及相应 $\Delta_r G_m^{\ominus} \text{-} T$ 方程式见表 2-2。

表 2-2　单质硫硫化反应方程式及其 $\Delta_r G_m^{\ominus} \text{-} T$

反应	化学反应方程式	$\Delta_r G_m^{\ominus} \text{-} T / J \cdot mol^{-1}$
(7)	$4/3NiO + S_2 == 4/3NiS + 2/3SO_2$	$-109958.3 + 33.9T$
(8)	$12Fe_2O_3 + S_2 == 8Fe_3O_4 + 2SO_2$	$132337.8 - 437.7T$
(9)	$4/7Fe_2O_3 + S_2 == 8/7FeS + 6/7SO_2$	$-28233.6 - 16.7T$

当硫化剂为碱/碱土金属硫酸盐时（以 $CaSO_4$、Na_2SO_4 为例），不同于 S_2 的气-固反应硫化作用机制，硫酸钙、硫酸钠在还原焙烧过程中可能先被还原成 CaS、Na_2S，再通过 CaS、Na_2S 与铁、镍氧化物的固相反应实现铁、镍的硫化。

硫化剂 $CaSO_4$ 可与 CO 发生还原反应生成 CaO、$CaSO_3$、CaS 等，相应的化学反应方程式及反应的 $\Delta_r G_m^{\ominus} \text{-} T$ 方程式见表 2-3。

表 2-3　$Ca_2SO_4\text{-}SiO_2$ 体系发生反应的方程式及其 $\Delta_r G_m^{\ominus} \text{-} T$

反应	化学反应方程式	$\Delta_r G_m^{\ominus} \text{-} T / J \cdot mol^{-1}$
(10)	$CaSO_4 + CO(g) == CaSO_3 + CO_2(g)$	$-2009.07 - 0.79T$
(11)	$1/3CaSO_3 + CO(g) == 1/3CaS + CO_2(g)$	$-13147.46 + 0.49T$

反应	化学反应方程式	$\Delta_r G_m^{\ominus} \text{-} T/\text{J} \cdot \text{mol}^{-1}$
(12)	$1/4CaSO_4 + CO(g) \Longrightarrow 1/4CaS + CO_2(g)$	$-10435.98 + 0.17T$
(13)	$CaSO_4 + SiO_2 + CO(g) \Longrightarrow CaSiO_3 + SO_2(g) + CO_2(g)$	$18605.73 - 42.78T$

假定上述全部反应都处于恒压体系,气相中只有 CO、CO_2 和 SO_2 组成。若 SO_2 分压为 10vol.%,当反应达到平衡时,根据 $\Delta_r G_m^{\ominus} = -RT\ln K^{\ominus}$ 可得到上述各反应的平衡气相浓度与温度的关系,如图 2-2 所示。表 2-3 中反应(13)和反应(10)的 CO 浓度曲线在 427℃ 时与布多尔曲线相交于点 i,此时 CO 的浓度为 10vol.%。

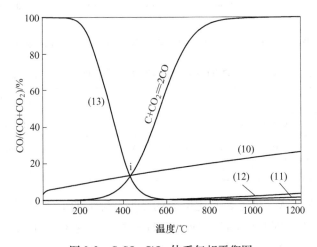

图 2-2　$CaSO_4\text{-}SiO_2$ 体系气相平衡图

从图 2-2 可知,表 2-3 中反应(11)、(12)在较低温度和较低 CO 浓度下即可发生,说明 $CaSO_4$ 与 $CaSO_3$ 在还原气氛下很容易被还原为 CaS。当反应温度大于 427℃、CO 浓度大于 10vol.% 时,表 2-3 中反应(10)、(13)可以发生,这表明反应体系中也会存在 SO_2、$CaSiO_3$、$CaSO_3$。

为了解不同 SO_2 分压对各反应的影响,以表 2-3 中反应(13)为例,计算了不同 SO_2 分压下该反应式平衡气相浓度与温度的关系,结果如图 2-3 所示。从图 2-3 中可以看到,在温度区间 377~577℃ 内,相对于 p_{SO_2}=2.5vol.% 时的气相平衡曲线,随着 p_{SO_2} 的增大,反应的气相平衡曲线均向左下方移动,即反应达到平衡时所需的温度及 CO 的浓度都比于 p_{SO_2}=2.5vol.% 时有所降低,但改变幅度非常小。由此可见,SO_2 分压对反应达到平衡时的温度及 CO 浓度影响程度较小。

在还原性气氛中,$CaSO_4$ 的还原产物 CaS 可以与红土镍矿中的 FeO、NiO、SiO_2 组分发生交互反应,它们之间可能发生反应的方程式如表 2-4 所示。

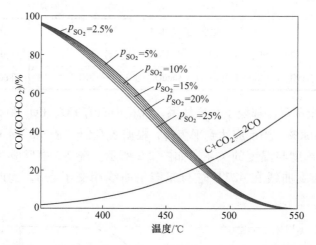

图 2-3 不同 SO$_2$ 分压下表 2-3 中反应（13）的气相平衡图

表 2-4 CaS-FeO-NiO-SiO$_2$ 体系发生反应方程式及其 $\Delta_r G_m^\ominus$-T

反应	反应方程式	$\Delta_r G_m^\ominus$ -T/J·mol^{-1}
（14）	CaS + FeO + SiO$_2$ ══ CaSiO$_3$ + FeS	− 18766.46 + 0.02T
（15）	CaS + NiO + SiO$_2$ ══ CaSiO$_3$ + NiS	− 22906.54 − 2.36T
（16）	CaS + FeO ══ CaO + FeS	2769.38 + 0.19T

根据热力学计算，可得到上述反应的 $\Delta_r G_m^\ominus$ 与 T 的关系见图 2-4。SiO$_2$ 存在时，FeO、NiO 均分别能与 CaS 反应生成 FeS 或 NiS；若体系中没有 SiO$_2$ 存在时，则 CaS 不能够与 FeO 反应生成 FeS。综上所述，添加硫酸钙还原焙烧时，镍、铁、硅氧化物体系在温度范围 427～1327℃内，可能存在的物相主要有 Fe、Ni、FeO、

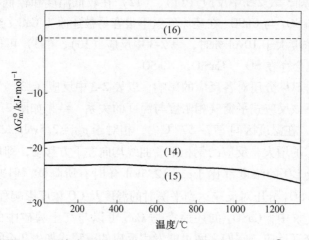

图 2-4 还原气氛下 CaS-FeO-NiO-SiO$_2$ 体系各反应 $\Delta_r G_m^\ominus$ -T 关系

FeS、NiS、CaSiO₃。

以硫酸钠为硫化剂，还原气氛中硫酸钠可被 CO 还原为 Na₂O、Na₂SO₃、Na₂S 等，若体系中同时存在 SiO₂，则硫酸钠的焙烧产物还可能有硅酸钠[4]。可能的化学反应及其相应的 $\Delta_r G_m^\ominus$ -T 关系列于表 2-5 中。

表 2-5　Na₂SO₄ 还原体系各反应方程式及其 $\Delta_r G_m^\ominus$-T

反应	化学反应方程式	$\Delta_r G_m^\ominus$ - T/J · mol⁻¹
(17)	$Na_2SO_4 + CO(g) = Na_2SO_3 + CO_2(g)$	1115.71 + 17.75T
(18)	$1/3Na_2SO_3 + CO(g) = 1/3Na_2S + CO_2(g)$	− 46533.12 + 9.43T
(19)	$1/4Na_2SO_4 + CO(g) = 1/4Na_2S + CO_2(g)$	− 36719.98 + 15.24T
(20)	$Na_2SO_4 + 1/2SiO_2 + CO(g) = 1/2Na_4SiO_4 + SO_2(g) + CO_2(g)$	184007.51 − 238.27T
(21)	$Na_2SO_4 + SiO_2 + CO(g) = Na_2SiO_3 + SO_2(g) + CO_2(g)$	137182.73 − 244.77T
(22)	$Na_2SO_4 + 2SiO_2 + CO(g) = Na_2Si_2O_5 + SO_2(g) + CO_2(g)$	140442.03 − 257.72T

根据表 2-5 中各反应的 $\Delta_r G_m^\ominus$ -T 二项式，可得到硫酸钠还原反应的平衡气相组成与温度的关系，将表 2-5 中反应（17）~（22）的平衡 CO 浓度绘入图 2-5 中。

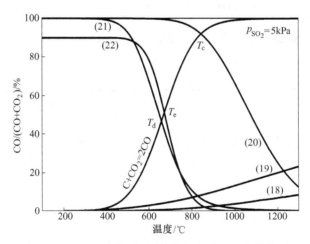

图 2-5　Na₂SO₄ 碳热还原平衡气相组成与温度的关系

表 2-5 中反应（17）的 $\Delta_r G_m^\ominus$ 值在所计算的温度范围内均大于零，表明 Na₂SO₄ 被 CO 还原生成 Na₂SO₃ 较难进行。表 2-5 中反应（18）、（19）的气相平衡曲线均在碳的气化反应曲线下方，表明 Na₂SO₄ 与 Na₂SO₃ 在 25~1300℃ 的温度区间内可被 CO 还原为 Na₂S。

表 2-5 中反应（20）~（22）的曲线分别在 T=847℃、647℃、697℃ 时与碳的气化曲线相交于 T_c、T_d、T_e 点，对应的 CO 浓度分别为 92vol.%、45vol.% 及

50vol.%。这表明，当反应温度 $T>847℃$ 后，在 CO 气氛下 Na_2SO_4 与 SiO_2 反应可生成硅酸钠盐及 SO_2，且硅酸钠盐的生成顺序大致为 $Na_2SiO_3> Na_2Si_2O_5> Na_4SiO_4$。

比较 CO 还原 Na_2SO_4 的几个反应，可以发现表 2-5 中反应（19）的热力学驱动力最大，说明 Na_2SO_4 极易被还原为 Na_2S。根据铁氧化物还原热力学分析结果可知，在体系还原温度较低时（685℃），铁氧化物将被还原为 FeO。在 Na_2S、FeO、NiO、SiO_2 同时存在的条件下，体系可能发生的化学反应及其对应的 $\Delta_r G_m^\ominus$ -T 的关系式如表 2-6 和图 2-6 所示。

表2-6　镍、铁氧化物硫化反应方程式及其 $\Delta_r G_m^\ominus$ -T

反应	化学反应方程式	$\Delta_r G_m^\ominus$ -T/J · mol^{-1}
（23）	$Na_2S + FeO + SiO_2 = Na_2SiO_3 + FeS$	$-94861.36 - 6.41T$
（24）	$Na_2S + FeO + 2SiO_2 = Na_2Si_2O_5 + FeS$	$-81990.96 - 27.71T$
（25）	$2Na_2S + 2FeO + SiO_2 = Na_4SiO_4 + 2FeS$	$-112570.32 - 111.7T$
（26）	$Na_2S + NiO + SiO_2 = Na_2SiO_3 + NiS$	$-180541.80 - 102.34T$
（27）	$Na_2S + NiO + 2SiO_2 = Na_2Si_2O_5 + NiS$	$-148914.96 - 154.78T$
（28）	$2Na_2S + 2NiO + SiO_2 = Na_4SiO_4 + 2NiS$	$-123031.99 - 81.25T$
（29）	$Na_2S + FeO = Na_2O + FeS$	$131704 - 6.91T$
（30）	$NiS + FeO + CO = FeS + Ni + CO_2$	$-47475 + 1.64T$

从表 2-6 及图 2-6 可以看出，除反应（29）以外，各反应在 25~1300℃ 的温

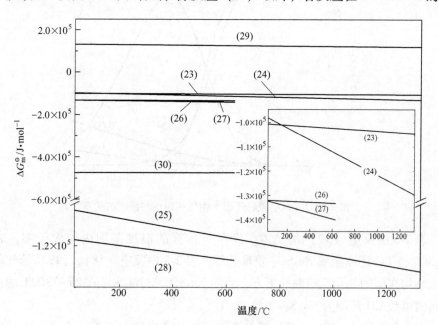

图2-6　镍、铁氧化物硫化反应 $\Delta_r G_m^\ominus$ -T 关系曲线图

度范围内均易发生，即当 SiO_2 存在时，FeO、NiO 均分别能与 Na_2S 反应生成 FeS 或 NiS。反应（29）的吉布斯自由能在 $25 \sim 1300℃$ 的温度范围内均大于 0，说明该反应在此条件下不能发生，即当 SiO_2 不存在时，Na_2S 不能够与 FeO 反应生成 FeS。反应（30）的吉布斯自由能在 $25 \sim 1300℃$ 的温度范围内均小于 0，说明 NiS 转化为 FeS 的反应易发生。

由以上热力学分析结果可得出：镍氧化物和铁氧化物均能被 CO 还原成金属态，即 $NiO \rightarrow Ni$、$Fe_xO_y \rightarrow Fe$ 在一定条件下均能发生，铁氧化物的还原遵循分步还原原则，即 $Fe_2O_3 \rightarrow Fe_3O_4 \rightarrow FeO \rightarrow Fe$。镍氧化物较铁氧化物更易被 CO 还原为金属态，控制还原反应气氛和温度（$T<685℃$，$CO<59.1\ vol.\%$），则可实现镍、铁氧化物的选择性还原。但由于温度低，反应速率小，在生产中实际意义不大。

不同硫化剂（单质硫、硫酸钙、硫酸钠）对镍、铁氧化物的硫化作用不尽相同，采用单质硫作为硫化剂时，可实现镍、铁氧化物的直接硫化，但是提高反应温度有利于镍的选择性硫化。以硫酸钙和硫酸钠为硫化剂，若体系中没有 SiO_2 存在，则不能发挥硫化反应；SiO_2 存在时，硫酸钙和硫酸钠通过其还原产物 CaS 和 Na_2S 与 FeO、NiO 发生反应生成 FeS、NiS。

综上所述，结合红土镍矿主要含铁、镍、硅、镁的特性，依据镍、铁氧化物还原/硫化热力学分析结果，可以通过控制体系反应温度、硫化剂的种类和用量，协同矿石中硅、镁组分的交互作用，实现还原焙烧过程中镍、铁氧化物的选择性还原/硫化。

2.2 红土镍矿选择性还原/硫化特性

将硫化剂与 $-0.074mm$ 粒级 80% 的红土镍矿按质量配比混匀，添加适量水分进行造球，生球在恒温干燥烘箱中于 110℃ 下干燥 2h，称取 10g 左右的干燥球团装入预先通有 N_2 的不锈钢反应罐内置于竖式电阻炉中（见图 2-7），待电阻炉温度上升到设定温度后，将 N_2 切换为还原气体 CO，并开始计时。当达到预设定的还原时间后，关闭还原气体 CO，再次切换为高纯 N_2 保护冷却至室温，冷却试样取出后置于干燥器中存放。

测定还原球团中全铁、金属铁、氧化亚铁、硫化亚铁及全镍、金属镍、硫化镍的含量，分别计算还原产品中铁和镍的金属化率、还原度和硫化率等指标，再根据不同还原温度和时间下还原球团的还原度和硫化率进行动力学计算和分析计算方法如下：

$$\gamma_{Fe} = \frac{MFe}{TFe} \times 100\% \qquad (2-6)$$

$$\gamma_{FeS} = \frac{0.636FeS}{TFe} \times 100\% \qquad (2-7)$$

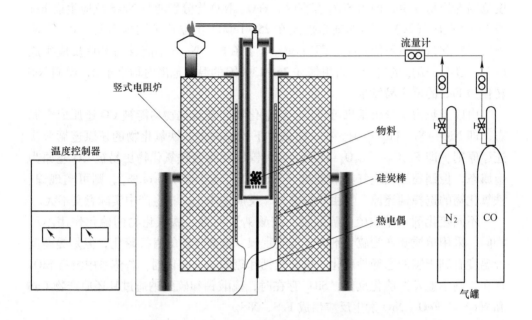

图 2-7　红土镍矿还原/硫化反应动力学研究装置

$$R_{Ni} = \gamma_{Ni} = \frac{MNi}{TNi} \times 100\% \qquad (2\text{-}8)$$

$$\gamma_{NiS} = \frac{0.647NiS}{TNi} \times 100\% \qquad (2\text{-}9)$$

$$R_{Fe} = \left[1 - \frac{0.43(TFe - MFe) - 0.091FeS - 0.112FeO}{0.43TFe^0 - 0.112FeO^0} \times \frac{TFe^0}{TFe} \right] \times 100\% \qquad (2\text{-}10)$$

式中　γ_{Ni}——镍金属化率，%；

　　　γ_{Fe}——铁金属化率，%；

　　　γ_{NiS}——镍硫化率，%；

　　　γ_{FeS}——铁硫化率，%；

　　　R_{Ni}——镍还原度，%；

　　　R_{Fe}——铁还原度，%；

　　　TNi——还原样品中全镍含量，%；

　　　TFe——还原样品中全铁含量，%；

　　　MNi——还原样品中金属镍含量，%；

　　　NiS——还原样品中硫化镍含量，%；

　　　FeO——还原样品中氧化亚铁含量，%；

　　FeS——还原样品中硫化铁含量,%;

　　TFe⁰——还原前试样中全铁含量,%;

　　FeO⁰——还原前试样中氧化亚铁含量,%;

　　MFe——还原样品中金属铁含量,%。

　　FeCl₃ 法测定金属铁时需要排除金属镍对金属铁的干扰,修正后金属铁含量计算公式为:

$$MFe = \frac{55.85 \times C \times V}{30 \times m}\% - \frac{2 \times 55.85}{3 \times 58.69} \times MNi \qquad (2-11)$$

式中　　C——滴定所用重铬酸钾标准溶液浓度,mol/L;

　　　　V——消耗重铬酸钾标准溶液体积,L;

　　　　m——还原样品质量,g。

2.2.1　还原/硫化的影响因素

2.2.1.1　硫化剂

　　分别以单质硫（S）、硫酸钙（$CaSO_4 \cdot 2H_2O$）、硫化钠（Na_2S）、硫酸钠（Na_2SO_4）为硫化剂,它们对红土镍矿还原焙烧镍、铁还原/硫化效果的影响如图 2-8 所示。还原温度为 1100℃、还原时间为 60min,硫化剂的添加量以含 S 量 4.48wt.% 计算,按质量分数配比分别为:单质硫 4.48wt.%、硫酸钙 24.08wt.%、硫化钠 10.92wt.%、硫酸钠 20wt.%。

　　从图 2-8 可以看出,上述硫化剂均能硫化部分镍和铁,但不同硫化剂对红土镍矿还原/硫化效果影响的程度各不同。在以等质量硫 4.48wt.% 的标准添加硫化剂条件下,单质硫对镍氧化物的硫化略强于铁氧化物的硫化,镍硫化率为 26.5%、铁硫化率为 23.9%;硫酸钙作用下,镍、铁的金属化率均较无添加剂时有所降低,镍金属化率由 84.9% 降低为 81.0%、铁金属化率由 61.8% 降至 59.3%;硫化钠和硫酸钠则不仅可提高镍金属化率的同时,还可以大幅度提高铁的硫化率至 32.9%、37.2%。

　　考虑到硫酸钠作为硫化剂的还原/硫化效果最为显著且较硫化钠更易获取,所以选取硫酸钠作为硫化剂进行系统研究。在还原温度为 1050℃、还原时间为 60min、气体流量为 200L/h（100vol.% CO）的条件下,硫酸钠用量对红土镍矿镍铁还原与硫化的影响如图 2-9 所示。

　　随着硫酸钠的添加量从 0 增加到 20 wt.%,镍的金属化率及铁、镍的硫化率均持续提高,镍的金属化率从 84.9% 提高至 92.0%,镍的硫化率从 0 增至 6.4%,铁的硫化率从 0 增至 37.2%,铁的金属化率则呈现下降趋势,从最高值 68.4%

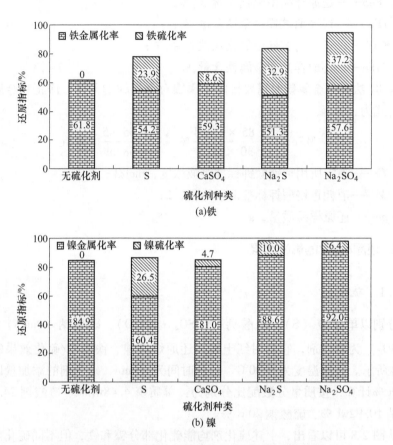

(a)铁

(b) 镍

图 2-8　硫化剂种类对红土镍矿铁、镍还原效果的影响

（以等质量硫 4.48 wt.%的标准添加硫化剂；还原温度：1100℃；

还原时间：60min；气体流量：200L/h（100vol.%CO））

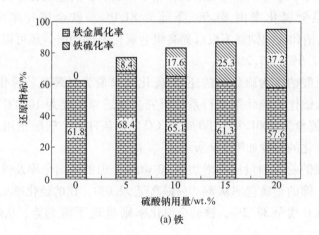

(a) 铁

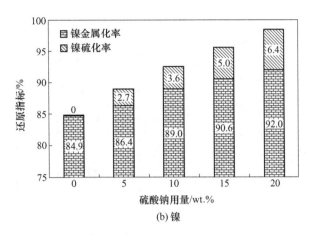

图 2-9　硫酸钠用量对镍、铁还原金属化率和硫化率的影响
（还原温度：1050℃；还原时间：60min；气体流量：200L/h（100vol.%CO））

降至 57.6%。由此表明，红土镍矿还原过程中添加硫酸钠可以促进镍的还原，同时能够抑制铁的金属化还原，降低铁的金属化率。

　　随着硫酸钠用量的增大，在忽略因镍硫化所消耗的极少量硫的前提下，计算所得 Fe 的理论硫化率如表 2-7 所示。对比图 2-9 和表 2-7 可得，硫酸钠用量由 0 增加到 20wt.%时，铁的硫化率基本与理论值吻合，说明在还原焙烧过程中硫酸钠所引入的硫几乎全被还原成 S^{2-} 低价硫，不以高价态硫（SO_2）的形式逸出至大气中。

表 2-7　不同硫酸钠用量下铁的理论最大硫化率

Na_2SO_4 用量/wt.%	5	10	15	20	30	40
Fe 的理论最大硫化率/%	8.90	17.80	26.70	35.59	53.39	71.19

2.2.1.2　还原温度

　　在气体流量为 200L/h（100vol.% CO）、还原时间为 60min 的条件下，将无硫酸钠的红土镍矿球团及添加 20 wt.%硫酸钠的红土镍矿球团分别在不同还原温度下焙烧，考查还原温度对镍、铁的金属化率和硫化率的影响。

　　图 2-10 和图 2-11 为不同还原温度下焙烧球团中镍、铁的金属化率和硫化率的变化趋势图。镍、铁的金属化率及硫化率均随还原温度的上升而增大，说明还原温度的升高有利于镍、铁氧化物的还原与硫化。

　　由图 2-10 可知，无硫酸钠时，当还原温度从 700℃提高到 1050℃，镍、铁的金属化率持续增大，镍的金属化率从 61.7%增大至 84.9%，铁的金属化率从 13.2%增大至 61.8%。相比而言，还原温度对铁的金属化还原的影响要大。

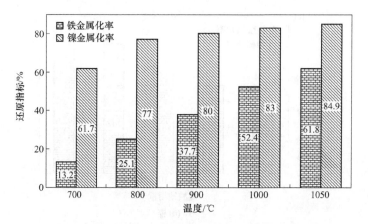

图 2-10 无硫酸钠作用下还原温度对铁、镍金属化率的影响
（气体流量：200L/h（100vol.％CO）；还原时间：60min）

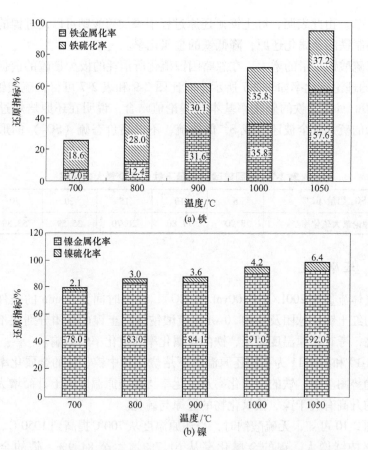

图 2-11 硫酸钠作用下还原温度对铁、镍金属化率和硫化率的影响
（气体流量：200L/h（100vol.％CO）；还原时间：60min；硫酸钠用量：20wt.％）

添加 20 wt.%硫酸钠后，由图 2-11 可知，当还原温度从 700℃提高到 1050℃，镍、铁的金属化率及硫化率也随之相应提高，镍的金属化率从 78.0%增大至 92.0%，铁的金属化率从 7.0%增大至 57.6%，镍的硫化率从 2.1%增大至 6.4%，铁的硫化率从 18.6%增大至 37.2%。

结合图 2-10 和图 2-11 可知，在相同的还原温度下，添加 20 wt.%硫酸钠后，镍的金属化率均高于未添加硫酸钠时的结果，而铁的金属化率均低于未添加硫酸钠时的情况。镍、铁的金属化率和硫化率的差别表明，铁氧化物的硫化程度较镍的硫化程度明显要高，镍氧化物基本上全部被还原为金属镍。

2.2.1.3 还原时间

在气体流量为 200L/h（100vol.% CO）、还原温度为 1050℃的条件下，还原时间对无硫酸钠及配加 20wt.%硫酸钠的红土镍矿球团镍、铁的金属化率和硫化率的影响如图 2-12 和图 2-13 所示。

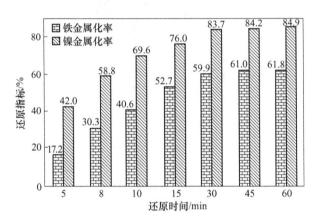

图 2-12　无硫酸钠作用下还原时间对铁、镍金属化率的影响

（气体流量：200L/h（100vol.% CO）；还原温度：1050℃）

随着反应时间的延长，有/无硫酸钠作用下镍和铁的金属化率及硫化率均呈上升趋势，当还原时间延长至 30min 时，各指标变化趋于平缓。

由图 2-12 可知，无硫酸钠时，当还原时间从 5min 增加到 60min，镍和铁的金属化率均持续升高，镍的金属化率从 42.0%增加到 84.9%，铁的金属化率从 17.2%增加到 61.8%。

由图 2-13 可知，添加 20wt.%硫酸钠后，当还原时间从 5min 增至 60min，镍和铁的金属化率及硫化率也均持续上升，镍的金属化率从 45.3%增加到 92.0%，铁的金属化率从 12.9%增加到 57.6%，镍的硫化率从 1.2%增加到 6.4%，铁的硫化率从 17.3%增加到 37.2%。相比而言，镍的硫化率远低于镍金属化率。

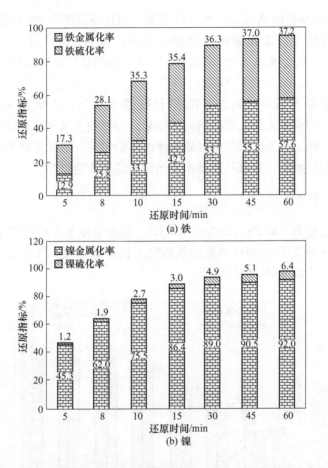

图 2-13 20 wt.%硫酸钠作用下还原时间对镍、铁金属化率和硫化率的影响
（气体流量：200L/h（100vol.% CO）；还原温度：1050℃）

结合图 2-12 和图 2-13 中结果可知，在相同的还原时间条件下，添加 20wt.%硫酸钠后，镍的金属化率均高于未添加硫酸钠时，而铁的金属化率均低于未添加硫酸钠时的情况。进一步比较有/无硫酸钠作用下还原温度和还原时间对镍、铁金属化率比值的影响可知（图 2-14），硫酸钠作用下不同温度和不同时间的镍、铁金属化率比值均高于无硫酸钠时的比值，为制备高镍含量的镍铁粉提供了基础。

升高温度、延长时间虽然能增加铁的硫化率，但同时更强化了铁氧化物的金属化还原过程，导致还原产品中的镍与铁金属化率的比值不断下降，表明升高温度和延长时间均不利于提高铁、镍氧化物的还原选择性，但是考虑到反应温度和时间对还原/硫化反应动力学及镍铁晶粒生长动力学的影响，优化的还原温度和还原时间需结合上述两个方面同时进行判断和选择。

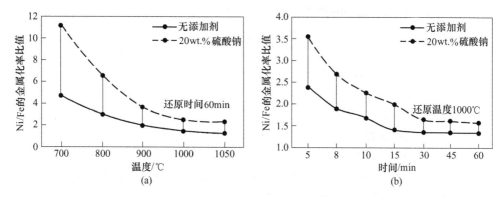

图 2-14 还原温度（a）和还原时间（b）对镍、铁金属化率比值的影响

2.2.2 还原/硫化动力学

气-固反应动力学研究方法一般分为热重法和化学分析法。热重法是采用热天平、弹簧秤或热重分析仪连续记录还原失重与时间的关系；化学分析法是当样品还原到预定的时间后，取出试样进行化学分析，根据还原前后各金属元素的含量和还原过程总失重率，确定金属的还原速率与时间的关系。热重法试验条件一致，重现性好，适合研究简单体系反应动力学；化学分析法试验繁杂，所需试验次数较多，适合研究含多种失重反应的复杂体系反应动力学。

目前针对红土镍矿还原焙烧的动力学研究中，绝大多数采用热重法。但是，当焙烧过程同时发生镍、铁氧化物的还原和硫化反应，热重法无法区分焙烧产生失重到底是由哪个反应所致，无法适用。因此，以下动力学研究采用化学分析的方法，通过测定还原产品中不同铁和镍物相的含量，用以区分还原焙烧过程中镍氧化物、铁氧化物的还原和硫化效果。

硫酸钠用量、还原温度和还原时间的变化均能影响红土镍矿还原焙烧过程中铁氧化物、镍氧化物的还原与硫化效果。为了进一步揭示红土镍矿还原焙烧过程中还原与硫化的反应机理，对无硫酸钠及添加 20 wt.%硫酸钠的红土镍矿球团分别进行等温还原试验，从动力学的角度揭示镍、铁选择性还原规律，探明镍、铁氧化物还原和硫化的动力学参数和控制步骤。由于硫化镍在焙烧产品中含量很低，分析鉴别困难，故镍氧化物的硫化动力学不做进一步分析。

硫酸钠作用下红土镍矿中镍、铁氧化物的还原主要是通过 CO 的间接还原反应实现，既有固态物料也有少量的熔态物料，因此该还原焙烧体系是典型的气-液-固多相反应体系，反应过程中的任何环节都有可能成为反应的控制步骤。但从整个还原焙烧过程来看，众多反应都没有超出固-固反应和流-固反应的范畴。因此，红土镍矿还原过程可以用固-固反应或流-固反应动力学模型进行描述。

多相反应的反应速率通常用下式表示[6]：

$$\frac{\mathrm{d}\alpha}{\mathrm{d}t} = k(T)f(\alpha) \tag{2-12}$$

式中 α——转化率（还原度）；

t——反应时间；

T——温度；

$k(T)$——速率常数；

$f(\alpha)$——动力学模型函数。

常用的固相反应动力学模型如表 2-8 所示。式（2-12）的积分形式通常被用来求解等温条件下的反应活化能，如下式所示：

$$g_j(\alpha) = k_j(T_i)t \tag{2-13}$$

式中，$g_j(\alpha) = \int_0^\alpha [f_j(\alpha)]^{-1}\mathrm{d}\alpha$ 为表 2-8 中动力学模式函数 $f(\alpha)$ 的积分形式。通过用 $g_j(\alpha)$ 对 t 作图，求得其直线斜率即可获得速率常数。如果有一个适当的模式函数，可以求得不同温度 T_i 的速率常数，从而利用 Arrhenius 方程的对数形式求

表2-8 固相反应常用动力学模型[5]

模型	反应机理	微分形式	积分形式
		$f(\alpha)$	$g(\alpha) = kt$
$D_1(\alpha)$	一维扩散	$\frac{1}{2}\alpha^{-1}$	$\alpha^2 = kt$
$D_2(\alpha)$	二维扩散	$[-\ln(1-\alpha)]^{-1}$	$(1-\alpha)\ln(1-\alpha) + \alpha = kt$
$D_3(\alpha)$	三维扩散 （Jander 方程）	$\frac{3}{2}[1-(1-\alpha)^{\frac{1}{3}}]^{-1}(1-\alpha)^{\frac{2}{3}}$	$[1-(1-\alpha)^{\frac{1}{3}}]^2 = kt$
$D_4(\alpha)$	三维扩散（Ginstein-Brounshtein 方程）	$\frac{3}{2}[(1-\alpha)^{\frac{1}{3}}-1]$	$1-\frac{2}{3}\alpha-(1-\alpha)^{\frac{2}{3}} = kt$
$F_1(\alpha)$	一级反应 （Mampel Power）	$1-\alpha$	$-\ln(1-\alpha) = kt$
$R_2(\alpha)$	相边界控制 （收缩圆柱体）	$(1-\alpha)^{\frac{1}{2}}$	$1-(1-\alpha)^{\frac{1}{2}} = kt$
$R_3(\alpha)$	相边界控制 （收缩球体）	$(1-\alpha)^{\frac{2}{3}}$	$1-(1-\alpha)^{\frac{1}{3}} = kt$
$A_2(\alpha)$	晶核二维生长 （Avrami-Erofeev）	$2(1-\alpha)[-\ln(1-\alpha)]^{\frac{1}{2}}$	$[-\ln(1-\alpha)]^{\frac{1}{2}} = kt$
$A_3(\alpha)$	晶核三维生长 （Avrami-Erofeev）	$3(1-\alpha)[-\ln(1-\alpha)]^{\frac{2}{3}}$	$[-\ln(1-\alpha)]^{\frac{1}{3}} = kt$

出活化能，如式（2-14）所示：

$$\ln k_j(T_i)t = \ln A_j - \frac{E_j}{RT_i} \tag{2-14}$$

2.2.2.1 还原动力学

在 700～1050℃ 的还原温度范围内，将无硫酸钠及添加 20 wt.% 硫酸钠的红土镍矿球团分别在 100% CO 还原气氛中焙烧，气体流量为 200L/h。对焙烧产品进行化学物相分析，分别测定全铁、金属铁、氧化亚铁、硫化亚铁及全镍、金属镍、硫化镍的含量。通过式（2-10）换算得出不同条件下铁还原度与反应时间的关系曲线，如图 2-15 所示。

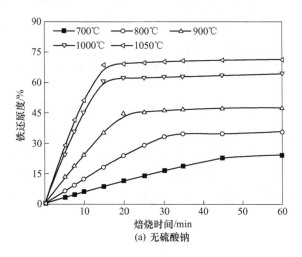

(a) 无硫酸钠

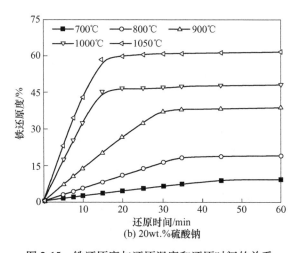

(b) 20wt.%硫酸钠

图 2-15 铁还原度与还原温度和还原时间的关系

由图 2-15 可以看出，随着反应的进行，铁氧化物还原度随还原时间延长而逐渐增大，在反应初期增加的幅度显著，反应后期增幅变小趋于平缓，直至反应结束。当还原温度逐步从 700℃ 提高到 1050℃ 时，铁氧化物的还原度随之增大，且反应达到平衡所用的时间逐步缩短。以无硫酸钠时为例，700℃ 时红土镍矿中铁氧化物还原反应达到平衡需 45min，随着温度的升高，反应达到平衡的时间显著缩短，在 1050℃ 时反应达到平衡只需要 15min。

硫酸钠对红土镍矿中铁氧化物的还原度有显著影响。相同还原温度条件下，添加 20 wt.% 硫酸钠后，铁氧化物还原达到平衡的时间延长，且还原度降低。例如在 900℃ 时，无硫酸钠条件下，铁氧化物还原达到平衡需要 20min，且此时最大还原度为 45% 左右；添加 20 wt.% 硫酸钠后，铁氧化物还原达到平衡的时间延长至 30min，且此时最大还原度下降为 37% 左右。

为查明红土镍矿中铁氧化物还原反应控制性环节，应用表 2-8 中的动力学函数模型对铁氧化物的等温还原试验结果进行了分析计算。将不同还原时间下的还原度数值代入 $g(\alpha)$ 中对反应时间 t 作图，再采用线性拟合方法判断适宜的动力学模型。

在研究的温度范围内，还原时间小于 15min 时，发现 $1-(1-\alpha)^{1/3}$ 对反应时间 t 的线性关系最好，结果如图 2-16 所示。这表明当还原时间在 15min 内，有/无硫酸钠作用下红土镍矿球团中铁氧化物的还原受界面化学反应控制。

由图 2-16 中各直线的斜率可求得各温度下的速率常数 k 值，见表 2-9。根据不同温度下各反应的速率常数，采用 Arrhenius 方程可求出铁氧化物还原反应的表观活化能，即：

$$k = k_0 e^{-\frac{E}{RT}} \tag{2-15}$$

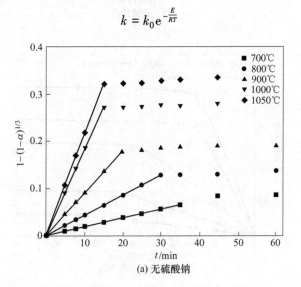

(a) 无硫酸钠

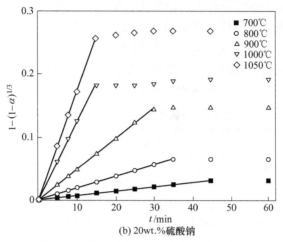

(b) 20wt.%硫酸钠

图 2-16 铁还原度 R_3（α）与 t 关系曲线

上式两边取对数，可得：

$$\ln k = \ln k_0 - \frac{E}{RT} \qquad (2\text{-}16)$$

式中　E——活化能，kJ/mol；

　　　k_0——系数，min^{-1}；

　　　k——速率常数，min^{-1}；

　　　R——气体常数，$8.314 \times 10^{-3} \text{kJ}/(\text{mol} \cdot \text{K})$；

　　　T——温度，K。

在 700~1050℃ 范围内，以 $\ln k$ 对温度 $1/T$ 作图，呈线性关系，如图 2-17 所示。所得直线的斜率为 $-E/R$，进而可求出铁氧化物还原的表观反应活化能。

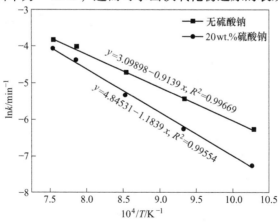

图 2-17 铁氧化物还原反应速率常数与温度的 Arrhenius 关系曲线

由表2-9可知，不同条件下，铁氧化物的还原速率均随温度的升高而增大，而且提高反应温度，表观反应速率明显加快，这符合CO还原铁氧化物过程由化学反应控制的反应机理。对比表中的数据可知，添加20wt.%硫酸钠后，在各个温度条件下铁氧化物的还原速率常数均减小，说明所添加的硫酸钠减缓了红土镍矿中铁氧化物的还原，即硫酸钠能抑制铁氧化物的还原。

表 2-9　铁氧化物还原反应速率常数

速率常数 k/min^{-1}	还原温度/℃					表观活化能 /kJ·mol^{-1}
	700	800	900	1000	1050	
无硫酸钠	0.0019	0.00427	0.00894	0.01827	0.02137	75.98
20 wt.%硫酸钠	0.00071	0.0019	0.00484	0.01225	0.01715	98.43

无硫酸钠时铁氧化物还原的表观活化能是75.98kJ/mol，添加20wt.%硫酸钠后铁氧化物还原的表观活化能是98.43kJ/mol，活化能增加了22.45kJ/mol。活化能可看成是反应进行需要克服的一种能垒。添加硫酸钠后铁氧化物还原的表观活化能变大，说明铁氧化物还原需要克服的能碍增大，即不利于铁氧化物的还原。

不同还原温度、还原时间条件下，无硫酸钠和20wt.%硫酸钠作用下镍还原度与反应时间的关系曲线，如图2-18所示。

由图2-18可以看出，随着还原时间的延长，有/无硫酸钠作用下镍氧化物的还原度逐渐增大，在反应初期增加的幅度尤其显著，到了反应后期增大幅度逐渐减小，直至反应趋于平衡。当反应温度逐步从700℃提高到1050℃时，镍氧化物还原达到平衡后的还原度值随之增大，但还原达到平衡所用的时间逐步缩短。

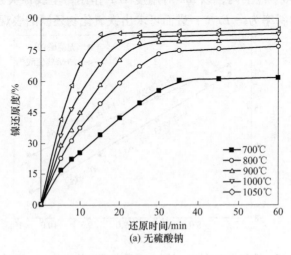

(a) 无硫酸钠

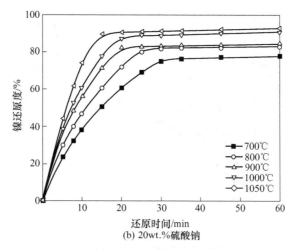

(b) 20wt.%硫酸钠

图 2-18 镍还原度与还原温度和还原时间的关系

添加 20wt.%硫酸钠时，随着还原温度升高，红土镍矿中镍氧化物还原达到平衡所需的时间减少，温度升高有利于镍氧化物的还原。700℃时，镍氧化物达到最大还原度需要 30min，而 1050℃下反应达到平衡所需时间仅 15min。此外，相同焙烧条件下，添加硫酸钠时镍氧化物的还原度与无硫酸钠条件相比均有提高，相同还原温度下反应达到平衡的时间也会相应缩短。

为查明红土镍矿中镍氧化物还原反应控制性环节，应用动力学函数模型对镍氧化物的等温还原试验结果进行了分析计算。将不同还原时间下的还原度数值代入 $g(\alpha)$ 中对反应时间 t 作图，再采用线性拟合方法判断适宜的动力学模型。在试验温度范围内，当还原时间小于 15min 时，发现 $-\ln(1-\alpha)$ 对反应时间 t 的线性关系最好，结果如图 2-19 所示。这表明在试验温度范围内，当还原时间小于 15min 时，有/无硫酸钠作用下红土镍矿中镍氧化物的还原均受一级化学反应控制。

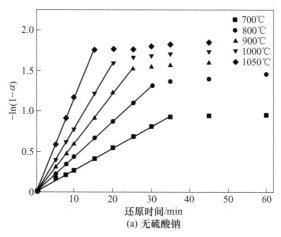

(a) 无硫酸钠

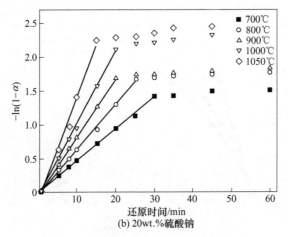

图 2-19　镍还原度 $F_1(\alpha)$ 与 t 关系曲线

由图 2-19 中各直线的斜率可求得各温度下的速率常数 k 值，见表 2-10。在 700~1050℃范围内，根据式（2-19），以 $\ln k$ 对温度 $1/T$ 作图，呈线性关系，如图 2-20 所示。所得直线的斜率为 $-E/R$，进而可求出镍氧化物还原反应的表观活化能。

表 2-10　镍氧化物还原反应速率常数

速率常数 k/min^{-1}	还原温度/℃					表观活化能 /$\text{kJ} \cdot \text{mol}^{-1}$
	700	800	900	1000	1050	
无硫酸钠	0.02591	0.04352	0.06065	0.07945	0.11901	42.99
20 wt.%硫酸钠	0.04627	0.06534	0.08344	0.10647	0.1504	33.14

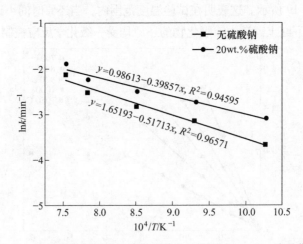

图 2-20　镍氧化物还原反应速率常数与温度的 Arrhenius 关系曲线

由表 2-10 可知，不同条件下镍氧化物的还原速率均随温度的升高而增大，而且提高反应温度，表观反应速率加快。这同样符合 CO 还原镍氧化物过程是由化学反应控制的反应机理解释。添加 20wt.% 硫酸钠后，在各个温度条件下镍氧化物的还原速率均增大，说明添加硫酸钠促进了红土镍矿中镍氧化物的还原。对比表 2-9 与表 2-10 可知，在相同条件下，镍氧化物的还原速率均高于铁氧化物的还原速率，说明镍氧化物比铁氧化物易还原；另外，添加硫酸钠对铁氧化物还原速率的影响相比更大。

无硫酸钠时，镍氧化物还原的表观活化能是 42.99kJ/mol，添加 20wt.% 硫酸钠后，镍氧化物还原的表观活化能是 33.14kJ/mol，活化能降低了 9.85kJ/mol。镍氧化物还原的表观活化能变小，说明镍氧化物还原需要克服的能碍减小，即添加硫酸钠有利于镍氧化物的还原。

2.2.2.2　硫化动力学

还原过程中镍的硫化率较低（通常<5%），且变化不大，故镍硫化动力学不做进一步讨论。不同还原温度、还原时间条件下，20 wt.% 硫酸钠作用下铁硫化率与反应时间的关系，如图 2-21 所示。

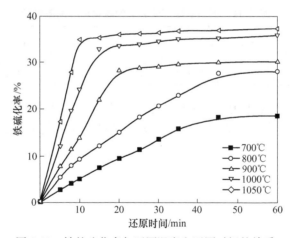

图 2-21　铁的硫化率与还原温度和还原时间的关系

随着反应时间的延长，铁的硫化率逐渐增大，在反应初期增加的幅度显著，但反应后期增大幅度减小，趋于平缓，直至反应结束。随着还原温度的上升，铁硫化达到平衡的时间逐渐缩短。

为查明红土镍矿中铁氧化物的硫化反应控制性环节，应用表 2-8 中的动力学函数模型对铁氧化物的等温硫化试验结果进行了分析计算。将不同还原时间下的硫化率数值代入 $g(\alpha)$ 中对反应时间 t 作图，再采用线性拟合方法判断适宜的动力学模型。在试验温度范围内，当还原时间小于 10min 时，发现其 $-\ln(1-\alpha)$ 对

反应时间 t 的线性关系最好，结果如图 2-22 所示。这表明在试验温度范围内，当还原时间小于 10min 时，20wt.% 硫酸钠作用下红土镍矿中铁的硫化反应受一级化学反应控制，而且温度越高，受一级化学反应控制的时间越短。

由图 2-22 中各直线的斜率可求得各温度下的速率常数 k 值，见表 2-11。

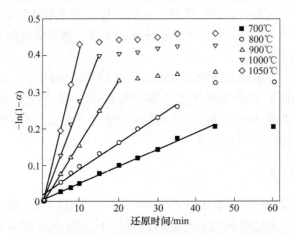

图 2-22　硫酸钠作用下铁硫化率 $F_1(\alpha)$ 与 t 关系曲线

表 2-11　不同温度下铁氧化物硫化反应速率常数

温度/℃	700	800	900	1000	1050	表观活化能 /kJ·mol^{-1}
速率常数 k/min^{-1}	0.00459	0.0071	0.01676	0.02732	0.04313	69.00

在 700~1050℃ 范围内，以 $\ln k$ 对温度 $1/T$ 作图，呈线性关系，如图 2-23 所示。所得直线的斜率为 $-E/R$，进而可求出铁硫化反应的表观活化能。

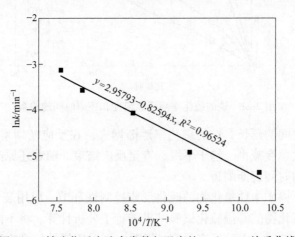

图 2-23　铁硫化反应速率常数与温度的 Arrhenius 关系曲线

由表2-9~表2-11可知，铁、镍氧化物的还原反应速率及铁氧化物的硫化反应速率均随温度的上升而增大，说明温度愈高各反应进行得越剧烈，反应达到平衡的时间就越短。在硫酸钠添加量相同的条件下，相同还原温度下铁氧化物的还原速率均小于镍氧化物的还原速率，说明镍氧化物还原快于铁氧化物还原。添加20 wt.%硫酸钠后，在相同还原温度下，铁氧化物的还原速率减小，镍氧化物的还原速率增大，说明硫酸钠减缓了铁氧化物的还原，加速了镍氧化物的还原。对比相同条件下铁氧化物的还原速率与硫化速率可知，铁氧化物的硫化速率大于其还原速率，说明铁氧化物的硫化反应快于其还原反应。

铁、镍氧化物还原和硫化反应的动力学参数及反应机理如表2-12所示。由表2-12可知，铁氧化物的还原受界面化学反应控制，镍氧化物的还原及铁氧化物的硫化反应则受一级化学反应控制。化学反应机制的不同也体现在表观活化能的差异上，添加硫酸钠扩大了铁、镍氧化物还原反应表观活化能差值，因此，硫酸钠可以显著提高铁、镍氧化物还原之间的选择性。

表 2-12   铁、镍氧化物还原和硫化反应的动力学参数及反应机理比较

项　目	硫酸钠用量/wt.%	铁氧化物还原反应	镍氧化物还原反应	铁氧化物硫化反应
表观活化能/kJ·mol^{-1}	0	75.98	42.99	—
	20	98.43	33.14	69.00
反应机理	0	相边界控制 $R_3(\alpha)$	一级反应 $F_1(\alpha)$	—
	20	相边界控制 $R_3(\alpha)$	一级反应 $F_1(\alpha)$	一级反应 $F_1(\alpha)$

由于具有较大活化能的化学反应的进程更易受温度的影响，表明升高温度不利于铁、镍氧化物之间的选择性还原，升高温度虽能增加铁的硫化率，但同时更大程度强化了铁的还原过程，提高了铁的金属化率。

综上可知，铁、镍氧化物的还原反应速率及铁氧化物的硫化反应速率均随温度的上升而增大，温度越高各反应进行得越剧烈，反应达到平衡的时间相应就越短。在相同的还原温度条件下，铁氧化物的还原速率均小于镍氧化物的还原速率，说明镍氧化物还原快于铁氧化物还原；铁氧化物的硫化速率大于其还原速率，说明铁的硫化反应快于其还原反应。添加 20 wt.%硫酸钠后，在相同还原温度下，铁氧化物的还原速率进一步降低，镍氧化物的还原速率则进一步加快。说明添加硫酸钠促进了镍氧化物的还原，同时抑制了铁氧化物的还原，达到了选择性还原镍氧化物、硫化铁氧化物的效果。且硫酸钠的加入加快了还原/硫化进程，可以较低温度、较短时间内实现镍氧化物的金属化，为红土镍矿的高效、低耗、选择性还原提供了保障。

2.3 固态还原过程镍铁晶粒生长行为

基于固态还原法的红土镍矿处理工艺，欲获得高品质的镍铁产品，一方面要求焙烧过程中镍、铁氧化物的还原具有选择性，镍氧化物能最大程度地还原成金属镍，同时适当控制铁氧化物还原成金属铁的程度，以获得高镍铁比的镍铁产品。借助于硫酸钠等硫化剂的作用，可使红土镍矿固态还原焙烧过程中铁氧化物的还原得到抑制，镍、铁氧化物的金属化率差距增大，实现了红土镍矿中镍、铁的选择性还原。

另一方面，还原焙砂中镍铁的粒度须达到可充分单体解离的尺寸，为后续采用物理方法高效分离回收镍铁创造有利条件，还原过程中镍铁颗粒的生长是物理分选方法获得高品质镍铁产品的关键。

2.3.1 物相转变

红土镍矿球团不同温度下还原 60min 后的 XRD 结果如图 2-24 所示。随着还原温度的升高，红土镍矿中的针铁矿和利蛇纹石首先发生脱羟基作用（反应（2-17）、反应（2-18）），铁氧化物、镍氧化物随后得以还原成为镍铁[7]；利蛇纹石脱水后首先形成镁铁橄榄石和石英，高温下再次化合形成斜顽火辉石（反应（2-19））[8]：

$$6(Fe,Ni)OOH \longrightarrow 2(Fe,Ni)_3O_4 + 3H_2O + \frac{1}{2}O_2 \tag{2-17}$$

$$2(Mg,Fe,Ni)_3Si_2O_5(OH)_4 \longrightarrow 3(Mg,Fe,Ni)_2SiO_4 + SiO_2 + 4H_2O \tag{2-18}$$

$$Mg_2SiO_4 + SiO_2 \longrightarrow 2MgSiO_3 \tag{2-19}$$

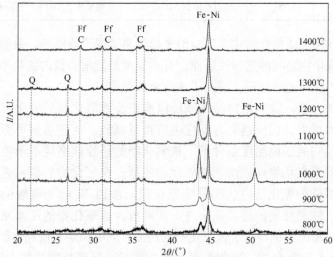

图 2-24 红土镍矿不同温度下还原产物的 XRD 分析结果

（还原时间：60min）

Ff—ferrous forsterite（Mg,Fe）$_2$SiO$_4$；Q—quartz SiO$_2$；C—clinoenstatite MgSiO$_3$

　　Zevgolis 等对红土镍矿碳热还原特性的研究工作表明：还原生成的 Fe_2SiO_4 或 Mg_2SiO_4 会包裹氧化物晶粒，同时阻碍氧化物的进一步还原。

　　在相对较低温度下（＜1100℃），还原过程中形成的镍铁以铁纹石 α-（Fe，Ni）、镍纹石 γ-（Fe,Ni）两种形态存在，当还原温度继续上升到1300℃时，镍纹石物相消失，镍铁以铁纹石单一形式存在，其原因是镍氧化物与铁氧化物的还原速率不同。结合镍氧化物和铁氧化物的还原热力学及还原动力学研究结果可知，镍氧化物的还原速率明显高于铁氧化物的还原速率，随着还原温度的提高，越来越多的铁氧化物将被还原为金属铁，镍铁中的金属铁含量不断升高，进而降低了镍铁合金中的镍含量。

　　由 Fe-Ni 二元系相图（图2-25）可知，在温度高于912℃时，镍纹石性质十分稳定，当镍铁物相组成中镍质量分数小于4.7%，温度低于912℃时，镍纹石将会转化为铁纹石。因此，当镍在 Fe-Ni 二元系中质量百分比小于7%，同时温度较低时所有的镍纹石将会转化为铁纹石[9]。

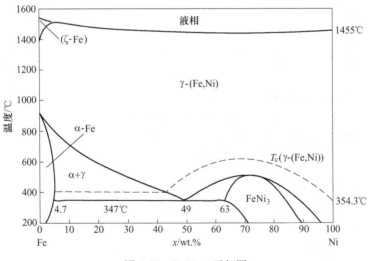

图2-25　Fe-Ni 二元相图

　　固定还原时间为60min，配加20 wt.% 硫酸钠的红土镍矿球团在不同还原温度下还原产物的矿物组成如图2-26所示。与无硫酸钠时的物相组成相比，添加硫酸钠后各个还原温度下的产物中均无 $MgSiO_3$ 生成。在还原温度较低情况下（≤600℃），还原产物中尚存利蛇纹石、硫酸钠和磁铁矿；在还原温度上升到700℃时，还原产物中利蛇纹石、硫酸钠和磁铁矿等物相消失，生成了硫化铁（FeS）、镁铁橄榄石（$(Mg,Fe)_2SiO_3$）和硅酸钠（Na_2SiO_3）；当还原温度进一步提高到1100℃时，硅酸钠产物消失转化为钠镁硅三元化合物 $Na_2Mg_2Si_2O_7$，且伴随有镁铁橄榄石（$(Mg,Fe,Ni)_2SiO_4$）中铁、镍的还原，镁铁橄榄石转化为镁橄榄石（Mg_2SiO_4），所以在硫酸钠存在的条件下，镍氧化物的还原变得更为容易。

$$Na_2SiO_3 + (Mg, Fe, Ni)_2SiO_4 \longrightarrow Na_2Mg_2Si_2O_7$$

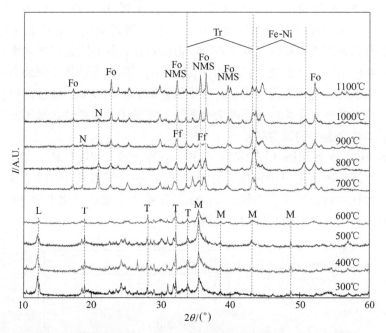

图 2-26　硫酸钠作用下红土镍矿不同温度还原产物的 XRD 分析结果

（硫酸钠用量：20wt.%；还原时间：60min）

L—$Mg_3Si_2O_5(OH)_4$；M—Fe_3O_4；T—Na_2SO_4；Ff—ferrous forsterite $(Mg, Fe)_2SiO_4$；

Fo—Mg_2SiO_4；Tr—FeS；N—Na_2SiO_3；NMS—$Na_2Mg_2Si_2O_7$

固定还原温度为 1100℃，红土镍矿配加 20 wt.%硫酸钠的球团在不同还原时间下的还原产物物相如图 2-27 所示。由图 2-27 可以看出，当还原进行至 4min 时，物相中已经存在镍铁物相和 FeS 物相，说明在 1100℃的还原温度下，硫酸钠被还原迅速转化为 FeS，同时镍、铁氧化物也开始还原，但产物中依然存在 $(Mg, Fe)_2SiO_4$ 物相，说明 $(Mg, Fe)_2SiO_4$ 还未全部转化为 Mg_2SiO_4；当反应进行至 10min 时，$(Mg, Fe)_2SiO_4$ 物相消失，此时赋存在 $(Mg, Fe)_2SiO_4$ 中的镍和铁已得到还原；随着反应时间的进一步延长，FeS 峰与 $(Mg, Fe)_2SiO_4$ 峰随之增强，还原时间超过 60min 后，还原产物的物相组成未见变化。

硫酸钠对红土镍矿还原物相转变影响显著，物相转变规律示意图如图 2-28 所示。硫酸钠对红土镍矿还原物相转变的影响主要表现在两个方面：一方面硫酸钠通过与 MgO-SiO_2 体系中的 $MgO·SiO_2$、$2MgO·SiO_2$、SiO_2 等主要物相成分发生反应，破坏硅酸盐和其他脉石矿物的结构，释放出赋存于其中的铁和镍；另一方面硫酸钠在还原气氛中易被还原为 Na_2S，Na_2S 易再与 SiO_2 和 FeO 反应生成

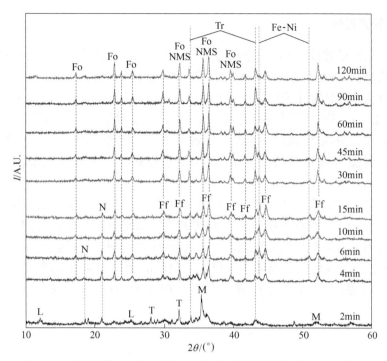

图 2-27　硫酸钠作用下红土镍矿不同时间还原产物的 XRD 分析结果

（硫酸钠用量：20wt. %；还原温度：1100℃）

L—$Mg_3Si_2O_5(OH)_4$；M—$(Fe,Ni)_3O_4$；T—Na_2SO_4；Ff—ferrous forsterite $(Mg,Fe)_2SiO_4$；

Fo—Mg_2SiO_4；Tr—FeS；N—Na_2SiO_3；NMS—$Na_2Mg_2Si_2O_7$

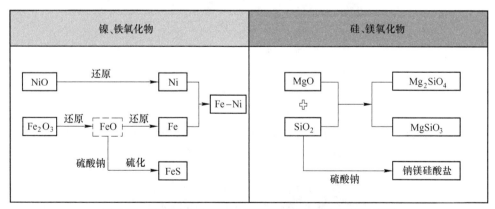

图 2-28　硫酸钠作用下红土镍矿还原物相转变规律示意图

FeS。在还原温度大于 700℃时，红土镍矿还原焙烧体系中主要存在的物相有 Fe、Ni、FeO、FeS 及硅酸钠盐。还原产物中的物相增加了 FeS 及 $Na_2Mg_2Si_2O_7$，同时顽火辉石 $MgSiO_3$ 物相消失。

2.3.2 软熔特性

将红土镍矿按配比加入不同量的硫酸钠，加适量水混匀，然后用模具将物料压制成底长 5mm、高 12mm 的三角锥，再将三角锥置于刚玉托板上，放置在初始温度为 900℃的卧式管炉中进行还原焙烧（100vol.%CO 气体流速 5cm/s，流量 350L/h），管炉升温速率为 4℃/min，焙烧最高温度为 1400℃，通过管炉前端的摄像头每隔 2s 摄取一张照片来观察炉内三角锥形状随温度的变化情况，由系统自带图像分析软件对三角锥形状变化做出识别进行软熔特征温度的测定。

物料软熔特征温度包括：（1）变形温度 T_D：三角锥尖端开始变圆或开始弯曲时的温度；（2）软化温度 T_S：三角锥开始变形至近似半球形时的温度；（3）流动温度 T_F：三角锥熔化铺展成高度为 1.5mm 以下薄层时的温度。实验设备示意图和上述三个软熔特征温度下对应的三角锥形状变化如图 2-29 所示，图 2-30 为软熔特征温度所对应三角锥实物图，图 2-31 为可控气氛卧式管炉的实物图[10]。

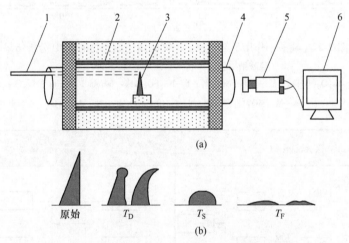

(a)

(b)

图 2-29　卧式管炉结构示意图（a）及三角锥外形随着温度变化示意图（b）
1—热电偶；2—硅碳棒；3—锥形物料；4—刚玉管；5—摄像机；6—电脑

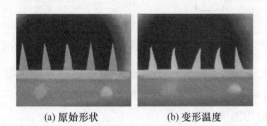

(a) 原始形状　　　　(b) 变形温度

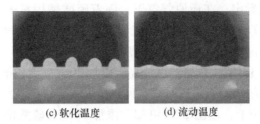

(c) 软化温度　　　　　(d) 流动温度

图 2-30　软熔温度测定物料形状变化图

图 2-31　可控气氛卧式管炉实物图

在 100vol.% CO 气氛下，硫酸钠用量对红土镍矿软熔温度的影响如图 2-32 所示。

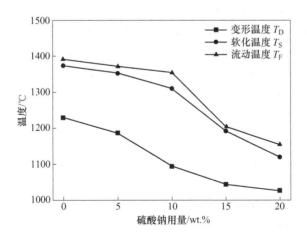

图 2-32　不同硫酸钠用量下红土镍矿在还原气氛下的软熔特征温度

从图 2-32 可以看出，在还原气氛下，随着硫酸钠用量的增加，物料的软熔温度，即变形温度 T_D、软化温度 T_S、流动温度 T_F 均不断下降。

无硫酸钠条件下红土镍矿的变形温度 T_D、软化温度 T_S、流动温度 T_F 分别为 1229℃、1373℃、1391℃，软熔温度较高。添加 20wt.%硫酸钠时，三个软熔温度均大幅降低，分别为 1025℃、1121℃、1153℃。软熔特征温度的降低，也体现在还原球团的外观形貌上，由图 2-33 可知，添加 20wt.%硫酸钠的红土镍矿还原球团发生明显的体积收缩，这是因为 1100℃高于该体系的变形温度（1025℃），略低于软化温度（1121℃），导致球团致密化。

(a) 无添加剂　　　　　　　　　　　　　(b) 20wt.%硫酸钠

图 2-33　红土镍矿还原球团外观形貌

（100vol.%CO 流量：350L/h；还原温度：1100℃；还原时间：60min）

从上述结果可以看出，在 100vol.% CO 还原气氛下，通过调节硫酸钠的比例，可以将红土镍矿的软熔温度降低 100℃以上，基于固、液态物质传质系数的差异，液相的生成可极大促进还原焙烧传质过程，促进镍铁晶粒的生长和聚集，这不仅有利于后续的磨矿-分选效果，而且可以降低体系的还原温度，对于还原焙烧处理工艺的节能降耗也有着重要意义。

2.3.3　显微结构

无硫酸钠作用下，固定还原时间为 60min，不同还原温度下的红土镍矿还原球团显微结构如图 2-34 所示。

由图 2-34 可以看出，红土镍矿还原球团的结构较为致密，低温条件下（≤1000℃），还原球团中镍铁颗粒数量很少，随着温度的升高镍铁颗粒的数量增多；当温度提高到 1100℃时开始出现比较明显的镍铁颗粒，还原球团内部镍铁颗粒（亮白色颗粒）与脉石矿物（暗灰色）出现了较明显的界限，但此时颗粒长大不充分，粒径一般为 5~10μm。微细粒镍铁颗粒弥散分布于镁橄榄石基体中，镍铁颗粒未出现明显的聚集长大现象。由于微细粒的镍铁颗粒在磨矿过程中难以充分的单体解离，这会大大降低后续磁选分离的效果。

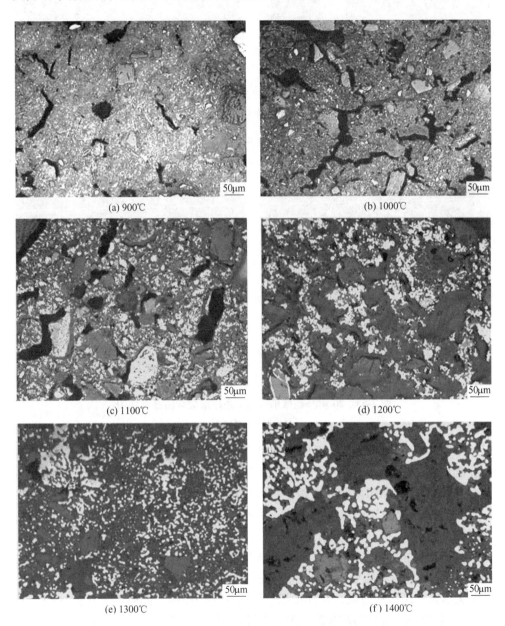

(a) 900℃

(b) 1000℃

(c) 1100℃

(d) 1200℃

(e) 1300℃

(f) 1400℃

图 2-34 无硫酸钠还原焙烧球团显微结构

（还原时间：60min；亮白色为镍铁金属颗粒）

相同还原时间（60min）下，配加 20wt.%硫酸钠的红土镍矿球团在不同还原温度下的显微结构如图 2-35 所示。

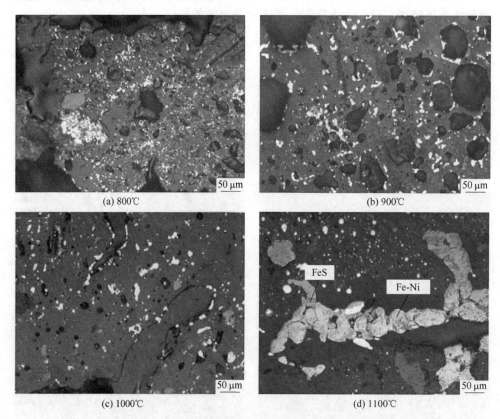

(a) 800℃

(b) 900℃

(c) 1000℃

(d) 1100℃

图 2-35　20 wt.%硫酸钠作用下还原焙烧球团显微结构

（还原时间：60min）

从图 2-35 可以看出，与无硫酸钠时相比，添加 20wt.%硫酸钠的还原球团结构孔洞增多，在相同还原温度下还原球团内部镍铁颗粒的数目较不加硫酸钠时要更多。800℃时，球团内部镍铁颗粒数目很多但粒度较小，镍铁颗粒粒度一般在 2~8μm 之间。随着还原温度的提高，镍铁颗粒粒径逐渐增大，且与脉石矿物之间界限分明。

当还原温度达到1100℃时，镍铁颗粒沿脉石边界析出连接长大，球团内部镍铁颗粒与脉石矿物的界限变得十分明显，球团内镍铁颗粒充分连接长大，内部的镍铁颗粒大部分已迁移到边缘，并且互相连接构成一个整体。同时 FeS 颗粒（图 2-35 (d)）与镍铁颗粒和脉石矿物的界限也变得十分明显，FeS 粒径一般在 5~15μm。

20wt.%硫酸钠作用下，固定还原温度为 1100℃，不同还原时间下红土镍矿还原球团的显微结构如图 2-36 所示。

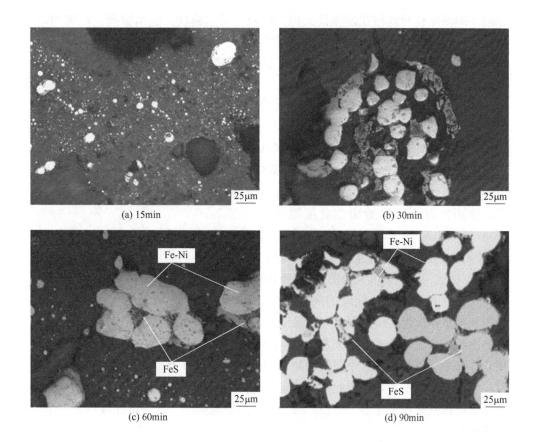

(a) 15min

(b) 30min

(c) 60min

(d) 90min

图 2-36　20wt.%硫酸钠作用下不同还原时间球团显微结构

（还原温度：1100℃）

　　当还原焙烧 15min 时，球团中可见少量的镍铁颗粒，粒度大小不一，大者粒径可达 25μm，与灰色脉石矿物的界限分明，小者只有 1~2μm，与灰色脉石矿物紧密结合，大部分镍铁颗粒之间没有互相连接，局部出现镍铁颗粒的集合体。FeS 颗粒包裹、围绕在镍铁颗粒的周围，形成环状结构。

　　当还原焙烧至 30min 时，球团内部镍铁颗粒数目明显增多，镍铁颗粒充分连接长大，粒度达到 15~30μm 左右，与灰色脉石矿物和 FeS 颗粒的界限分明，这有利于磨矿过程中金属镍铁颗粒与脉石矿物的解离。与此同时，FeS 颗粒也明显连接、长大，并且沿镍铁颗粒边缘围绕、镶嵌形成环状，粒度多在 15~30μm 之间，同镍铁颗粒粒径大小相近。

　　当还原焙烧进行至 60min 时，大部分小颗粒聚集、长大为大颗粒，粒径在 20~40μm，与灰色脉石矿物和 FeS 颗粒的界限分明。FeS 颗粒数目有所减少，粒径也比之前更小，但仍与镍铁颗粒紧密嵌布。当还原焙烧进行至 90min 时，大部分细小镍铁颗粒明显相互连接长大为大颗粒，呈水滴状，边角圆润，粒度均匀，尺寸多在 50~100μm 之间，与灰色脉石矿物和 FeS 颗粒的界限愈加分明，磨矿过程中金属镍铁颗粒与脉石矿物的解离将变得更加容易。FeS 颗粒变化不大，依旧与镍铁颗粒紧密嵌布。

进一步通过图像分析软件测定并计算出还原焙烧后的镍铁颗粒平均尺寸。首先采用光学显微镜（500 倍 DMI5000M 型光学显微镜，德国 Leica）进行矿物的微观结构观察，并利用图像分析软件（Image-Pro Plus 6.0）对镍铁颗粒进行面积特征测量。分别在两个团块截面位置摄取照片（图 2-37）：团块边缘位置均匀取 8 个视域，中间区域（即中心与边缘位置的中心）取 8 个视域，一个团块 16 个视域，同一条件共摄取 32 张照片。对图像进行灰度处理。得到带标尺的灰度图后，用图像

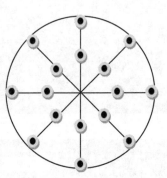

图 2-37　团块摄取相片点

分析软件将亮白色的镍铁颗粒在图像中用彩色标出，分别测定镍铁颗粒占整个图像的面积百分比以及矿物颗粒数，即可检测出目标视域内镍铁颗粒平均尺寸面积。计算平均值作为样品中镍铁颗粒平均尺寸面积，由于镍铁颗粒往往形状不规则，尺寸分布也不均匀，因此很难确定团块内的颗粒形状特征，为了方便分析问题，假设镍铁颗粒为球形，即在二维平面下可看成圆形，进一步计算得到单个镍铁颗粒的粒径。

由于边缘位置、中间位置的还原效果及所占体积不同，按照体积权重比统计，可计算得出边缘位置的镍铁颗粒所占体积与中间区域镍铁颗粒所占体积之比为 8:1，将边缘位置和中间位置各镍铁颗粒所占的体积按所占比例计算后，把镍铁颗粒尺寸按从小到大排列，D_{50} 为占所有镍铁颗粒体积的 50%时的镍铁颗粒平均尺寸。

有/无硫酸钠作用下不同还原温度还原球团中镍铁果粒尺寸如图 2-38 所示。相同还原温度下，硫酸钠作用下镍铁果粒尺寸获得明显增大。比如，1100℃还原 60min，镍铁颗粒平均粒径由无硫酸钠时的 7.4μm 增大到 20wt.%硫酸钠条件下的 48.6μm。

进一步结合添加 20wt.%硫酸钠红土镍矿还原球团的显微结构判断还原体系中液相生成的原因。硫酸钠作用下还原球团的元素面分布图和 EDS 图谱分别如图 2-39 和图 2-40 所示。

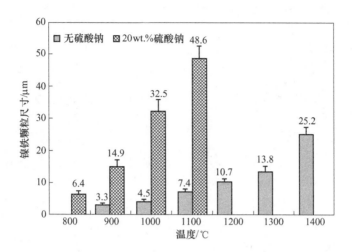

图 2-38 不同温度下红土镍矿还原球团中镍铁颗粒平均尺寸

（还原时间：60min）

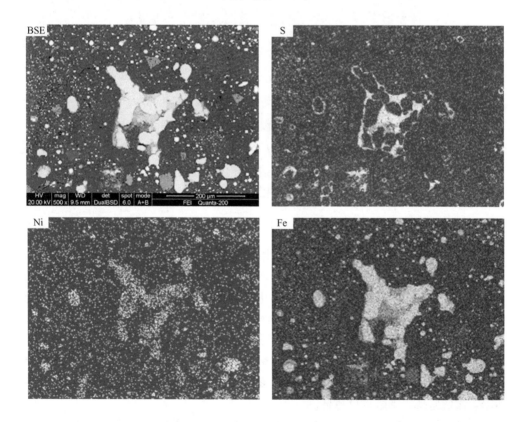

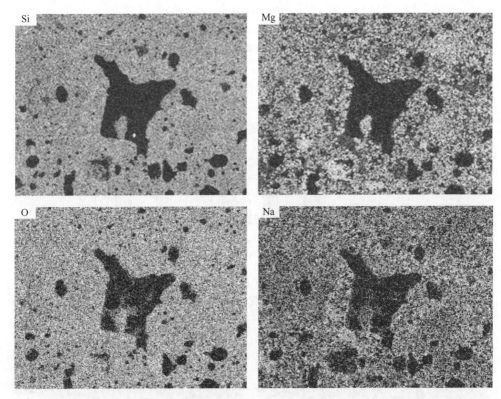

图 2-39　硫酸钠作用下红土镍矿还原焙烧产物的 SEM 面扫描图

由图 2-39 可知，还原球团中 Ni 几乎全部分布于 Fe 的区域中，形成了镍铁合金固溶体，而部分 Fe 与 S 分布一致，以 FeS 的形式（图 2-40（c））呈包覆状分布于较粗大的镍铁颗粒周围。而分散于钠镁硅化合物基体中的镍铁颗粒，多以微细粒形式存在，表明 FeS 是形成熔融液相的主要原因。

2.3.4　镍铁晶粒生长模式

在添加硫酸钠的红土镍矿还原体系中，除了铁氧化物的硫化产物 FeS 之外，还存在着少量镍氧化物的硫化产物 NiS。NiS 在高温下不稳定，在中性或还原气氛下加热即分解为 Ni_3S_2 和 S_2。上述硫化物与金属 Fe、Ni 容易形成低熔点化合物。由 $Ni-Ni_3S_2-FeS-Fe$ 系状态图（图 2-41）可知[11]：

（1）在液相面以上，四组分（$Fe-FeS-Ni_3S_2-Ni$）完全互溶。

（2）从状态图的等温线可知，最高熔点靠近 Fe-Ni 边，而最低熔点区则靠近 E_2 附近。也就是说，体系的金属化程度越高，其熔点也越高，反之，体系中 Ni_3S_2 含量越高，则熔点也越低。

（3）状态图被两条二元共晶线 E_1-G、E_2-G 和一条结晶转变线 V-G 分成三

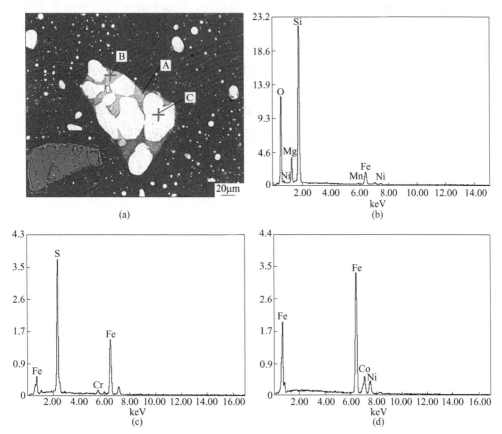

图 2-40　硫酸钠作用下红土镍矿还原焙烧产物的 SEM-EDS 分析结果

（a）背散射电子图像；（b）图（a）中 A 点；（c）图（a）中 B 点；（d）图（a）中 C 点

个初晶面区：即 Ⅰ—Fe-Ni、Ⅱ—FeS、Ⅲ—（FeS）$_2$·Ni$_3$S$_2$-Ni$_3$S$_2$-Ni$_3$S$_2$·Ni 的固溶体。Ⅰ区占此状态图的绝大部分，随着体系温度的不断降低，Fe-Ni 不断析出。

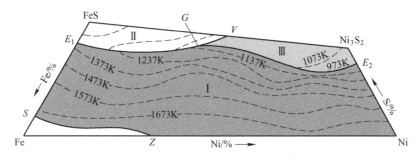

图 2-41　Ni-Ni$_3$S$_2$-FeS-Fe 系状态图[12]

　　由于红土镍矿中镍的含量明显小于铁的含量，且镍的硫化率明显低于铁的硫化率，所以重点讨论 Fe-FeS 体系对镍铁晶粒生长特性的影响。由 Fe-S 二元相图（图 2-42）得知，FeS 与 Fe 可形成低熔点共晶混合物（FeS 熔点：1188℃；Fe 熔点：1608℃；Fe-FeS 熔点：985℃）。假定在红土镍矿还原过程中的铁全部转化为金属 Fe 和 FeS，20 wt.%硫酸钠条件下的 S/Fe 质量比为 20.4%，对应图 2-42 中所示的点划线。此时，温度高于共晶点温度（985℃）的区域为固态金属铁和液相的共存区，熔体凝固过程将遵循共析转变规律，因而最终形成 FeS 包覆金属 Fe 的组织结构。

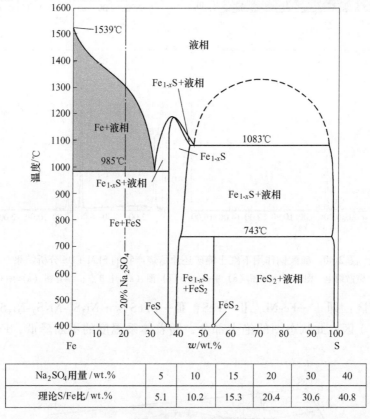

Na₂SO₄用量/wt.%	5	10	15	20	30	40
理论S/Fe比/wt.%	5.1	10.2	15.3	20.4	30.6	40.8

图 2-42　Fe-S 相图

　　进一步结合红土镍矿还原过程中 Fe-Ni 与 FeS 的生长、赋存关系演变特征（图 2-43）可知，当温度高于 1000℃时，由于液相的存在，镍铁颗粒形状发生适位性变化，表面棱角消失而呈似球状。

　　综上所述，Fe-FeS 低共熔点化合物的形成是造成红土镍矿—硫酸钠还原体系软熔特征温度降低的原因，温度越高，Fe-FeS 液相生成量相对越多。由于液相传

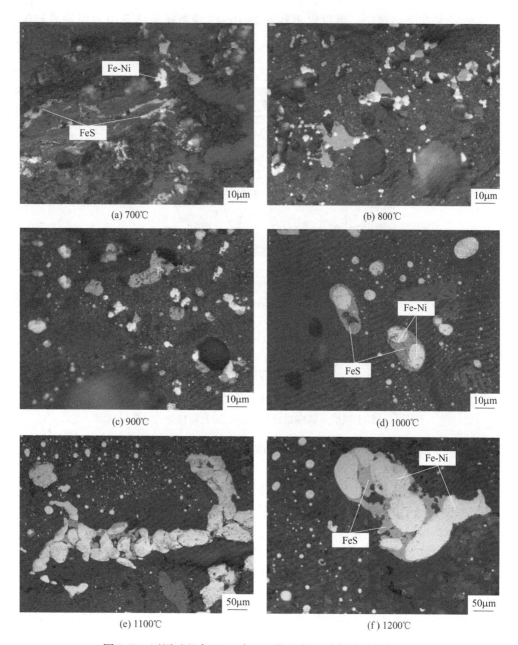

(a) 700℃

(b) 800℃

(c) 900℃

(d) 1000℃

(e) 1100℃

(f) 1200℃

图 2-43 还原过程中 Fe-Ni 与 FeS 的生长、赋存关系演变历程

质速率远远大于固相传质速度，所以液相的形成加速了整个传质过程，为金属离子的扩散提供通道，促进镍铁晶粒沿边界析出连接长大，促使小粒径的晶粒可以更快地汇集到大晶粒上，使得镍铁晶粒间相互连接成一个整体，这些都促进了镍铁合金晶粒的聚集、长大[13]。

结合液相烧结理论，可以得出红土镍矿—硫酸钠还原体系中的镍铁晶粒生长、聚集机制如图 2-44 所示。液相烧结理论中，通常可将液相烧结划分成三个阶段[14]。

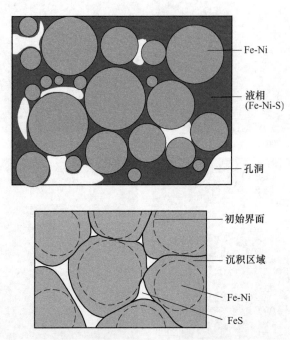

图 2-44　红土镍矿—硫酸钠还原体系中镍铁颗粒生长、聚集机制

在足够高的烧结温度下，所形成的液相填充孔洞，随着液相流动，颗粒发生滑动、旋转、重排，烧结体迅速致密化，这就是液相烧结的第一阶段——颗粒重排阶段。液相只在孔洞中流动，促使颗粒滑动、旋转、重新密排，称为颗粒一次重排。液相同时沿颗粒内晶界渗入、熔蚀，并把单个颗粒"冲离"成更细小的颗粒，称为颗粒二次重排。

液相烧结的第二个阶段是溶解-析出阶段。这是扩散过程被强化的阶段。大颗粒的棱角、微凸及微细的颗粒溶解在液相，当固相在液相中的浓度超过饱和之后，在大颗粒表面重新析出。

液相烧结的第三阶段是固相烧结阶段。颈部进一步长大，晶粒生长同时出现孔洞的粗化。

液相烧结的上述三个阶段随温度、气氛和液相量的不同而互相重叠或发生变化。比如，液相量不足，瞬时液相烧结颗粒重排阶段就不明显或不发生；而大液相量时液相烧结使颗粒重排和溶解析出的贡献大大增加。液相量为 35% 左右时，晶界会迅速迁移；液相量达 50% 时，固相颗粒主要以并合的方式生长而形成固相晶界骨架。

在硫酸钠作用下，红土镍矿的还原过程伴随着低共熔点化合物 Fe-FeS 所导致的微区液相的生成。液相存在时，特别是在溶解—析出刚刚开始阶段，晶粒形状发生非均匀的适位性变化，晶界也可能以液相膜方式在化学驱动力作用下向曲率中心的反方向运动，三种基本的颗粒并合机制（图 2-45）是：颈部的晶界向小颗粒方向扫过；小颗粒溶解于液相随后在大颗粒表面析出；晶界液相膜的迁移。以上三种机制与本试验观察所得镍铁晶粒与 FeS 的赋存特征完全吻合，表明采用粉末烧结中的液相烧结理论可以解释红土镍矿-硫酸钠还原体系中的镍铁晶粒生长行为。

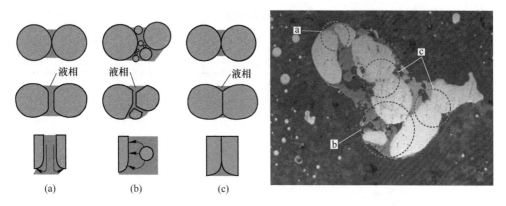

图 2-45 液相烧结过程颗粒重整、溶解-析出及颈部生长模型

2.4 选择性固态还原-磁选制备镍铁新工艺及应用

红土镍矿预先处理获得高镍精矿或高品质镍铁，不仅可以极大地减少下游精炼厂规模，而且无需在矿区建设大型冶炼厂，可极大减少基础设施建设费用、大幅降低原料运输成本。但红土镍矿中镍品位低，且主要以类质同像形式赋存于针铁矿和蛇纹石中，固态还原过程中镍的还原率低、生成的镍铁颗粒细小，与硅、镁等脉石矿物解离困难、分离难度大，镍回收率低、镍铁比低、产品品质差。

借助于硫化剂的硫化作用，抑制铁氧化物的还原，避免铁氧化物的完全还原成金属铁，可提高产品镍铁比；借助钠盐或钙盐的作用破坏蛇纹石的结构，使赋存于其中的镍游离出来，实现镍氧化物最大程度的还原，可提高镍的回收率；借助于还原生成的金属铁，让金属镍固溶其中得富集，同时利用强磁性金属铁作为载体，通过磁选制取高镍含量的镍铁产品。

首先以实验室小型规模的还原产物的磨矿-磁选为评价指标，对红土镍矿的选择性还原工艺参数进行优化，确定适宜还原焙烧和磨选参数，构建基于红土镍矿固态还原-磁选制备镍铁新工艺的技术原型。在此基础上，进一步通过模拟回转窑煤基直接还原"火力模型"扩大化试验，以及煤基回转窑直接还原工业试验研究，获得优化的工艺流程和技术参数。

2.4.1 实验室试验

2.4.1.1 原料分析

将红土镍矿干燥后破碎磨矿至粒级80%小于0.074mm，用于实验室小型试验及模拟回转窑煤基直接还原"火力模型"扩大试验。红土镍矿的主要化学成分见表2-13，主要物相组成见图2-46。

表2-13 红土镍矿的主要化学成分 （％）

Fe_{total}	Ni	Co	SiO_2	MgO	Al_2O_3	CaO	Cr_2O_3	烧损
22.1	1.91	0.05	26.49	13.4	4.25	2.04	1.68	13.18

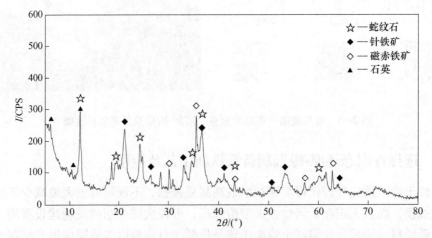

图2-46 红土镍矿的XRD分析结果

由图2-46结果可知，红土镍矿中主要矿物为蛇纹石（$(Mg,Fe,Ni)_3Si_2(OH)_4O_5$）、针铁矿（$(Fe,Ni)OOH$）、赤铁矿（$Fe_2O_3$）以及石英（$SiO_2$）。红土镍矿中MgO、$SiO_2$含量较高，分别为13.4%和26.49%，是典型的腐泥土型红土镍矿。

热重-差示扫描量热曲线（TG-DSC）分析结果（图2-47）可知，红土镍矿在89℃的吸热峰对应吸附水的脱除，271℃的吸热峰是由于红土镍矿中针铁矿结晶水脱除吸热，597℃的吸热峰是由于蛇纹石中所含有的结构水脱除吸热所致，而蛇纹石脱羟基后生成的无定形Mg_2SiO_4结晶为镁橄榄石在809℃时放热形成放热峰。

为确定所选红土镍矿样品镍、铁的赋存状态，采用化学顺序提取的方法测定

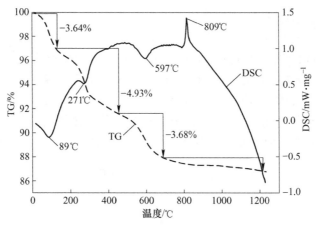

图 2-47 红土镍矿 TG-DSC 分析结果

了原矿中镍、铁的赋存矿物及含量分布，结果见表 2-14 和表 2-15。镍主要以类质同象形式赋存于铁氧化物（针铁矿）中，所占比例为 76.84%，其余少量存在于硅酸盐（利蛇纹石）中或以氧化镍的形式存在；铁主要赋存于针铁矿中，所占比例为 67.35%，其次为硅酸盐和假象赤铁矿。

表 2-14 镍的赋存形态及含量分布

镍的赋存形态	氧化镍	硫化镍	铁氧化物中镍	硅酸盐中镍	总计
含镍量/wt. %	0.2	0.02	1.46	0.23	1.91
占有率/%	10.53	1.05	76.84	11.58	100

表 2-15 铁的赋存形态及含量分布

铁的赋存形态	针铁矿	硫化物	假象赤铁矿	硅酸盐中铁	总计
含铁量/wt.%	14.88	0.33	2.18	4.71	22.1
占有率/%	67.35	1.48	9.86	21.31	100

采用无水硫酸钠（Na_2SO_4）作为硫化剂。使用时，无水硫酸钠磨细至粒度小于 0.074mm，按一定质量比例与红土镍矿混匀造球。所用的还原煤为褐煤，经破碎筛分后用作红土镍矿直接还原工艺中的还原剂，该煤的反应性能符合直接还原用煤要求。褐煤的工业分析及灰分熔点检测结果如表 2-16 所示。

表 2-16 褐煤的工业分析和灰熔点

S/%	工业分析/%				灰分熔点/℃				弹筒发热量 /MJ·kg⁻¹
	水分 M_{ad}	灰分 A_d	挥发分 V_{daf}	固定碳 FC_{ad}	变形温度	软化温度	半球温度	流动温度	
0.24	4.63	6.46	37.54	55.72	1240	1260	1280	1310	25.44

2.4.1.2 试验流程

红土镍矿选择性还原特性的研究在配置有 DWK-702 精密温控仪的竖式电阻炉（见图 2-7，管炉内径为 ϕ70mm）内开展，还原反应装置为内径为 ϕ20mm 的不锈钢罐，还原气体为纯度 99.5% CO 气体，气体流量由流量计控制，保护气体为纯度 99.999% 的高纯氮气，还原气体及保护气体的流量均控制为 200L/h。

红土镍矿直接还原实验室小型试验流程如图 2-48 所示。

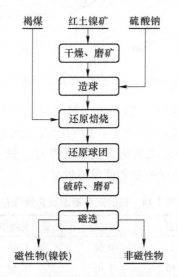

图 2-48 实验室直接还原-磁选工艺流程

将无水硫酸钠与粒级 80% 小于 0.074mm 的红土镍矿按质量配比分别称取，混匀后造球，球团在恒温干燥烘箱 110℃干燥 2h。试验前首先称取 50g 还原煤铺于耐高温不锈钢罐（ϕ60mm×150mm）底部，后取 40g 左右干球装入耐高温不锈钢罐中，再在其上铺上足量的还原煤。球团在不锈钢罐中加入还原煤后放入竖式电阻炉进行还原（图 2-49），待试验达到设定时间之后取出不锈钢反应罐[20,21]，隔绝空气条件下冷却至室温后分离残煤。

还原球团预先破碎至粒径 100% 小于 1mm，然后取 20g 置于球磨机湿磨后，在小型湿式磁选管内进行磁选分离。

原料的热重差示扫描量热分析（TG-DSC）在热重分析仪上进行，温度范围：30~1400℃，升温速度：10℃/min，气氛：氩气，气体流量：20mL/min。采用 X 射线衍射仪测定物料的物相组成，靶材料：Cu Kα，管流管压：250mA，40kV，扫描角度：10°~80°（2θ），扫描速度：8°/min。采用光学显微镜观察还原产物中微观结构。采用环境扫描电镜对还原产物中各主要元素的分布赋存状态进行分析。

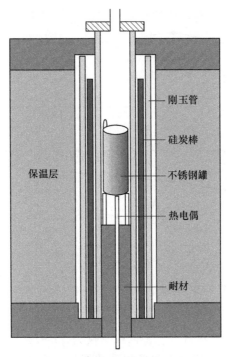

图 2-49 竖式电阻炉结构示意图

2.4.1.3 主要评价指标

以磁选所得磁性产物镍铁中镍、铁品位及回收率为评价指标，镍、铁回收率计算如下式所示：

$$\gamma = \frac{m_0 \times \beta}{m_1 \times \alpha} \times 100\%$$

式中　γ——镍、铁磁选回收率，%；

　　　　α——还原球团中镍、铁品位，%；

　　　　β——磁性产物镍铁中镍、铁品位，%；

　　　　m_1——焙烧球团破碎后的质量，g；

　　　　m_0——磁性产物镍铁的质量，g。

2.4.1.4 主要工艺参数

A　硫酸钠用量

固定还原温度为 1100℃，还原时间 60min，磨矿细度 90%<43μm，磁场强度 1000Gs 的条件下，硫酸钠用量对红土镍矿还原-磁选指标的影响如图 2-50 所示。

无硫酸钠作用下，红土镍矿还原-磁选效果不理想，磁选精矿中镍品位为

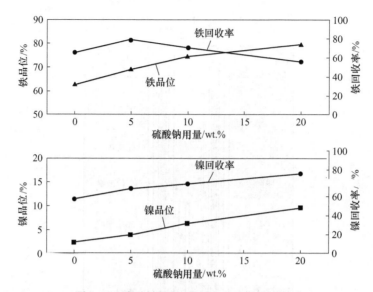

图 2-50　硫酸钠用量对还原-磁选指标的影响

（还原温度：1100℃；还原时间：60min；磨矿细度：90%<43μm；磁场强度：1000Gs）

2.33wt.%，铁品位为 62.79wt.%，镍回收率仅为 56.97%，铁回收率为 65.75%。

添加硫酸钠可明显改善红土镍矿的磨选指标，在硫酸钠用量 0~20wt.% 的范围内，磁选精矿中镍品位和镍回收率均随硫酸钠用量的增加而增大，与无硫酸钠时的指标相比，在 20wt.% 硫酸钠作用下，镍品位由 2.33wt.% 上升到 9.48wt.%，镍回收率由 56.97% 上升到 83.02%；对于铁的指标而言，随硫酸钠用量由 0 增加到 20wt.%，还原球团中铁的金属化率持续下降，由 79.61% 下降到 59.70%，磁选精矿中铁品位则呈持续上升趋势，由 62.79wt.% 上升到 79.30wt.%。

B　还原温度

无硫酸钠作用下，红土镍矿在 800~1200℃ 温度范围内的还原焙烧-磁选效果如图 2-51 所示。磁选精矿中镍、铁品位及回收率均随还原温度的升高而提高，1200℃ 还原焙烧球团磁选精矿中镍、铁的回收率分别为 84.7% 和 96.8%，但是镍品位仅为 2.68wt.%，铁品位仅为 73.24wt.%。

20wt.% 硫酸钠作用下，红土镍矿还原球团的磨矿-磁选指标获得大幅度改善（见图 2-52）。还原温度从 800℃ 提高到 1100℃ 时，磁选精矿中镍、铁品位分别从 7.08wt.%、69.3wt.% 提高到 9.48wt.%、79.3wt.%，而相应的镍、铁回收率分别从 25.81%、19.96% 提高到 83.01%、56.36%。当还原温度进一步升高到 1200℃，此时镍、铁回收率提高不多，而镍品位则略有下降，由 9.48wt.% 下降至 9.25wt.%。

C　还原时间

在还原温度 1100℃ 的条件下，焙烧时间对红土镍矿还原焙烧-磁选效果的影

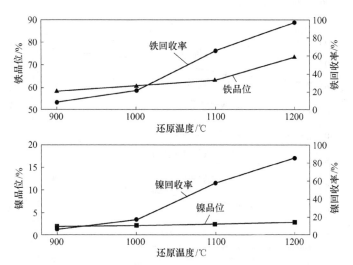

图 2-51 还原温度对未添加硫酸钠还原球团磁选指标的影响
（还原时间：60min；磨矿细度：90%<43μm；磁场强度：1000Gs）

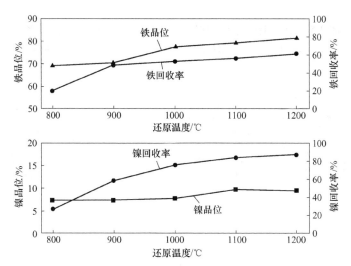

图 2-52 硫酸钠作用下还原温度对还原球团磁选指标的影响
（还原时间：60min；硫酸钠：20 wt.%；磨矿细度：90%<43μm；磁场强度：1000Gs）

响如图 2-53 和图 2-54 所示。图中结果表明，有/无硫酸钠作用下，还原时间的延长均有利于改善磁选效果。20wt.%硫酸钠作用下，当焙烧时间由 15min 延长到 30min 时，镍、铁品位及回收率得到大幅度提高，但继续延长时间到 120min，镍品位呈下降趋势，而镍回收率、铁品位及回收率提高的幅度不大，由此，适宜的还原焙烧时间为 60min 左右。此时，磁性产品中镍品位为 9.48wt.%、铁品位为 79.3wt.%、镍回收率为 83.0%、铁回收率为 56.36%。

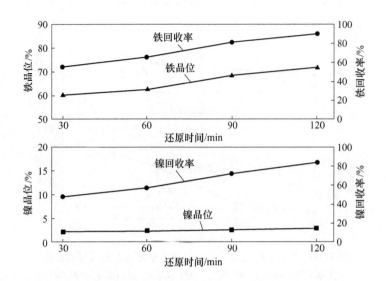

图 2-53　还原时间对无硫酸钠红土镍矿还原球团磁选指标的影响

（还原温度：1100℃；磨矿细度：90%<43μm；磁场强度：1000Gs）

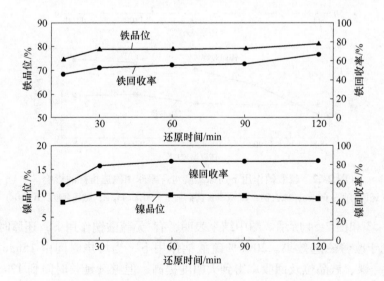

图 2-54　硫酸钠作用下还原时间对还原球团磁选指标的影响

（还原温度：1100℃；硫酸钠：20wt.%；磨矿细度：90%<43μm；磁场强度：1000Gs）

D 磨矿细度

以添加 20wt.%硫酸钠的红土镍矿还原球团为对象（还原温度 1100℃、还原时间为 60min），在磁场强度为 1000Gs 的条件下，考查还原球团磨矿细度对磁选效果的影响，结果如图 2-55 所示。

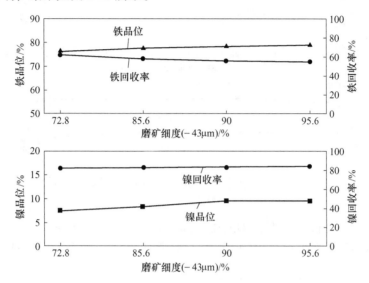

图 2-55 磨矿细度对红土镍矿还原球团磁选效果的影响

（硫酸钠用量：20wt.%；还原温度 1100℃；还原时间为 60min；磁场强度：1000Gs）

由图可知，磨矿细度对磁选产品的镍、铁品位有一定的影响，在试验考查磨矿细度范围内，随着−43μm 粒级含量的增加，镍、铁品位均略有上升，而铁的回收率则不断下降，这是因为磨矿细度过小矿粉就会产生泥化现象，镍铁磁性物与脉石矿物分离的难度增加，降低了磁选分离效果，考虑磨矿能耗及磁选效果，磨矿细度以 90%小于 43μm 为宜。

E 磁场强度

以添加 20wt.%硫酸钠的红土镍矿还原球团为对象（还原温度为 1100℃、还原时间为 60min），在磨矿细度 90%小于 43μm 的条件下，考查了磁场强度对红土镍矿还原球团磁选效果的影响，结果如图 2-56 所示。

随着磁场强度的提高，虽然回收率指标有所提升，而磁性产品中镍、铁品位呈略微下降趋势，这归因于磁场强度过大会使其他过多的弱磁性或非磁性脉石矿物以夹杂、包裹形式与磁性矿物颗粒团聚在一起，导致磁选精矿中镍、铁品位降低。综合考虑镍品位与镍回收率，选择磁场强度 1000Gs 为宜。

F 磁选产品性能

红土镍矿经还原焙烧-磁选所得磁性产品的 XRD 图谱及表观形貌分别如图

2-57 和图 2-58 所示。

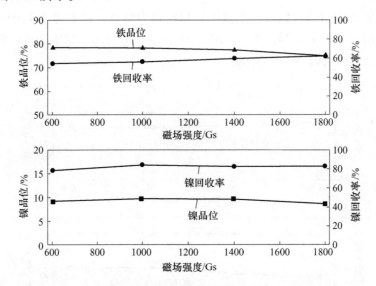

图 2-56　磁场强度对红土镍矿还原球团磁选效果的影响

（硫酸钠用量：20wt.%；还原温度：1100℃；还原时间：60min；磨矿细度：90% <43μm）

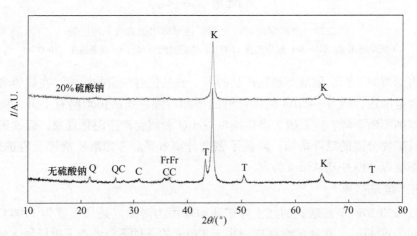

图 2-57　磁选精矿的 XRD 分析结果

K—α-(Fe,Ni)；T—g-(Fe,Ni)；Q—石英；Fr—富铁镁橄榄石；C—斜顽火辉石

由红土镍矿还原焙烧-磁选指标可知，硫酸钠可以改善还原焙烧-磁选效果，适宜的条件为：焙烧温度 1100℃，焙烧时间 60min，硫酸钠用量 20wt.%，磨矿细度 90% 小于 0.043mm，磁场强度为 1000Gs。上述条件下所得磁性物镍铁中的镍、铁品位分别为 9.48wt.%、79.30wt.%；镍、铁回收率分别达到 83.02%、56.36%。

硫酸钠作用下红土镍矿还原焙烧-磁选效果的改善可由图 2-57 和图 2-58 中所

示结果得以证实。20wt.%硫酸钠作用下于1100℃温度下还原60min，还原生成的金属镍、铁固溶形成磁性镍铁合金，通过磁选可与非磁性脉石成分得到有效分离（图2-58（b））。而无硫酸钠作用下，磁性产品中仍有部分镁橄榄石及顽火辉石等脉石矿物存在（图2-57），脉石矿物多以微细粒形式赋存于镍铁颗粒中，表明单体解离效果不佳，导致磁选分离效果不理想。

(a) 无硫酸钠　　　　　　　　　　　　　(b) 20wt.%硫酸钠

图 2-58　磁选精矿的颗粒形貌图

为进一步了解红土镍矿还原焙烧-磨矿磁选分离过程中各组分的走向情况，以添加20wt.%硫酸钠的红土镍矿还原球团为对象（还原温度1100℃、还原时间为60min），在磨矿细度90%小于43μm、磁场强度为1000Gs的条件下，分别对还原焙烧产物、磁选所得磁性物和非磁性物的主要化学成分进行了分析，结果如表2-17所示。

表 2-17　还原焙烧-磁选过程中各产物主要化学成分（wt.%）及分布率（%）

样品	Fe	Ni	SiO_2	Al_2O_3	CaO	MgO	Na_2O	S
焙烧矿	29.15	2.36	31.77	2.42	1.80	15.10	7.22	3.88
磁性物	79.30	9.48	4.49	0.77	1.12	2.19	1.05	0.51
分布率	58.20	83.80	3.25	7.26	10.00	2.70	3.73	2.47
非磁性物	18.30	0.47	36.38	2.69	2.83	20.07	9.53	4.97
分布率	41.80	16.20	96.75	92.74	90.00	97.30	96.27	97.53

由表2-17可以看出，经过磁选分离后Ni、Fe组分主要分布于镍铁磁性物中，而SiO_2、MgO、S等其他脉石成分在镍铁磁性物中残留较少，绝大部分富集于非磁性物中。

2.4.2　回转窑直接还原-磁选扩大试验

在实验室小型试验研究的基础上，进一步开展了模拟回转窑煤基直接还原扩大试验。主要研究回转窑直接还原工艺参数：红土镍矿球团/煤比例、分段加煤比例、入料温度、升温时间、还原温度、还原时间和升温时间等因素对红土镍矿还原-磁选效果的影响。考虑到镍氧化物还原成金属镍比较容易，因此在扩大试验中对于还原焙烧球团只考查铁的金属化率指标。

煤基直接还原扩大试验所用原料与实验室小型试验所用原料相同。采用自主研制的ϕ1000×550mm"火力模型"模拟煤基回转窑进行直接还原扩大试验（图2-59），所用还原剂为褐煤、燃料为天然气。

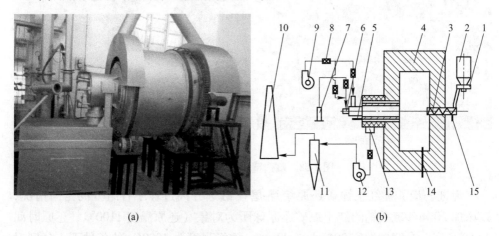

（a）　　　　　　　　　　　　　　　（b）

图 2-59　回转窑"火力模型"模拟装置实物图（a）和结构示意图（b）

1—圆盘给料机；2—煤斗；3—螺旋输煤机；4—窑体；5—窑内气体成分取样；6—天然气燃烧器；
7—天然气总管；8—流量表；9—助燃风机；10—烟囱；11—旋风除尘器；12—排烟风机；
13—废气导管；14—测温热电偶；15—测窑内压力导管

首先将预先制备好的红土镍矿生球（硫酸钠用量20wt.%）干燥后，与褐煤一起装入已升温至900℃的回转窑"火力模型"内进行还原，还原过程按逐步升温和高温恒温两个步骤进行。恒温焙烧过程完成后，将还原球团与未反应完全的残煤一起从窑中卸出，装入带盖铁罐中，通入高纯氮气保护冷却至室温。冷却后将残煤和还原球团分离后分别称重，然后对还原球团进行成分分析。煤基直接还原扩大试验流程如图2-60所示。

2.4.2.1　球/煤质量比

回转窑还原过程中，增加还原剂用量可以强化还原气氛，加快还原反应进程。生产实际中还原剂用量都应多于理论需要量。

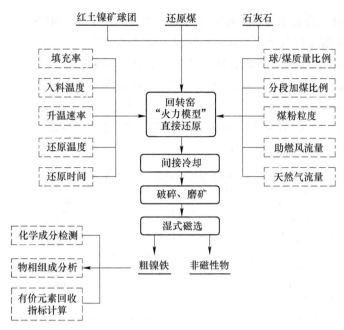

图 2-60　模拟回转窑"火力模型"直接还原扩大试验流程

首先考查了球/煤质量比对红土镍矿球团还原-磁选效果的影响，试验条件如下：装球量 20kg，窑尾、窑中按 5∶1 的比例连续添加煤，回转窑升温区间为 900~1080℃，升温速率 4.5℃/min，恒温还原温度为 1080℃，恒温还原时间 60min。试验结果如表 2-18 所示。

表 2-18　球/煤质量比对还原-磁选效果的影响

球/煤质量比	还原球团铁金属化率/%	磁选精矿/%			
		TNi	TFe	镍回收率	铁回收率
1∶1.2	65.26	7.49	79.44	81.50	62.96
1∶1.5	70.67	8.86	85.42	89.41	67.02
1∶2.0	73.95	8.98	87.09	90.83	69.25

随着还原煤配比的增加，还原球团铁金属化率逐步升高，在球/煤质量比 1∶1.5 的条件下，铁金属化率达到 70.67%，磁选精矿中镍品位达到 8.86wt.%，铁品位为 85.42wt.%，铁回收率为 67.02%，镍回收率为 89.41%。进一步提高还原煤的比例，还原-磁选指标进一步提升，但是过高的还原煤配比会强化铁的还原，提高磁性产品中铁含量，镍铁比相应会有所降低。此外，配入过多的还原煤势必会增加生成成本、降低生产效率。

2.4.2.2　还原温度

提高还原温度会促进回转窑内碳的气化和铁氧化物还原反应的进行，但窑内最高温度的确定还必须考虑到原料软化温度和还原煤灰分的软熔特性，一般情况下，最高作业温度应低于原料软化温度和灰分软化温度100~150℃，以防止灰分和含铁物料形成低熔点物，致使含铁物料之间或物料与回转窑内衬发生黏结现象。

考查了还原温度对红土镍矿球团还原-磁选效果的影响，试验条件如下：装球量20kg，球/煤质量比为1：1.5，窑尾、窑中按5：1的比例连续添加煤，回转窑升温区间为900℃~还原所需设定温度，升温时间40min，恒温还原时间60min。试验结果如表2-19所示。

表2-19 还原温度对还原-磁选效果的影响

还原温度 /℃	还原球团铁 金属化率/%	磁选精矿/%			
		TNi	TFe	镍回收率	铁回收率
1000	62.41	7.54	78.41	76.45	58.75
1020	65.86	8.04	81.81	82.07	60.46
1050	68.05	8.51	83.76	85.66	64.76
1080	70.67	8.86	85.42	89.41	67.02

随着还原温度的升高，球团铁金属化率及磁选指标逐步提高，在1050℃条件下，铁金属化率达到68.05%，磁选精矿TFe含量为83.76wt.%，镍品位为8.51wt.%，铁回收率为64.76%，镍回收率为85.66%。进一步提高还原温度到1080℃时，铁金属化率达到70.67%，磁选精矿TFe含量为85.42wt.%，镍品位为8.86wt.%，铁回收率为67.03%，镍回收率为89.41%。

2.4.2.3 还原时间

还原时间的延长对球团金属化率的提高有着较大的影响。还原时间越长，球团还原反应越充分，延长还原时间，球团金属化率可得到相应提高。

考查了还原时间对红土镍矿球团还原-磁选效果的影响，试验条件如下：装球量20kg，球/煤比为1：1.5，窑尾、窑中按5：1的比例连续添加煤，回转窑升温区间为900~1050℃，升温速率3.75℃/min，恒温还原温度1050℃。试验结果如表2-20所示。

表2-20 还原时间对还原-磁选效果的影响

还原时间 /min	还原球团铁 金属化率/%	磁选精矿/%			
		TNi	TFe	镍回收率	铁回收率
60	68.05	8.51	83.76	85.66	64.76
90	72.72	8.54	85.03	86.89	68.20
120	74.45	8.43	87.45	88.67	70.81

随着还原时间的延长，球团铁金属化率及磁选指标逐步提高，1050℃下还原120min，铁金属化率可达到69.45%，磁选精矿TFe含量为87.45wt.%，镍品位为8.43wt.%，铁回收率为70.81%，镍回收率为88.67%。推荐适宜的还原时间为60~90min。

2.4.2.4　升温速率

考查了升温速率对红土镍矿球团还原-磁选效果的影响，试验条件如下：装球量20kg，球/煤质量比为1:1.5，窑尾、窑中按5:1的比例连续添加煤，回转窑升温区间为900~1050℃，恒温还原温度1050℃，恒温还原时间为60min。试验结果如表2-21所示。

表2-21　升温速率对还原-磁选效果的影响

升温速率 /℃·min⁻¹	还原球团铁 金属化率/%	磁选精矿/%			
		TNi	TFe	镍回收率	铁回收率
3.75	68.05	8.51	83.76	85.66	64.76
2.5	70.99	8.92	85.41	86.47	65.16
2	72.45	8.61	86.19	88.02	67.75
1.25	75.31	8.48	88.45	90.53	69.90

随着升温速率的降低，球团铁金属化率及磁选指标也逐步改善，在900~1050℃温度范围内控制升温速率为1.25℃/min时，再经过1050℃条件下还原60min，焙烧球团的铁金属化率可达到75.31%，磁选精矿TFe含量为88.45wt.%，镍品位为8.45wt.%，铁回收率为69.90%，镍回收率为90.53%。

2.4.3　煤基回转窑直接还原-磁选工业试验

在实验室小型试验、模拟回转窑"火力模型"直接还原扩大化试验研究结果的基础上，进一步开展了煤基回转窑直接还原工业试验研究[22,23]。

2.4.3.1　原料及方法

工业试验所用红土镍矿不同于实验室小型试验及模拟回转窑"火力模型"扩大试验所用原料，工业试验用原矿中含有较高的物理水和结晶水，对后续的磨矿、造块、还原焙烧等工序产生不利影响，为此对其进行干燥脱除结晶水预处理。

红土镍矿原矿经破碎、干燥脱除结晶水预处理后，其主要化学成分如表2-22所示，镍含量为1.52wt.%，全铁含量为18.82wt.%，烧损仅5.8wt.%。

表 2-22　工业试验所用红土镍矿脱结晶水后的主要化学成分　　（wt.%）

TFe	Fe$_2$O$_3$	FeO	TNi	SiO$_2$	MgO
18.85	22.57	2.31	1.52	38.42	18.64
Al$_2$O$_3$	CaO	Cr$_2$O$_3$	P	S	烧损
3.47	1.71	0.96	0.0093	0.27	5.8

还原煤：工业试验所用还原煤与实验室小型试验及模拟回转窑"火力模型"扩大试验相同，还原煤的物化性能见表 2-16。

添加剂：采用工业级硫酸钠为主体的混合物作为添加剂，强化红土镍矿的还原及镍铁颗粒的聚集长大。

黏结剂：以改性玉米淀粉为黏结剂，用于红土镍矿团块的制备。

脱硫剂：加入石灰石作为脱硫剂，其粒度为 5~10mm。

工业试验流程如图 2-61 所示。

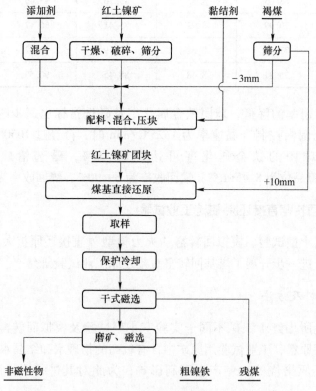

图 2-61　煤基回转窑直接还原-磁选工业试验流程

红土镍矿粉预先与一定质量比例的添加剂（8wt.% ~ 10wt.%）和细粒煤粉

（5wt.%，-1mm）混匀，加入一定比例的黏结剂，再次进行碾润、混合。

混合料随后在压球机中压制成型（图2-62），团块尺寸为：40mm×40mm×31mm（图2-63）。

图2-62　红土镍矿压团用压团机

图2-63　干燥后的红土镍矿团块（40mm×40mm×31mm）

回转窑窑体规格为ϕ1.6m×16m，其主体设备参数见表2-23，回转窑运行主要操作参数见表2-24，实物图见图2-64。

表2-23　回转窑主体设备参数

项　　目	设　备　参　数
窑壳有效总长度	16m
回转窑有效内径	1.15m
窑内衬耐火材料厚度	0.225m
窑壳钢结构内径	1.6m
有效长径比	16/1.15 = 13.4
安装斜度	2.5%（1.43°）

续表 2-23

项　　目	设　备　参　数
预热段长度	3m
还原段长度	13m
窑尾加料段挡坝	内径（0.7m）、高度（0.25m）、顶宽（0.2m）、坡度（30°）
窑头出料端挡坝	内径（0.6m）、高度（0.3m）、顶宽（0.2m）、坡度（30°）
窑支承托圈及托辊	2组套
窑壳风机	2台
窑壳风机窑壁开口位置	距离出料端分别为4.7m、8.35m
高温热电偶	窑体共有6个测温点（位置1：入料头罩侧面；位置2：入料端的窑筒，近离密封；位置3：距离入料端4m；位置4：距离出料端7.6m；位置5：出料端的窑筒，近离密封；位置6：出料头罩侧面
U型压差计	位于窑头罩侧面

表 2-24　回转窑生产运行的主要技术参数

项　　目	技　术　参　数
温度	入料端的窑体温度：950℃；还原段窑体温度：950~1050℃；出料端窑体温度：900℃
窑压	10~30mmH$_2$O（约100~300Pa）
窑速	0.4~0.5r/min
物料充填率	20wt.%
物料窑内停留时间	5~6h
物料还原时间	4~5h
物料给料量	红土镍矿矿团块：300kg/h；加入煤：150kg/h；喷煤：80kg/h；石灰石：10~15kg/h
窑壳机	2台，90%风量连续常开，窑的运行工况正常后基本不变风量
喷煤方式	批量喷煤
冷却方式	水淬冷却（还原物料经出料双摆阀直接进入水淬池）

图 2-64　工业试验用煤基回转窑

红土镍矿团块经回转窑直接还原，为了能够及时了解回转窑运转情况及窑内物料的还原状况，在试验过程中定时取得代表性样品，置于特制容器内在隔绝空气的条件下自然冷却至室温。保护冷却好的样品经分离残煤后，用于磨矿、湿式磁选，根据还原和分选指标为回转窑适时操作提供指导。

2.4.3.2 试验结果

还原团块进行磨矿、磁选试验，团块破碎首先至−1mm，分离残煤后，置于球磨机中进行湿式磨矿，再用筒式磁选机中进行湿式磁选分离，所得磁性产物经过滤、真空干燥箱烘干后得到镍铁产品。

红土镍矿还原团块磨矿-磁选分离条件为：磨矿细度：92%小于74μm、磁场强度：1000 Gs，试验所用原料为不同尺寸的回转窑还原产品（图2-65）。由表2-25可知，2号、3号、4号还原团块的磁选指标均优于1号还原团块，其中4号的镍回收率最高，可达96.28%；3号团块磁选精矿中镍品位最高，达到8.75%。这同时也说明，窑内处于软化状态的还原团块具有更为优良的选别性能。

1号团块(20～30mm)

2号团块(40～50mm)

3号团块(50～70mm)

4号团块(＞80mm)

图2-65　用于磨矿-磁选的回转窑还原团块

表 2-25   回转窑还原团块还原及磁选指标

试样编号	还原团块指标/%			磁选精矿指标/%					
	MFe	TFe	铁金属化率	产率	TFe	MFe	TNi	铁回收率	镍回收率
1	14.72	9.47	64.33	12.22	82.05	76.46	6.65	68.11	73.21
2	15.86	10.86	68.47	12.13	87.16	80.47	8.32	66.66	88.53
3	15.74	10.26	65.18	11.98	89.47	81.5	8.75	66.60	90.37
4	14.60	11.91	81.50	12.38	86.94	81.44	8.01	75.00	96.28

　　红土镍矿、还原产物、磁选所得的磁性产品以及非磁性产品的主要化学成分如表 2-26 所示。红土镍矿在添加剂作用下于回转窑中进行还原焙烧，还原生成的镍铁通过磁选可与非磁性脉石成分得到有效分离，磁性产品中镁、硅、铝等脉石成分含量显著降低，镍、铁得到了明显的富集。

表 2-26   红土镍矿、还原产物、磁选产品的主要化学成分　　　　（wt.%）

组　分	红土镍矿	焙烧矿	磁选精矿	磁选尾矿
TFe	18.85	14.6	86.94	4.38
MFe	0.74	11.91	81.44	0.13
Ni	1.52	1.03	8.01	0.08
SiO_2	38.42	36.13	1.27	41.14
Al_2O_3	3.47	3.14	0.65	3.49
CaO	1.71	3.01	0.47	3.46
MgO	18.64	19.26	1.03	21.69
Na_2O	—	7.61	0.43	8.63
Cr_2O_3	0.96	0.51	0.12	0.57
P	0.0093	0.0064	0.028	0.0067
C	0.27	1.5	0.54	1.62
S	0.27	1.52	0.46	1.68

　　工业试验结果表明：采用煤基回转窑直接还原和还原产品磁选分离的原则工艺流程是可行的，主要工序包括：原料制备（红土镍矿脱结晶水、压团）；煤基回转窑直接还原；还原物料的磨矿、磁选分离。

　　适宜的回转窑还原焙烧制度：还原焙烧温度 900~1050℃、窑内停留时间 5~6h。针对低镍、低铁（Ni：1.52wt.%、TFe：18.85wt.%、烧损 5.8wt.%）的红土镍原矿，经还原焙烧、磨矿-磁选，可获得 TFe 大于 86wt.%、Ni 含量超过 8wt.% 镍铁粉产品，还原产品镍回收率达到 95% 以上，铁回收率在 75% 左右。镍铁产品中镍、铁总量之和大于94wt.%，镍铁比由红土镍矿原料的0.08提高至磁选镍铁产品的0.11，Na_2O及对炼钢的有害元素均低于1wt.%，满足炼钢的原料基本要求。磁选分离所得非磁性物中含有41.14wt.% SiO_2、21.96wt.% MgO，具有不同程度的富集，为后续进一步开展多元素综合利用提供了有利条件。

2.4.4　工业实施

通过实验室小型实验、回转窑"火力模型"扩大试验和工业试验，确定了优化的工艺流程和装备，获得了适宜的还原、磁选工艺参数、添加剂种类和用量，开发出红土镍矿与添加剂混合制团—煤基回转窑还原—产品磨矿磁选制备镍铁新工艺。新工艺于2015年8月在印尼建厂实施（见图2-66~图2-68），对某含镍1.78wt.%红土镍矿，添加剂硫酸钠用量10wt.%~12wt.%，回转窑操作温度控制在900~1050℃，制备出镍含量大于10.4wt.%的镍铁产品、镍回收率达95.3%，

磨煤系统

压团系统

干燥窑

还原回转窑

窑尾及除尘系统　　　　　　　　　　　磨矿磁选系统

图 2-66　印尼红土镍矿煤基回转窑直接还原-磁选制备镍铁新工艺主体设备

镍铁比由红土镍矿原料的 0.05 提高至镍铁产品的 0.12，吨镍铁生产成本较现有高温熔炼法低 30% 以上。

2.4.5　新工艺与现有工艺比较

表 2-27 所示为现有不同红土镍矿火法处理工艺在原料要求、产品质量、主要操作条件等方面的比较。

表 2-27　现有不同镍铁生产工艺的比较

工艺	原料适应性	镍铁产品	主要工艺特点	优　势
烧结-高炉法	褐铁矿型（Fe>35wt.%、Ni 约 1wt.%）	镍含量 2wt.%~5wt.%，镍回收率约为 80%，镍铁富集比低	两步高温，烧结机预先造块（1300~1400℃），再高炉熔炼（约 1600℃）	处理量大
回转窑-电炉法	腐泥土型（Ni>1.5wt.%）	镍含量 8wt.%~15wt.%，镍回收率大于 90%	两步高温，回转窑预还原（800~950℃），再电炉熔炼（约 1600℃）	工艺成熟、镍回收率高
粒铁法	腐泥土型（Ni>2wt.%）	镍含量约为 20wt.%，镍回收率约为 90%	一步高温，回转窑还原并粒铁化（1350~1400℃），再磨选分离回收镍铁	与高炉和电炉法相比省去高温熔炼过程，一步高温生产镍铁，能耗低
新工艺	褐铁矿型、腐泥土型（Ni>1wt.%）	镍含量 6wt.%~20wt.%，镍回收率约为 95%，镍铁富集比高	一步高温，回转窑固态还原（1000~1050℃），磨选分离回收镍铁	原料适应性强，一步高温生产镍铁，操作温度较高炉和电炉降低 500℃ 以上，较粒铁法降低 300℃ 以上，流程短，能耗低，镍铁生产成本较粒铁法低 30% 以上

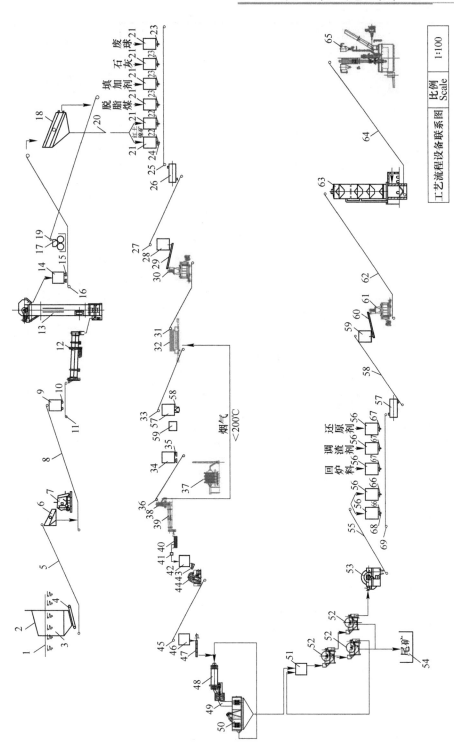

图 2-67　工艺流程设备联系图

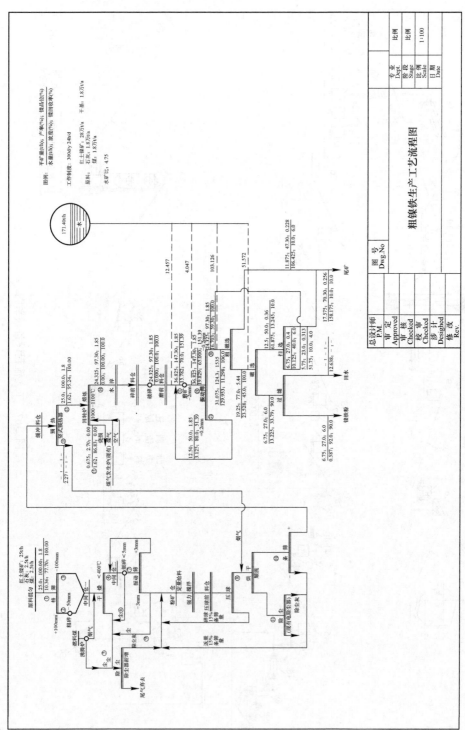

图 2-68　工业生产流程图

高炉熔炼工艺原料适应性差，适合处理高铁品位的褐铁矿型红土镍矿，产品镍含量低 3wt.% ~ 6wt.% 且硫、磷等杂质含量高，通常只用于 200 系列不锈钢的生产；能耗高、焦炭消耗量大，随着环保要求的不断提高，高炉冶炼镍铁工艺的生存空间将进一步减小。

RKEF 工艺中电炉熔炼的电耗约占操作成本的 50%，整体流程的能耗成本占据总操作成本的 65% 以上。要求当地必须有充沛的电力及燃料供应。

粒铁工艺存在着生产操作条件苛刻，难于稳定控制等不足，生产过程中极易形成窑内结圈，稳定的窑内温度分布和团块给料速度是影响回转窑稳定操作至关重要的因素。

新工艺的主要优势体现在：

（1）原料适应性强，由于红土镍矿矿床中不同种类、不同镍品位矿石同时存在，各类矿石可单独或混合后采用新工艺进行处理。

（2）以反应性能优良的褐煤替代焦炭做还原剂，可在 1000 ~ 1100℃ 的较低还原温度下获得优良的还原与分选效果，与价格昂贵的冶金焦炭相比，褐煤不仅储量大、分布广、价格低廉，而且能避免焦化过程中带来的环境污染问题。

（3）工艺流程短，可省却高炉、电炉或矿热炉熔分等工艺，不依赖焦炭、耗电少，适宜在矿山建厂实施，一步高温生产镍铁，操作温度较高炉和电炉降低 500℃ 以上，较粒铁法降低 300℃ 以上，能耗低，生产成本较高温熔炼方法低 30% 以上。

参考文献

[1] Sohn Hong Yong, Wadsworth Milton E. Rate processes of extractive metallurgy [M]. Plenum Publishing Corporation, 1979.

[2] 魏寿昆. 冶金过程热力学 [M]. 北京：冶金工业出版社，1980.

[3] Harris C T, Peacey J G, Pickles C A. Selective sulphidation of a nickeliferous lateritic ore [J]. Minerals Engineering, 2011, 24 (7): 651-660.

[4] Li Jian, Van Heiningen Adriaan R. Kinetics of sodium sulfate reduction in the solid state by carbon monoxide [J]. Chemical Engineering Science, 1988, 43 (8): 2079-2085.

[5] Vyazovkin Sergey, Wight Charles A. Model-free and model-fitting approaches to kinetic analysis of isothermal and nonisothermal data [J]. Thermochimica Acta, 1999, 340: 53-68.

[6] Bhatia S K, Perlmutter D D. A random pore model for fluid-solid reactions: I. Isothermal, kinetic control [J]. AIChE Journal, 1980, 26 (3): 379-386.

[7] Landers Matthew, Gilkes Robert J, Wells Martin A. Rapid dehydroxylation of nickeliferous goethite in lateritic nickel ore: X-ray diffraction and TEM investigation [J]. Clays and Clay

Minerals, 2009, 57 (Compendex)：751-770.

［8］ Mikhail Sa, King Pe. High-temperature thermal analysis study of the reaction between magnesium oxide and silica ［J］. Journal of Thermal Analysis, 1993, 40 (1)：79-84.

［9］ Yang C W, Williams D, Goldstein J. Low-temperature phase decomposition in metal from iron, stony-iron, and stony meteorites ［J］. Geochimica et Cosmochimica Acta, 1997, 61 (14)：2943-2956.

［10］ Li Guanghui, Zhi Qian, Rao Mingjun, et al. Effect of basicity on sintering behavior of saprolitic nickel laterite in air ［J］. Powder Technology, 2013, 249：212-219.

［11］ 史唐明. 含硫添加剂强化红土镍矿固态还原焙烧的研究 ［D］. 长沙：中南大学, 2012.

［12］ 彭容秋, 任鸿九, 张训鹏. 镍冶金 ［M］. 长沙：中南大学出版社, 2005.

［13］ German R, Suri P, Park S. Review：Liquid phase sintering ［J］. Journal of Materials Science, 2009, 44 (1)：1-39.

［14］ 果世驹. 粉末烧结理论 ［M］. 北京：冶金工业出版社, 1998.

［15］ 姜涛, 刘牡丹, 李光辉, 等. 钠盐对高铝褐铁矿还原焙烧铝铁分离的影响 ［J］. 中国有色金属学报, 2010, 20 (6)：1226-1233.

［16］ 姜涛, 刘牡丹, 李光辉, 等. 钠化还原法处理高铝褐铁矿新工艺 ［J］. 中国有色金属学报, 2010, 20 (3)：565-571.

［17］ 李光辉, 周太华, 刘牡丹, 等. 高铝褐铁矿铝铁分离新工艺及其机理 ［J］. 中国有色金属学报, 2008, 18 (11)：2087-2093.

［18］ Li Guanghui, Jiang Tao, Liu Mudan, et al. Beneficiation of high-aluminium-content hematite ore by soda ash roasting ［J］. Mineral Processing and Extractive Metallurgy Review, 2010, 31 (Compendex)：150-164.

［19］ 郭宇峰. 钒钛磁铁矿固态还原强化及综合利用研究 ［D］. 长沙：中南大学, 2007.

［20］ Li Guanghui, Rao Mingjun, Jiang Tao, et al. A novel process for preparing ferronickel powder from laterite ores ［C］. TMS 2010 -139th Annual Meeting and Exhibition, February 14-18, 2010：489-496.

［21］ Li Guanghui, Shi Tangming, Rao Mingjun, et al. Beneficiation of nickeliferous laterite by reduction roasting in the presence of sodium sulfate ［J］. Minerals Engineering, 2012, 32：19-26.

［22］ Li Guanghui, Liu Junhao, Rao Mingjun, et al. A pilot-plant scale test of coal-based rotary kiln direct reduction of laterite ore for Fe-Ni production ［C］. 5th International Symposium on High Temperature Metallurgical Processing, 2014：33.

［23］ 饶明军. 红土镍矿选择性还原/硫化制备粗镍铁的基础与新工艺研究 ［D］. 长沙：中南大学, 2014.

3 红土镍矿还原熔炼渣系调控新技术

炉渣是火法冶金中形成的以氧化物为主要成分的多组分熔体。以矿石或精矿为原料进行还原熔炼，在得到粗金属的同时，未被还原的氧化物和加入的熔剂形成炉渣，通常称为冶炼渣或还原渣。冶炼过程中，炉渣在保证冶炼操作的顺利进行、冶炼金属熔体的成分和质量、金属的回收率以及冶炼的各项技术经济指标等方面都起到关键性作用。炉渣的上述作用是通过控制炉渣化学成分、熔炼温度及其他物理化学性质实现[1]。

回转窑预还原-电炉熔炼法（RKEF 法）是目前红土镍矿生产镍铁的主流工艺，其镍铁产量达到全球总镍产量的约 60% 左右。该工艺最大的缺点在于电炉熔炼时电耗高，导致其工艺总能耗和生产成本高。由于红土镍矿冶炼时渣量大，炉渣所需冶炼温度高，为保证渣铁有效分离，炉渣温度需要维持在 1550~1600℃，甚至 1600℃ 以上，导致电炉生产电能消耗巨大[2,3]。尽管基于多年的生产经验积累，一些镍铁冶炼厂为降低能耗对红土镍矿原料和生产工艺进行局部优化和改进，如控制红土镍矿镁硅质量比（MgO/SiO$_2$）在 0.6~0.7 范围内以降低熔炼温度，回转窑还原焙砂直接热装进电炉熔炼、回转窑及电炉尾气分别用于红土镍矿干燥脱水和预还原[3~6]，但与粒铁法和高炉法相比，采用 RKEF 工艺生产镍铁的成本仍然要高出10%~20%[7,8]。

在镍铁熔炼生产过程中所面临的冶炼温度高、能耗大等问题，其根本原因在于红土镍矿中高含量的硅、镁、铝等氧化物组分对冶炼过程的熔体性质（如液相生成、炉渣黏度等）产生明显的不利影响[9]。解决问题的关键在于选择一个合适的冶炼渣型，能够改善红土镍矿冶炼过程的熔体性质，降低红土镍矿熔炼温度，这对提高镍铁的产、质量指标和实现节能降耗具有重要意义。

3.1 还原熔炼渣系相图研究

红土镍矿属于低品位多金属复杂矿资源，其高含量的硅、镁、铝等组分及还原熔炼过程形成的氧化亚铁和配入的氧化钙熔剂均对红土镍矿的熔体物性产生显著影响。通过相图分析有助于明确高温处理过程中上述各组分之间的反应趋势，特别是在不同含量区间内各组分间反应产物的物相组成及其转变规律，及其对高温熔化性质影响。

通过 FactSage 7.0 软件对红土镍矿还原熔炼 CaO-MgO-Al$_2$O$_3$-SiO$_2$（-FeO）渣

系中涉及的主要相图进行计算，确定各渣系中低熔点物相及不同等温线范围内各组分的含量区间。

3.1.1 MgO-SiO$_2$-Al$_2$O$_3$ 渣系

基于红土镍矿高硅、高镁的化学成分特点，首先对 MgO-SiO$_2$ 二元渣系相图进行分析。从图 3-1 中可以看出，当 MgO 质量百分含量约为 0~36wt.% 时，1550℃以下的主要物相为顽火辉石（MgSiO$_3$）与鳞石英（SiO$_2$(s4)），1550℃以上时，顽火辉石熔化为液相与固相的方石英（SiO$_2$(s6)）共存；当 MgO 质量百分含量约为 36wt.% 时，1550℃以下主要物相为顽火辉石与鳞石英，1550℃以上时顽火辉石熔化为液相，1680℃以上时方石英熔化。当 MgO 质量百分含量约为 40wt.%，此时 MgO(mol)/SiO$_2$(mol) = 1，温度低于 1565℃时体系以顽火辉石物相为主，在 1565℃熔化为液相；当 MgO 质量百分含量为 40wt.%~57wt.%，温度低于 1860℃时体系主要物相为镁橄榄石和 MgO，在 1860℃时，镁橄榄石熔化产生液相，而 MgO 需要更高温度才能熔化。

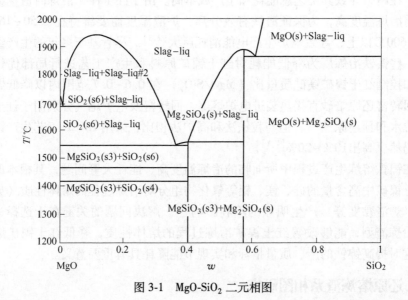

图 3-1 MgO-SiO$_2$ 二元相图

图 3-2 所示为 MgO-Al$_2$O$_3$-SiO$_2$ 三元渣系相图，相图中各三元无变量点的组分含量及最低共熔点温度如表 3-1 所示。从图 3-2 中可知，在上述三元体系中，随着镁、铝和硅组分含量的改变，所形成的主要物相包括镁橄榄石、原辉石、单斜辉石、堇青石、蓝宝石、尖晶石、莫来石、氧化镁、刚玉、方石英和鳞石英等。

从表 3-1 可以看出，在 MgO-Al$_2$O$_3$-SiO$_2$ 渣系中，不同物相间形成的低共熔相温度区间为 1362~1646℃，表明在上述渣系中所形成的物相及各物相间形成的共熔物熔化温度均较高。相比而言，三元渣系中由堇青石参与形成的共熔相的熔化温度较低。以堇青石、单斜辉石和鳞石英形成的共熔相熔化温度最低，为1362℃（图3-2中点13）。此时，对应氧化镁、氧化硅和氧化铝的组分含量分别为23.86wt.%、61.50wt.%和14.64wt.%，对应的镁硅质量比为0.39。除由堇青石相参与的三组共熔相（图3-2中点11、12和13）熔化温度低于1400℃之外，体系中其他物相的共熔温度均超过1400℃。

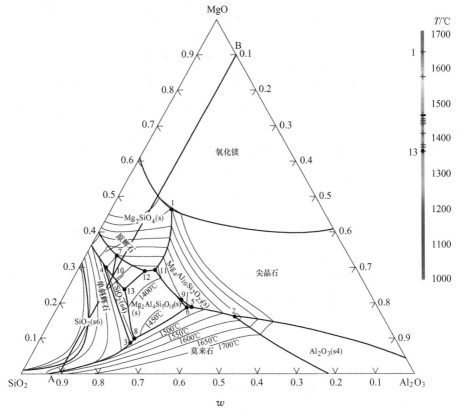

图 3-2 MgO-Al$_2$O$_3$-SiO$_2$ 三元相图

表 3-1 MgO-Al$_2$O$_3$-SiO$_2$ 相图中三元无变量点的组分含量及最低共熔点温度

No.	组分含量/wt.%			主要物相组成	最低共熔点温度/℃
	MgO	SiO$_2$	Al$_2$O$_3$		
1	46.39	38.41	15.20	镁橄榄石，氧化镁，尖晶石	1646
2	16.11	37.82	46.07	刚玉，莫来石，尖晶石	1575
3	8.66	67.67	23.67	莫来石，方石英，鳞石英	1465
4	30.82	63.28	5.90	原辉石，方石英，鳞石英	1465
5	18.74	47.44	33.82	蓝宝石，莫来石，尖晶石	1464

续表 3-1

No.	组分含量/wt.%			主要物相组成	最低共熔点温度/℃
	MgO	SiO$_2$	Al$_2$O$_3$		
6	18.71	48.45	32.84	董青石，蓝宝石，莫来石	1455
7	33.34	58.76	7.90	单斜辉石，镁橄榄石，原辉石	1449
8	9.89	66.10	24.01	董青石，莫来石，鳞石英	1445
9	21.58	49.43	28.99	董青石，蓝宝石，尖晶石	1440
10	27.77	62.63	9.60	单斜辉石，原辉石，鳞石英	1414
11	29.25	51.22	19.53	董青石，镁橄榄石，尖晶石	1381
12	28.94	53.78	17.28	单斜辉石，董青石，镁橄榄石	1374
13	23.86	61.50	14.64	单斜辉石，董青石，鳞石英	1362

　　RKEF 工艺一般使用镍品位较高的腐泥土型红土镍矿，其氧化铝含量普遍为 2wt.%~5wt.%。冶炼过程中按镍铁与炉渣质量比 1：（4~5）进行计算，实际炉渣中氧化铝组分的含量范围在 3wt.%~10wt.%左右，基本不超过 10wt.%。从图 3-2 中的 AB 线可知，在此情况下，红土镍矿熔炼的实际炉渣体系中难以生成董青石相，而是以辉石相为主，其熔化温度更高。以现有 RKEF 生产为例，炉渣镁硅质量比一般控制在 0.6~0.7 之间，氧化铝含量为 3wt.%~6wt.%左右，此时对应炉渣熔化所需温度高达 1550~1650℃，这与目前 RKEF 工艺中电炉冶炼操作温度基本一致。

　　进一步由图 3-2 可得到不同等温线区域范围内所对应的各组分含量区间，如表 3-2 所示。在 MgO-Al$_2$O$_3$-SiO$_2$ 三元渣系中，液相等温线温度在 1400℃时对应的氧化镁、氧化硅和氧化铝组分区间分别为 18wt.%~31wt.%、50wt.%~63wt.%和 11wt.%~22wt.%，镁硅质量比范围为 0.29~0.56。但该区域内氧化铝组分含量的最低值也达到了 11wt.%，红土镍矿熔炼实际体系炉渣的熔化温度难以降至 1400℃以下。

表 3-2　MgO-Al$_2$O$_3$-SiO$_2$ 渣系中不同等温线区域内的各组分含量

等温线区间/℃	组分含量/wt.%			MgO/SiO$_2$（质量比）
	MgO	SiO$_2$	Al$_2$O$_3$	
1350~1400	18~31	50~63	11~22	0.29~0.56
1350~1450	10~33	47~67	7~32	0.15~0.70
1350~1500	7~37	44~72	3~38	0.08~0.81
1350~1550	3~39	40~79	0~43	0.04~0.88
1350~1600	0~42	36~93	0~48	0~1.02

　　沿着等温线温度提高的方向变化，其镁、硅、铝氧化物组分区间逐步扩大。在等温线温度 1450℃和 1500℃时，其氧化铝含量区间分别增加至 7wt.%~32wt.%和 3wt.%~38wt.%。在氧化铝组分实际含量区间的下限范围内（3wt.%~10wt.%）

满足红土镍矿实际冶炼体系的要求，此时氧化镁组分范围27wt.%~35wt.%，镁硅质量比范围为0.37~0.67。

综上所述，在红土镍矿RKEF电炉冶炼的实际体系中，仅调节氧化镁、氧化硅和氧化铝三元组分，炉渣的最低熔化温度均超过了1400℃，甚至接近1450℃，这对熔炼过程的物料熔化产生不利影响。

3.1.2 MgO-SiO_2-Al_2O-FeO 渣系

由于配入碳的缘故，红土镍矿的熔炼过程中始终处于还原性气氛之中。高价铁氧化物遵循逐级还原反应 $Fe_2O_3 \rightarrow Fe_3O_4 \rightarrow FeO \rightarrow Fe$。因此，在冶炼炉渣中存在一定量的氧化亚铁。由于二氧化硅含量高，氧化亚铁可作为碱性组分与二氧化硅结合而形成新物相。此外，为提高镍铁产品中的镍品位，冶炼生产过程中也选择性地还原高价铁氧化物，将大部分铁还原成金属铁，同时保留少部分铁以亚铁形式进入炉渣。MgO-SiO_2-FeO 渣系相图如图 3-3 所示，相图中各三元无变量点的组分含量及最低共熔点温度如表 3-3 所示。

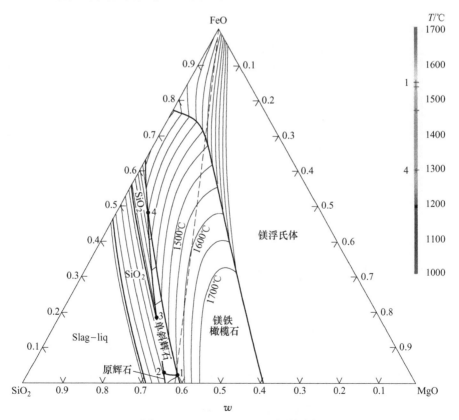

图 3-3　MgO-SiO_2-FeO 三元系相图

表 3-3 MgO-SiO₂-FeO 相图中三元无变量点的组分含量及最低共熔点温度

No.	组分含量/wt.%			物相组成	最低共熔点温度/℃
	FeO	SiO₂	MgO		
1	2.04	59.58	38.38	镁铁橄榄石，原辉石，单斜辉石	1546
2	2.71	62.61	34.69	原辉石，单斜辉石，方石英	1533
3	18.60	56.52	24.88	单斜辉石，方石英，鳞石英	1465
4	48.44	43.82	7.74	镁铁橄榄石，单斜辉石，鳞石英	1295

从图 3-3 中可知，在 MgO-SiO₂-FeO 三元体系中，随着各组分含量的改变，主要物相包括镁铁橄榄石、单斜辉石、原辉石、氧化镁、方石英和鳞石英。从表 3-3 可以看出，在 MgO-SiO₂-FeO 渣系中，由镁铁橄榄石参与形成的共熔相的熔化温度较低。如图 3-3 中的点 4 所示，以镁铁橄榄石、单斜辉石和原辉石形成的共熔相熔化温度最低为 1295℃。此时，对应氧化镁、氧化硅和氧化亚铁的含量分别为 7.74wt.%、43.82wt.% 和 48.44wt.%，对应的镁硅质量比为 0.18。

MgO-Al₂O₃-SiO₂-10wt.%FeO 四元渣系相图如图 3-4 所示。对比 FeO 含量为 0

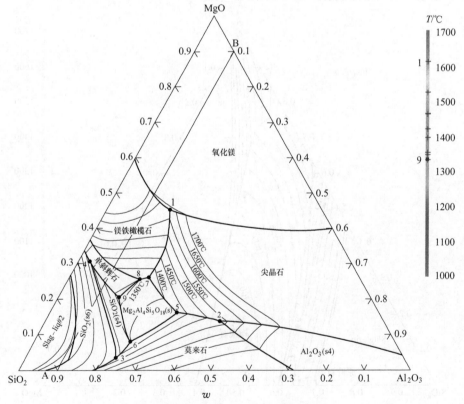

图 3-4 MgO-Al₂O₃-SiO₂-FeO 四元相图

(FeO/(MgO+Al₂O₃+SiO₂))(g/g)=0.1

时的 $MgO-Al_2O_3-SiO_2$ 三元相图（图 3-2）可知，当渣系中 FeO 含量为 10wt.%时，镁橄榄石相与 FeO 结合后转变形成镁铁橄榄石物相。在 $MgO-SiO_2-Al_2O_3$-10wt.% FeO 四元渣系中蓝宝石相和部分辉石相消失，其他主要物相无明显的改变，但各物相的存在区域和熔化温度有所不同。

从表 3-4 中可以看出，在 $MgO-Al_2O_3-SiO_2$-10wt.%FeO 渣系中，熔点最低的物相仍为堇青石物相，以堇青石、单斜辉石和鳞石英形成的共熔物熔化温度最低。由 FeO 含量为 0 时的 1362℃（表 3-2 所示）下降到 FeO 含量为 10wt.%时的 1334℃。此外，对比图 3-2 和图 3-4 中的各温度等温线可知，在渣中存在 10wt.% FeO 条件下，$MgO-Al_2O_3-SiO_2$ 渣系最低等温线温度由原来的 1400℃下降至 1350℃。从表 3-4 中可以看出，当镁橄榄石转变成镁铁橄榄石后，与之形成的堇青石、镁铁橄榄石和尖晶石共熔相和单斜辉石、堇青石和镁铁橄榄石共熔相对应的熔化温度分别为 1354℃和 1349℃，分别降低了 27℃和 25℃。表明炉渣中氧化亚铁的存在有利于降低其熔化温度。

表 3-4　$MgO-Al_2O_3-SiO_2$-10wt.%FeO 相图中三元无变量点的组分含量及低共熔点温度

No.	组分含量/wt.%			主要物相组成	最低共熔点温度/℃
	MgO	SiO_2	Al_2O_3		
1	45.29	38.49	16.22	镁铁橄榄石，氧化镁，尖晶石	1617
2	13.81	41.54	44.64	刚玉，莫来石，尖晶石	1528
3	3.35	73.21	23.44	莫来石，方石英，鳞石英	1465
4	30.28	66.14	3.58	单斜辉石，方石英，鳞石英	1465
5	16.18	51.17	32.64	堇青石，莫来石，尖晶石	1421
6	7.86	67.31	24.83	堇青石，莫来石，鳞石英	1398
7	26.09	53.42	20.49	堇青石，镁铁橄榄石，尖晶石	1354
8	25.69	55.77	18.54	单斜辉石，堇青石，镁铁橄榄石	1349
9	20.39	63.89	15.72	单斜辉石，堇青石，鳞石英	1334

由表 3-5 所示 $MgO-Al_2O_3-SiO_2$-10wt.%FeO 渣系中不同等温线区间内的组分含量可知，当熔化温度在 1350℃以下时，要求四元渣系中氧化镁、氧化硅和氧化铝含量分别为 16.2wt.%~23.4wt.%、49.5wt.%~58.5wt.%和 12.6wt.%~17.1wt.%，其镁硅质量比范围为 0.28~0.47。但是，考虑到红土镍矿冶炼所形成的炉渣中氧化铝含量一般在 10wt.%以下，低于上述 1350℃熔化温度下氧化铝含量的最低值，此时堇青石相无法形成。因此，红土镍矿实际体系炉渣熔化温度要高于 1350℃，且随着氧化铝含量的降低，渣系熔化温度升高。不过当氧化铝含量在 0.9wt.%~8.1wt.%时，可通过改变镁硅质量比使渣系熔化温度范围控制在 1400~1500℃（表 3-5 所示）。

实际生产中，在不配加其他熔剂的条件下，一般通过将不同化学成分的红土镍矿配矿来调控镁硅质量比以期得到合适的炉渣类型，其镁硅质量比一般控制在 0.5~0.7，优选镁硅质量比范围为 0.60~0.65，同时炉渣中氧化亚铁含量一般控

表 3-5 MgO-Al₂O₃-SiO₂-10wt.%FeO 渣系中不同等温线区间内的组分含量

等温线区间/℃	组分含量/wt.%			MgO/SiO₂
	MgO	SiO₂	Al₂O₃	（质量比）
1300~1350	16.2~23.4	49.5~58.5	12.6~17.1	0.28~0.47
1300~1400	6.7~26.1	45~60.7	8.1~24.3	0.11~0.57
1300~1450	4.5~28.8	42.7~64.8	4.5~32.4	0.07~0.67
1300~1500	0.9~32.4	39.6~71.1	0.9~37.8	0.01~0.78
1300~1550	0~34.2	36~77.4	0~42.3	0~0.85
1300~1600	0~38.7	32.4~85.5	0~46.8	0~1.08

制在 5wt.%~10wt.%。结合图 3-4 的相图分析表明，在此条件下红土镍矿熔炼渣系以镁铁橄榄石物相为主，熔化温度在 1420~1550℃左右。随着渣系中氧化铝含量的降低和镁硅质量比的增大，其熔化温度随之提高。

在生产过程中，除了考虑炉渣的熔化温度，还需要综合考虑铁水的流动性等因素。为保证良好的炉渣性质及渣铁分离效果，冶炼操作温度需保持在 1500~1550℃以上。此时，当炉渣镁硅质量比在 0.5~0.7 范围内，氧化铝含量调节范围扩大为 0~10wt.%。

图 3-5 和图 3-6 所示为氧化亚铁含量分别为 20wt.% 和 30wt.% 的 MgO-Al₂O₃-

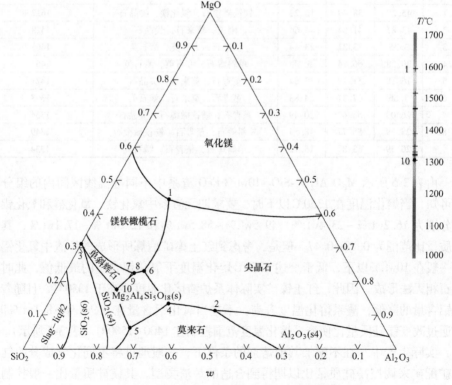

图 3-5 MgO-Al₂O₃-SiO₂-20wt.% FeO 四元相图

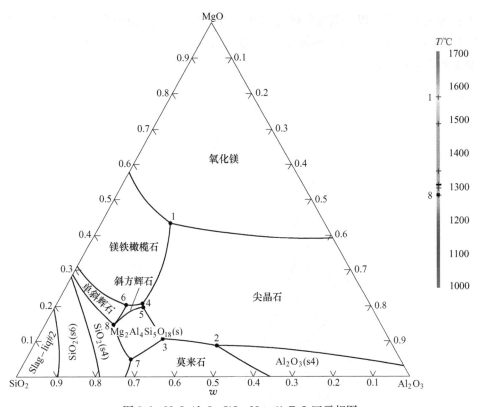

图 3-6　MgO-Al$_2$O$_3$-SiO$_2$-30wt.% FeO 四元相图

SiO$_2$-FeO 四元渣系相图。对比图 3-4~图 3-6 可知，氧化亚铁含量的改变对 MgO-Al$_2$O$_3$-SiO$_2$-FeO 渣系中的物相种类没有明显影响，但对渣系的熔化温度影响较大。随着氧化亚铁含量的提高，四元渣系的最低熔化温度随之下降。由氧化亚铁含量 10wt.%时的 1334℃下降到氧化亚铁含量 20wt.%时的 1302℃。当氧化亚铁含量达到 30wt.%时，渣系最低熔化温度进一步下降至 1273℃，此时相对于氧化亚铁 10wt.%时熔化温度下降约 61℃。

　　需要说明的是，在红土镍矿熔炼过程中约 60%~70%的铁组分经还原后进入铁水，在终渣中氧化亚铁含量并不能达到上述相图计算时的高值，因此图 3-5 和图 3-6 所示的相图仅为定性分析结果。不过上述相图分析表明，在 RKEF 工艺中，回转窑预还原红土镍矿的还原效果对后续焙砂在电炉内的熔化性能产生较大的影响。通过在回转窑内强化铁氧化物的还原，提高焙砂中氧化亚铁的生成量，可以降低焙砂在电炉内的熔化温度，从而加快电炉的物料熔化速度，提高生产效率，降低电耗。

3.1.3　CaO-MgO-SiO$_2$-Al$_2$O$_3$-FeO 渣系

　　鉴于红土镍矿在冶炼过程中熔化温度高，在实际生产中通常配入部分熔剂如生石灰或石灰石，以降低物料熔化温度。图3-7为氧化铝组分含量为0时的CaO-MgO-SiO₂三元渣系相图。相图中对应的三元无变量点的成分含量及最低共熔点温度如表3-6所示。

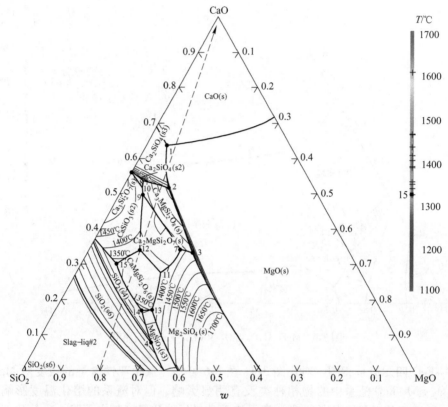

图 3-7 CaO-MgO-SiO₂ 三元相图

表3-6 CaO-MgO-SiO₂ 相图中三元无变量点的成分含量及最低共熔点温度

No.	组分含量/wt.%			物 相 组 成	最低共熔点温度/℃
	CaO	SiO₂	MgO		
1	63.75	31.05	5.21	硅酸二钙（s3），方镁石，氧化钙	1877
2	51.52	36.70	11.78	硅酸二钙（s3），镁蔷薇辉石，氧化钙	1609
3	33.15	39.81	27.04	镁蔷薇辉石，镁铁橄榄石，氧化钙	1467
4	7.50	62.99	29.51	顽火辉石，方石英，鳞石英	1465
5	53.52	41.58	4.90	硅酸二钙（s3），硅酸二钙（s2），镁蔷薇辉石	1437
6	54.91	43.01	2.07	硅酸二钙（s2），镁蔷薇辉石，硅钙石	1437
7	34.06	42.42	23.53	镁黄长石，镁蔷薇辉石，镁铁橄榄石	1418
8	53.61	42.15	4.25	硅酸二钙（s2），镁蔷薇辉石，硅钙石	1406
9	49.58	44.28	6.14	镁黄长石，镁蔷薇辉石，硅灰石	1392
10	51.57	43.51	4.92	镁蔷薇辉石，硅钙石，硅灰石	1389

No.	组分含量/wt.%			物 相 组 成	最低共熔点温度/℃
	CaO	SiO$_2$	MgO		
11	27.58	50.66	21.76	镁黄长石，透辉石，镁铁橄榄石	1358
12	33.93	52.87	13.20	镁黄长石，透辉石，硅灰石	1357
13	16.97	58.17	24.86	透辉石，镁铁橄榄石，顽火辉石	1351
14	16.81	60.93	22.26	透辉石，顽火辉石，鳞石英	1341
15	30.09	60.78	9.13	透辉石，硅灰石，鳞石英	1327

对比有/无氧化钙组分条件下的图3-2和图3-7可知，在CaO-MgO-SiO$_2$三元相图中的主要物相与MgO-Al$_2$O$_3$-SiO$_2$相图存在明显的差别。在CaO-MgO-SiO$_2$三元渣系中的最低共熔点温度明显降低。这主要是由于氧化钙与氧化硅的结合能力强于氧化镁与氧化硅的结合能力，在MgO-Al$_2$O$_3$-SiO$_2$三元渣系中存在的各类辉石相转变成硅酸钙盐。随着体系中氧化钙含量的提高，先后转变为硅灰石、硅酸二钙和硅钙石等物相，体系中低熔点相由原来的堇青石转变为透辉石。最低共熔点由透辉石、硅灰石和鳞石英形成，其氧化钙、氧化镁和氧化硅组分含量分别为30.09wt.%、9.13wt.%和60.78wt.%。此时熔化温度为1327℃（表3-6），相较于MgO-Al$_2$O$_3$-SiO$_2$渣系中的最低熔化温度1362℃，CaO-MgO-SiO$_2$渣系的最低熔化温度下降35℃。但在相同镁硅质量比条件下，随着氧化钙含量逐步提高，透辉石转变成熔点更高的黄长石和镁蔷薇辉石，导致其熔化温度相应升高。

表3-7所示为CaO-MgO-SiO$_2$三元渣系中不同等温线区域内的各组分含量区间。相比于表3-1所示MgO-Al$_2$O$_3$-SiO$_2$渣系，在CaO-MgO-SiO$_2$渣系中出现了1300～1350℃的等温线区域，表明在特定氧化钙组分含量下，能够有效降低渣系熔化温度。此时体系中氧化钙、氧化镁和氧化硅的含量区间分别为：（16～19）/（27～32）wt.%、（7.5～11.5）/（20～24）wt.%以及57.5wt.%～62wt.%，镁硅质量比范围分别为0.12～0.21和0.32～0.42。需要说明的是，在此条件下镁硅质量比较低，在红土镍矿实际冶炼体系中难以实现。

表3-7 CaO-MgO-SiO$_2$渣系中不同等温线区域内的各组分含量

等温线区间/℃	组分含量/wt.%			MgO/SiO$_2$（质量比）
	CaO	MgO	SiO$_2$	
1300～1350	16～19，27～32	7.5～11.5，20～24	57.5～62	0.12～0.21，0.32～0.42
1300～1400	13～40	3～27.5	47.5～63	0.05～0.48
1300～1450	8～56	0～31	41～64	0～0.61
1300～1500	4.5～56	0～35	40～66	0～0.72
1300～1550	0～56.5	0～38.5	40.2～67.5	0～0.80
1300～1600	0～57	0～61.5	41～70	0～0.89

　　进一步比较表3-1和表3-7中结果，在相同温度的等温线区域内，随着氧化钙组分的加入，其镁硅质量比区间范围有所增加。如在低于1400℃的等温线区域内，$CaO\text{-}MgO\text{-}SiO_2$ 渣系中镁硅质量比区间范围增加至 $0.05 \sim 0.48$，$MgO\text{-}Al_2O_3\text{-}SiO_2$ 渣系中则为 $0.29 \sim 0.56$，说明氧化钙组分的加入能够在一定程度上提高渣系其他组分的调控范围，对降低渣系熔化温度有利。

　　图 3-8 和图 3-9 分别为氧化铝含量5wt.%和10wt.%的 $CaO\text{-}MgO\text{-}SiO_2\text{-}Al_2O_3$ 四元渣系相图。对比图 3-7 所示无 Al_2O_3 时的 $CaO\text{-}MgO\text{-}SiO_2$ 渣系相图可知，在氧化铝含量为 5wt.%和10wt.%时，$CaO\text{-}MgO\text{-}SiO_2\text{-}Al_2O_3$ 渣系中的物相种类与氧化铝含量为 0 时并无明显差异。但是，随着氧化铝含量的增加，四元渣系的最低熔化温度呈现下降趋势。从氧化铝含量为 0 时的 1327℃下降到氧化铝含量为 5wt.%时的 1279℃，熔化温度下降48℃。氧化铝含量继续提高到10wt.%，体系的最低熔化温度进一步下降到1220℃。相对于 $MgO\text{-}Al_2O_3\text{-}SiO_2$ 体系（Al_2O_3 含量低于10wt.%时）而言，其熔化温度下降了超过200℃。表明在四元渣系中其他组分含量不变的情况下，适当提高氧化铝含量可以降低渣系熔化温度。

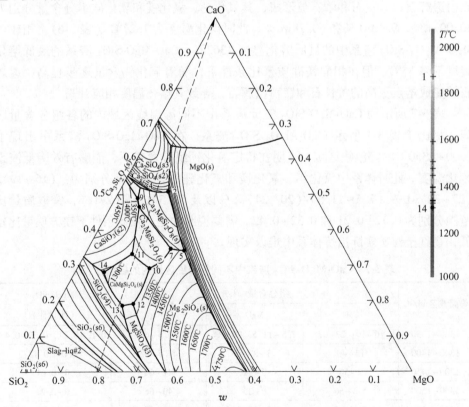

图 3-8　$CaO\text{-}MgO\text{-}SiO_2\text{-}5wt.\%Al_2O_3$ 四元相图

（$Al_2O_3 / (CaO+MgO+SiO_2) = 5\%$）

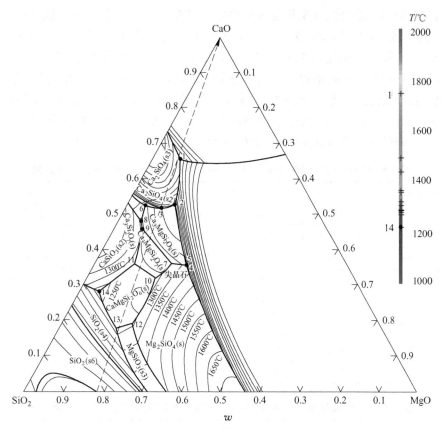

图 3-9 CaO-MgO-SiO$_2$-10wt.%Al$_2$O$_3$ 四元相图

(Al$_2$O$_3$/(CaO+MgO+SiO$_2$)= 10%)

虽然氧化铝含量的提高有利于降低四元渣系熔化温度，但从图 3-7～图 3-9 可以发现，在 CaO-MgO-SiO$_2$-Al$_2$O$_3$ 四元体系中熔点最低时的物相均由透辉石、硅灰石和鳞石英组成，在氧化铝含量低于 10wt.%时，上述 CaO-MgO-SiO$_2$-Al$_2$O$_3$ 渣系中，透辉石相均为低熔点物相。熔炼过程中，在合适的氧化钙含量条件下，透辉石相的形成有利于降低渣系的熔化温度。

表 3-8 和表 3-9 所示分别为 CaO-MgO-SiO$_2$-5wt.% Al$_2$O$_3$ 和 CaO-MgO-SiO$_2$-10wt.%Al$_2$O$_3$ 渣系相图中不同等温线区域内的各组分含量区间。对比表 3-7 所示结果可知，在氧化铝含量为 5wt.% 和 10wt.%时，体系中最低等温线温度由 1350℃分别降低至 1300℃和 1250℃。但是上述最低等温线区域较小，且由于氧化镁含量分别在 6.7wt.%～8.6wt.%和 2.7wt.%～6.8wt.%范围，低于典型红土镍矿冶炼实际炉渣的氧化镁含量，在此条件下因镁硅质量比较低，在红土镍矿实际冶炼体系中难以实现。鉴于此，有必要考虑更高温度下的等温线区间及其主要组

分的含量范围。结合图 3-8 和表 3-8 的分析可知，当氧化铝含量达到 5wt.% 时，氧化钙含量增至 14.2wt.% ~ 36.6wt.%，同时控制氧化镁含量 8.6wt.% ~ 20.9wt.%、镁硅质量比 0.17~0.44，可将渣系的熔化温度降低至 1300~1350℃。与氧化铝含量为 0 时渣相比，此时的熔化温度下降了约 50℃。当四元渣系中氧化铝含量继续提高至 10wt.% 时，通过调控渣系中氧化钙含量至 14.4wt.% ~ 44.1wt.%，同时控制氧化镁含量 6.8wt.% ~ 17.1wt.%、镁硅质量比 0.11~0.39，可进一步降低渣系的熔化温度至 1250~1300℃。

表 3-8 CaO-MgO-SiO$_2$-5wt.%Al$_2$O$_3$ 渣系中不同等温线区间内的组分含量

等温线区间 /℃	组分含量/wt.%				MgO/SiO$_2$ （质量比）
	CaO	MgO	SiO$_2$	Al$_2$O$_3$	
1250~1300	23.8~28.5	6.7~8.6	58~61.8	4.8	0.11~0.17
1250~1350	14.2~36.6	2.9~20.9	45.6~63.6	4.8	0.05~0.44
1250~1400	10.5~51.3	0~24.7	39.9~64.6	4.8	0~0.57
1250~1450	5.7~52.3	0~29.5	39.0~66.5	4.8	0~0.67
1250~1500	0~52.3	0~36.1	39.9~68.4	4.8	0~0.71
1250~1550	0~53.2	0~38.0	39.9~70.3	4.8	0~0.79
1250~1600	0~53.2	0~39.9	40.9~73.2	4.8	0~0.84

表 3-9 CaO-MgO-SiO$_2$-10wt.%Al$_2$O$_3$ 体系中不同等温线区间内的组分含量

等温线区间 /℃	组分含量/wt.%				MgO/SiO$_2$ （质量比）
	CaO	MgO	SiO$_2$	Al$_2$O$_3$	
1200~1250	22.5~27.9	2.7~6.8	56.7~61.2	9.1	0.05~0.11
1200~1300	14.4~44.1	0.9~17.1	41.4~63	9.1	0.01~0.39
1200~1350	8.1~49.5	0~20.3	37.8~64.8	9.1	0~0.54
1200~1400	4.5~49.9	0~24.8	36~66.2	9.1	0~0.61
1200~1450	0~50	0~33.3	35.1~67.9	9.1	0~0.67
1200~1500	0~50.1	0~35.1	31.5~70.2	9.1	0~0.74
1200~1550	0~50.1	0~37.8	31.5~73.4	9.1	0~0.82
1200~1600	0~50.1	0~39.6	31.5~76.5	9.1	0~0.90

氧化亚铁存在条件下，计算氧化钙组分存在下的 MgO-SiO$_2$-Al$_2$O$_3$-FeO 渣系相图，分别设定 Al$_2$O$_3$/(CaO-MgO-SiO$_2$) = 8wt.% 和 FeO/(CaO-MgO-SiO$_2$) = 10wt.%，如图 3-10 所示。

从图 3-10 可以看出，在 CaO-MgO-SiO$_2$-Al$_2$O$_3$-FeO 五元渣系中存在的物相与

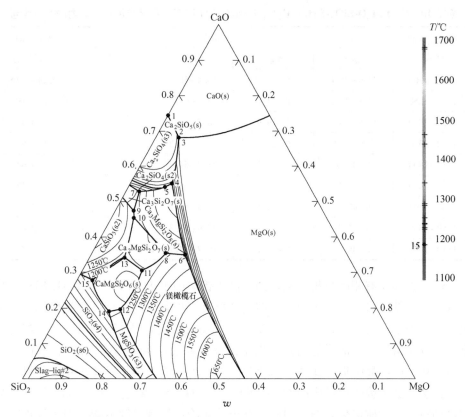

图 3-10 CaO-MgO-SiO$_2$-8wt.%Al$_2$O$_3$-10wt.%FeO 五元相图

CaO-MgO-SiO$_2$-Al$_2$O$_3$ 渣系（Al$_2$O$_3$＜10wt.%）一致，低熔点物相仍然为透辉石。但当有氧化亚铁存在时，五元渣系的最低熔化温度下降，仅为 1185℃，相较于 CaO-MgO-SiO$_2$-5wt.%Al$_2$O$_3$ 和 CaO-MgO-SiO$_2$-10wt.%Al$_2$O$_3$ 体系的最低熔化温度 1279℃ 和 1220℃，10wt.%氧化亚铁条件下的最低熔化温度分别下降了 94℃ 和 35℃。表明在 CaO-MgO-SiO$_2$-Al$_2$O$_3$ 渣系中，氧化钙的存在有利于降低渣系熔化温度，随着氧化亚铁组分的加入可使渣系熔化温度进一步降低。

从表 3-10 中各等温线区间来看，上述五元渣系中对应的透辉石生成区域基本包含在 1250℃ 等温线区间内，表明氧化亚铁的加入对降低透辉石相的熔化温度有利。相对于 CaO-MgO-SiO$_2$-Al$_2$O$_3$ 渣系，CaO-MgO-SiO$_2$-Al$_2$O$_3$-FeO 五元渣系中 1250℃ 等温线区间明显扩大。虽然在上述五元渣系中存在 1200℃ 等温线，但是由于受红土镍矿自身成分的限制，其氧化镁含量难以达到所要求的范围。而在 1250℃ 等温线内，存在部分氧化镁含量较高的区间，可以满足红土镍矿中氧化镁含量的要求，这意味着通过调控其他组分，在红土镍矿熔炼过程中能够将物料的熔化温度降低至 1250℃ 左右。

表 3-10　CaO-MgO-SiO$_2$-8wt.%Al$_2$O$_3$-10wt.%FeO 渣系中不同等温线区间内的组分含量

等温线区间/℃	组分含量/wt.%				MgO/SiO$_2$（质量比）
	CaO	MgO	SiO$_2$	Al$_2$O$_3$	
1150~1200	22.9~25.0	2.5~4.2	56.4~58.5	6.8	0.04~0.08
1150~1250	14.8~31.3	0~13.6	45.3~60.2	6.8	0~0.29
1150~1300	11.0~44.9	0~16.9	36.9~61.4	6.8	0~0.45
1150~1350	6.8~46.6	0~20.3	35.6~62.3	6.8	0~0.59
1150~1400	0~47.0	0~27.5	33.9~64.4	6.8	0~0.64
1150~1450	0~47.5	0~30.9	31.4~66.1	6.8	0~0.72
1150~1500	0~47.9	0~33.1	28.8~67.8	6.8	0~0.79
1150~1550	0~48.3	0~35.6	27.6~70.3	6.8	0~0.88
1150~1600	0~49.2	0~37.7	26.7~74.1	6.8	0~1.0

综合上述所有相图分析结果可知，红土镍矿中 MgO、SiO$_2$ 和 Al$_2$O$_3$ 组分在熔炼过程中对低熔点物相生成和渣系熔化性质具有显著影响。在自然氧化钙含量情况下，物相以辉石为主，其熔化温度较高（理论熔点超过 1550℃ 以上）。随着氧化钙组分含量升高，渣系低熔点相发生改变，在合适组分范围内形成透辉石相，渣系熔化温度明显降低。此外，氧化铝的增加也对渣系熔化温度的降低有利。

显然，红土镍矿原矿中的 MgO、SiO$_2$、Al$_2$O$_3$ 等主要组分和配入的 CaO 组分均对物料熔化性质产生影响。因此，红土镍矿冶炼炉渣碱度不能采用常规铁矿炼铁生产常用的二元碱度（$R_2 = m(CaO)/m(SiO_2)$）表示，也不能采用现有冶炼生产实际中使用的 MgO/SiO$_2$ 质量比，采用四元碱度（$R_4 = m(CaO+MgO)/m(SiO_2+Al_2O_3)$）更有实际意义。当然，在冶炼过程中，FeO 的存在对上述渣系的熔化性质也将产生有利作用。

根据图 3-1~图 3-10 所述不同渣系相图，并参考典型红土镍矿中各组分的含量范围，得到不同渣系下可能存在的最低熔化温度区间及该温度区间下各组分含量和四元碱度范围（表 3-11 所示）。在没有氧化钙存在时，MgO-Al$_2$O$_3$-SiO$_2$（Al$_2$O$_3$<10wt.%）渣系可能的最低熔化温度区间为 1400~1450℃，此时需要控制渣系中镁硅质量比范围 0.41~0.60 和四元碱度范围 0.37~0.49。据图 3-2 可知，在此情况下还要求氧化铝含量接近 8wt.%~10wt.%。在氧化铝含量低于 5wt.% 时，MgO-Al$_2$O$_3$-SiO$_2$ 体系中可能存在的最低熔化温度区间则上升到 1450~1500℃。

氧化钙组分存在时，在 CaO-MgO-SiO$_2$-Al$_2$O$_3$ 渣系中可能的最低熔化温度区间出现下降。随着渣系中氧化铝含量的增加，其可能的最低熔化温度区间范围下降趋势更为明显。当氧化铝含量为 0 时，可能存在的低熔化温度区间为 1350~1400℃，此时要求渣系中氧化钙组分含量为 13wt.%~40wt.%、氧化镁含量为

11.5wt.%~27.5wt.%，其四元碱度范围为0.59~1.11。随着氧化铝含量分别增加至5wt.%和10wt.%，四元渣系可能存在的最低熔化温度区间分别下降至1300~1350℃和1250~1300℃。相应地，在此条件下，氧化钙、氧化镁、镁硅质量比和四元碱度范围有所变化，除了氧化钙组分含量范围增加之外，氧化镁含量、镁硅质量比和四元碱度范围上、下限值均有所下移。

表3-11 不同渣系的最低熔化温度及组分含量区间

渣　　系	最低熔化温度/℃	CaO/wt.%	MgO/wt.%	MgO/SiO$_2$	R_4
MgO-Al$_2$O$_3$-SiO$_2$(Al$_2$O$_3$<10wt.%)	1400~1450	0	27~33	0.41~0.60	0.37~0.49
CaO-MgO-SiO$_2$-0wt.%Al$_2$O$_3$	1350~1400	13~40	11.5~27.5	0.21~0.48	0.59~1.11
CaO-MgO-SiO$_2$-5wt.%Al$_2$O$_3$	1300~1350	14.2~36.6	8.6~20.9	0.17~0.44	0.46~0.98
CaO-MgO-SiO$_2$-10wt.%Al$_2$O$_3$	1250~1300	14.4~44.1	6.8~17.1	0.11~0.39	0.38~0.96
MgO-Al$_2$O$_3$-SiO$_2$-10wt.%FeO（Al$_2$O$_3$<10wt.%）	1350~1400	0	22.5~27	0.48~0.59	0.33~0.37
CaO-MgO-SiO$_2$-8wt.%Al$_2$O$_3$-10wt.% FeO	1200~1250	14.8~31.3	4.2~13.6	0~0.29	0.37~0.76

由表3-11可知，氧化亚铁的存在同样能够降低渣系的最低熔化温度区间。相对于MgO-Al$_2$O$_3$-SiO$_2$（5wt.%＜Al$_2$O$_3$＜10wt.%）渣系，当氧化亚铁含量为10wt.%，其最低熔化温度区间由原来的1400~1450℃下降至1350~1400℃。在氧化钙同时存在的CaO-MgO-SiO$_2$-8wt.%Al$_2$O$_3$(-10wt.%FeO)渣系中，可能的最低熔化温度区间范围达到上述所有渣系中的最低值，仅为1200~1250℃。在此区间内，要求氧化钙和氧化镁含量分别为14.8wt.%～31.3wt.%和4.2wt.%～13.6wt.%，镁硅质量比和四元碱度范围分别为0~0.29和0.37~0.76。

对于表3-11所示的氧化钙、氧化镁、镁硅质量比和四元碱度区间范围，事实上，单一的红土镍矿原料中难以满足全部要求。实际生产中，可以通过不同类型、不同产地的红土镍矿按一定比例进行配矿，对各组分进行合理调节，特别是调节渣系中氧化镁组分含量和镁硅质量比区间。由于红土镍矿自身氧化钙含量较低，一般需要单独配加生石灰或石灰石对氧化钙组分进行调控。对于氧化铝组分而言，虽然其含量提高对渣系熔化性质有利，但在配矿过程中一般不会额外添加，炉渣氧化铝组分基本来源于红土镍矿自身的氧化铝和还原剂灰分。当然，不同类型红土镍矿中氧化铝含量并不一致，通过配矿也能对炉渣中氧化铝含量进行一定的调控。

3.2　液相生成特性

在红土镍矿制备镍铁工艺中，电炉熔炼要求红土镍矿物料完全熔化形成具有良好流动性的液相。物料中钙、镁、铝、硅等组分在不同气氛下铁的存在形式对物相组成及其熔化性质产生影响，并进一步作用于冶炼过程中物料的液相形成。考虑到熔炼中红土镍矿的实时液相生成难以统计，基于不同氧化钙含量的渣系成分设计，通过 FactSage 7.0 软件中的 Equilib 模块对不同温度下的液相生成量进行计算。特别说明，下文中所讲的氧化钙含量均是指原料中的含量，而不是冶炼炉渣中的 CaO 含量。

3.2.1 氧化钙的影响

红土镍矿在空气气氛中高温焙烧后，其铁氧化物经氧化后以三价铁形式存在。假设在高温下红土镍矿中 Fe_2O_3、SiO_2、MgO、Al_2O_3 和 CaO 等组分参与渣系液相生成过程。基于红土镍矿化学组成和含量（表 2-13），对不同氧化钙含量渣系成分进行设计，见表 3-12。液相生成量随温度的变化如图 3-11 所示。图3-12所示为理论计算获得的不同温度下物相组成及其含量变化趋势。

表 3-12　不同氧化钙含量炉渣的成分设计（氧化气氛）

原料中氧化钙含量/wt.%	炉渣成分/wt.%				
	Fe_2O_3	CaO	SiO_2	MgO	Al_2O_3
2.0	40.6	2.6	34.1	17.2	5.5
5.0	39.0	6.4	32.7	16.6	5.3
10.0	36.4	12.7	30.5	15.4	5.0
15.0	33.8	18.9	28.4	14.3	4.6
20.0	31.1	25.4	26.1	13.2	4.2
23.0	29.4	29.4	24.7	12.5	4.0
26.0	27.6	33.7	23.2	11.7	3.8
30.0	25.1	39.7	21.1	10.7	3.4

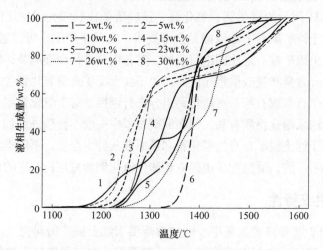

图 3-11　原料中氧化钙含量对炉渣液相生成的影响（氧化气氛）

从图 3-11 可以看出，在温度区间 1100~1600℃ 范围内，随着温度的升高，炉渣液相生成量随之增加。当红土镍矿中氧化钙含量为 2wt.% 时，在 1100~1175℃ 温度范围内没有液相的形成。液相开始出现的温度为 1200℃ 左右，在此温度下约 6% 左右的组分转变成液相。随着温度的上升，在 1200~1350℃ 范围内液相生成量的增长较为显著，其中在温度为 1350℃ 时液相生成量达到 61.8%。当温度超过 1375℃，液相生成量增加趋势有所减缓。在温度为 1575℃ 时，炉渣中主要组分完全转变形成液相。

从图 3-12（a）可以看出，在温度为 1100℃ 和氧化钙含量 2wt.% 时，炉渣主要物相为辉石、透辉石和赤铁矿，此外还存在少量钙长石和鳞石英。当温度逐渐提高到 1175℃ 时，辉石相含量有所增加，钙长石含量逐渐减小。在 1200℃ 时，透辉石、鳞石英和钙长石所形成的低熔点共熔相开始熔化形成液相。在升温过程中一个明显改变在于，赤铁矿含量逐渐减小，尖晶石含量逐渐增加。在 1375℃ 左右温度下尖晶石含量达到最大值，表明随着温度的上升，赤铁矿与辉石之间的反应被强化而形成熔点更高的尖晶石。在 1200℃ 液相开始出现后，随着温度的继续提高，鳞石英和斜方辉石类物相含量逐渐降低，表明二者在温度升高过程中不断熔化，液相生成量呈现明显增长趋势。当温度超过 1375℃ 后，红土镍矿中仅存在尖晶石相和少量赤铁矿，继续提高温度，尖晶石开始出现熔化，含量逐渐减少。

氧化钙增加至 5wt.%，炉渣中初始液相生成温度仍然接近 1200℃。但在温度高于 1225℃ 后，其液相生成量相对于氧化钙含量 2wt.% 时更高。特别是在 1250~1375℃ 温度区间内，相同温度下其液相生成量明显高于氧化钙含量 2wt.% 时的红土镍矿。这主要是由于氧化钙含量的提高使透辉石生成量增多。

随着氧化钙含量的进一步提高，炉渣液相初始生成温度呈现先增大后减小的趋势。氧化钙含量为 10wt.% 时，开始熔化温度接近 1250℃；氧化钙含量达到 15wt.%~20wt.%，液相初始生成温度提高至 1275℃ 左右。从图 3-12（c）~（e）可知，虽然在氧化钙含量 10wt.%~20wt.% 时仍然存在透辉石相，但此时鳞石英和钙长石相消失，这导致液相初始温度逐渐升高至接近透辉石的熔化温度。此外，不同氧化钙含量下透辉石生成量不同，导致 1250~1300℃ 时液相生成量的差异。在氧化钙含量由 2wt.% 增加至 20wt.% 时，透辉石生成量呈现先增加后减小的趋势。与之相应，在 1300℃ 左右时液相生成量也呈现出相同的趋势。氧化钙含量为 10wt.% 时，透辉石生成量最高达到 33.4% 左右，1300℃ 时炉渣的液相生成量也达到最高的 65.4%。

在氧化钙含量超过 23wt.% 之后，炉渣中没有透辉石的生成，而是以镁黄长石、镁蔷薇辉石和尖晶石等物相为主（如图 3-12（f）~（h）），这些高熔点物相的生成使体系的初始熔化温度提高，至 1350℃ 以上。但氧化钙含量为 30wt.% 时，因高温下生成大量低熔点铁酸钙，初始液相生成温度降低至1250℃左右。

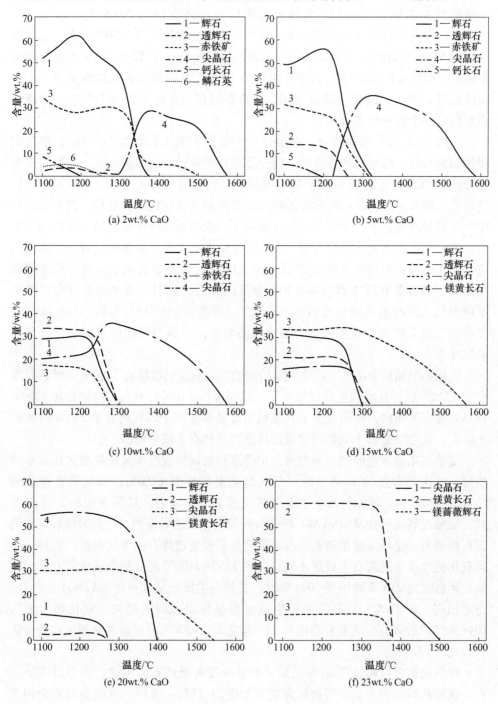

(a) 2wt.% CaO

(b) 5wt.% CaO

(c) 10wt.% CaO

(d) 15wt.% CaO

(e) 20wt.% CaO

(f) 23wt.% CaO

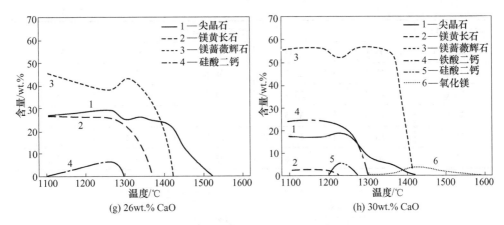

(g) 26wt.% CaO (h) 30wt.% CaO

图 3-12 原料中不同氧化钙含量下炉渣物相含量随温度的变化趋势
（氧化气氛）

此外，从图 3-12 可知，在原料中氧化钙含量 2wt.%～30wt.% 范围内均存在大量尖晶石相。尖晶石具有比其他物相更高的熔点，需要在 1550℃ 温度下才能熔化。这一方面影响到较低温度下液相的生成量，另一方面熔融液相中存在的固相对炉渣高温流动性也会产生不利影响。

在还原焙烧过程中，随着还原时间的延长，红土镍矿中的高价铁氧化物逐级还原成低价铁氧化物和金属铁。假设在高温下 FeO、SiO₂、MgO、Al₂O₃ 及 CaO 等作为渣系组分参与液相生成，且假定氧化亚铁含量为 10wt.%，不同氧化钙含量的渣系成分设计如表 3-13 所示，不同温度下液相生成如图 3-13 所示。相对于氧化气氛下的液相生成，还原气氛下当氧化亚铁含量为 10wt.% 时，不同氧化钙含量炉渣初始液相生成温度均出现一定程度的下降。在氧化钙含量 5wt.%～15wt.% 范围内初始液相生成温度均为 1200℃ 左右，说明氧化亚铁的存在能够降低体系的液相生成温度。对比图 3-12 和图 3-14 可知，氧化亚铁存在对炉渣物相的影响在于，将氧化气氛下存在的大量辉石相转变成镁铁橄榄石相。特别是在氧化钙含量在 23wt.% 时，高温条件下镁铁橄榄石生成量占物相量可超过 80%。

表 3-13 不同氧化钙含量炉渣的成分设计（氧化亚铁含量：10wt.%）

原料中氧化钙含量/wt.%	炉渣成分/wt.%				
	FeO	CaO	SiO₂	MgO	Al₂O₃
2.0	10.0	3.9	51.6	26.1	8.4
5.0	10.0	9.4	48.3	24.4	7.8
10.0	10.0	17.9	43.2	21.9	7.0

续表 3-13

| 原料中氧化钙 | 炉渣成分/wt.% | | | | |
含量/wt.%	FeO	CaO	SiO₂	MgO	Al₂O₃
15. 0	10. 0	25. 7	38. 5	19. 5	6. 2
20. 0	10. 0	33. 2	34. 1	17. 2	5. 5
23. 0	10. 0	37. 5	31. 4	15. 9	5. 1
26. 0	10. 0	41. 9	28. 9	14. 6	4. 7
30. 0	10. 0	47. 8	25. 3	12. 8	4. 1

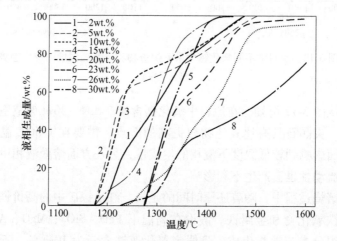

图 3-13　原料中氧化钙含量对炉渣液相生成的影响

（FeO 含量：10wt.%）

　　具体而言，在原料中氧化钙含量为 2wt.% 时，随着温度的升高，炉渣初始液相生成温度为 1225℃ 左右，该温度略高于氧化气氛下红土镍矿初始液相生成温度。对比图 3-12（a）和图 3-14（a）可以发现，这一差异在于当氧化亚铁存在时，高温过程中只有透辉石和钙长石形成共熔相，此共熔相温度的熔点高于透辉石、钙长石和鳞石英形成的共熔相，从而导致其初始熔化温度的提高。

　　当原料中氧化钙含量增加至 5wt.%~15wt.% 时，炉渣初始液相生成温度均降低至 1200℃ 左右。相对于氧化钙含量 2wt.% 而言，在 1200~1350℃ 左右的温度区间内，相同温度下氧化钙含量 5wt.%~15wt.% 炉渣的液相生成量增加，特别是氧化钙含量为 5wt.% 和 10wt.% 的炉渣，在 1250℃ 时其液相生成量已经达到 63% 和 68% 左右，而此温度下氧化钙含量 2wt.% 时的液相生成量仅为 33wt.% 左右（图 3-13 所示）。通过对比图 3-14(a)~(d) 可以发现，上述液相生成量不同的主要原因是由不同氧化钙含量条件下透辉石生成量的差异所致。在氧化钙含量分别为 5wt.% 和 10wt.% 时，透辉石生成量最高超过 18% 和 25%，相应的在 1200~1340℃

左右温度区间的液相生成量最多。

当原料中氧化钙含量超过 20wt.%后，炉渣的初始液相生成温度明显提高，甚至超过氧化钙含量 2wt.%时的初始液相生成温度。在氧化钙含量为 20wt.%~23wt.%时，虽然初始液相生成温度保持在 1275~1300℃，但是从液相生成量曲线可知，在相同温度下，氧化钙含量低时的液相生成量始终高于氧化钙含量较高时。此时液相生成量的不同归因于镁铁橄榄石生成量的差异，氧化钙含量为 20wt.%时，镁铁橄榄石生成量最高达 84%左右，氧化钙含量提高，镁铁橄榄石量下降，在氧化钙含量 23wt.%时生成量下降至 41%左右。显然，镁铁橄榄石生成量的不同导致在 1300~1400℃温度范围内熔化所形成的液相量出现差异。

当原料中氧化钙含量提高至 26wt.%后，高温条件下炉渣中镁铁橄榄石消失，形成的物相主要以镁蔷薇辉石、尖晶石、硅酸二钙和氧化镁等为主，此时的液相初始生成温度降低至 1250℃左右。但是该温度下液相生成量分别低至 0.3%和3%，主要以硅酸二钙熔化为主。随着温度的继续升高，其液相生成量增加趋势明显低于其他氧化钙含量条件下的炉渣。显然，炉渣中过高的氧化钙含量并不利于液相的生成。

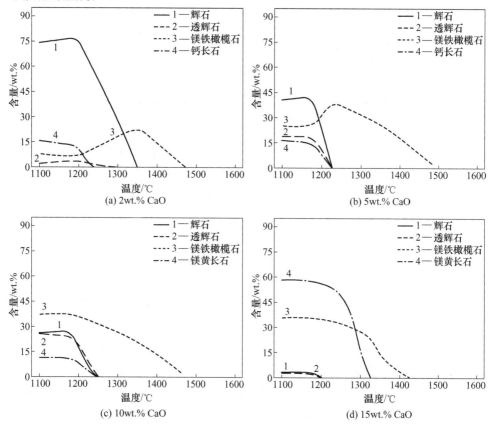

(a) 2wt.% CaO   (b) 5wt.% CaO   (c) 10wt.% CaO   (d) 15wt.% CaO

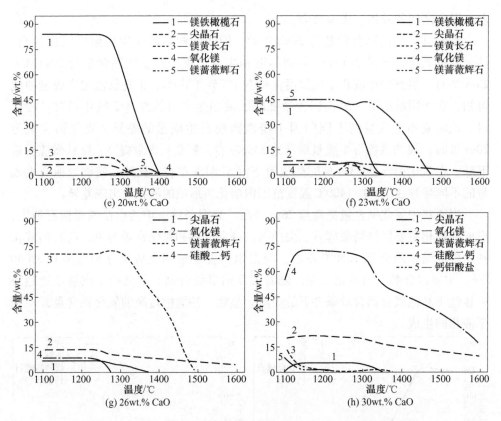

图 3-14　原料中不同氧化钙含量下炉渣物相含量随温度的变化趋势

(FeO 含量：10wt.%)

当然，从图 3-14 所示的各氧化钙含量下炉渣理论物相转变规律可以明确，随着氧化钙含量的增加，过量的氧化钙能够与镁铁橄榄石发生反应，取代镁铁橄榄石中的氧化亚铁将铁释放。特别是在氧化钙含量高于 23wt.% 之后，在图 3-14 （f）~（h）中可以看到一氧化物相（50wt.%~70wt.% FeO）。如果红土镍矿一直保持在还原气氛下焙烧，氧化亚铁将进一步被还原成金属铁。

3.2.2　氧化亚铁的影响

在相同原料中氧化钙含量下，不同氧化亚铁含量的渣系成分设计如表 3-14 和表 3-15 所示，液相生成量随温度的变化趋势如图 3-15 和图 3-16 所示。

从图 3-15 和图 3-16 可以看出，不同氧化亚铁含量对初始液相的生成温度，以及相同温度下液相生成量的影响较大。随着氧化亚铁含量的提高，其初始液相生成温度呈逐渐下降趋势。原料中氧化钙含量 2wt.% 时，氧化亚铁含量为 5wt.% 和 10wt.%，初始液相生成温度为 1225℃ 左右；当氧化亚铁含量为 20wt.% 时，初始液相生成温度下降为 1200℃左右；继续提高氧化亚铁含量至 25wt.%，初始液相生成温度则继续下降到 1175℃左右。当原料中氧化钙含量为 10wt.%，其初始液相生成温度由氧化亚铁含量 0 时的 1250℃下降到氧化亚铁含量为 10wt.%时的 1200℃，继续提高炉渣中氧化亚铁含量，红土镍矿的初始液相生成温度将进一步降低。

表 3-14　不同 FeO 含量炉渣的成分设计（原料中氧化钙含量：2wt.%）

原料中氧化钙含量/wt.%	炉渣成分/wt.%				
	FeO	CaO	SiO_2	MgO	Al_2O_3
2.0	0	4.3	57.4	29.0	9.3
2.0	5.0	4.1	54.5	27.6	8.8
2.0	10.0	3.9	51.6	26.1	8.4
2.0	15.0	3.7	48.8	24.7	7.9
2.0	20.0	3.5	45.9	23.2	7.4
2.0	25.0	3.2	43.0	21.8	7.0

表 3-15　不同 FeO 含量炉渣的成分设计（原料中氧化钙含量：10wt.%）

原料中氧化钙含量/wt.%	炉渣成分/wt.%				
	FeO	CaO	SiO_2	MgO	Al_2O_3
10.0	0	19.9	48.0	24.3	7.8
10.0	5	18.9	45.6	23.1	7.4
10.0	10	17.9	43.2	21.9	7.0
10.0	15	16.9	40.8	20.6	6.6
10.0	20	15.9	38.4	19.4	6.2
10.0	25	14.9	36.0	18.2	5.8

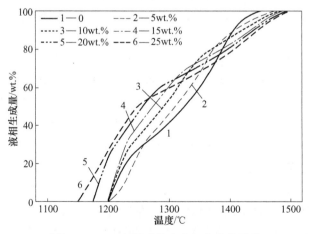

图 3-15　FeO 含量对炉渣液相生成的影响

（原料中氧化钙含量：2wt.%）

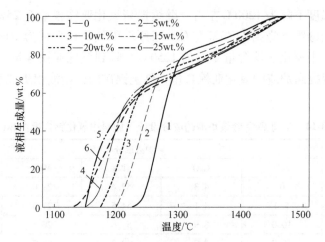

图 3-16　FeO 含量对炉渣液相生成的影响
（原料中氧化钙含量：10wt.%）

　　原料中氧化钙含量 2wt.% 时，不同氧化亚铁含量炉渣中主要物相变化趋势如图 3-17 所示。从图 3-17（a）、（b）中可以看出，在氧化亚铁含量为 0~5wt.% 时，1100~1200℃ 温度下炉渣物相以辉石为主，此外还存在一定数量的透辉石、钙长石、堇青石和鳞石英等物相。随着温度的提高，透辉石以及钙长石、堇青石和鳞石英开始熔化形成液相。待上述物相熔化后，继续升高温度，炉渣液相增加以辉石的熔化为主。

　　当氧化亚铁含量超过 10wt.%，炉渣主要物相为辉石、透辉石、钙长石和橄榄石。鳞石英的消失是由于过量氧化亚铁与之结合形成铁橄榄石或镁铁橄榄石所致。对比图 3-17（c）~（f）可知，随着氧化亚铁含量的增加，辉石含量逐渐减少，橄榄石含量增加。在相对较低的温度下，炉渣液相生成量随着氧化亚铁含量的增加而呈上升趋势，此时以辉石和橄榄石中铁橄榄石、镁铁橄榄石熔化为主。随着辉石完全熔化后，液相生成量的增加主要依靠镁橄榄石的不断熔化。炉渣中氧化亚铁含量越高，镁铁橄榄石相生成量越大，但由于其熔点较高（1898℃），生产操作温度高的条件下也不易熔化成液相。因此，在高温过程中（1300℃ 以上），氧化亚铁含量过高的炉渣中液相生成总量反而少于氧化亚铁含量低的炉渣。

　　从图 3-18 可以发现，在原料中氧化钙含量为 10wt.% 时，不同氧化亚铁含量下初始液相生成温度变化更为显著。随着氧化亚铁含量的提高，其初始液相生成温度随之降低。与原料中氧化钙含量为 2wt.% 时相比，原料中氧化钙含量提高导致辉石生成量减少，橄榄石生成量增加。在相同氧化亚铁含量下，原料中氧化钙含量为 10wt.% 时的橄榄石生成量明显高于原料中氧化钙含量 2wt.% 时。在氧化亚铁含量为 0 时（即铁氧化物全部还原成金属铁时），提高氧化钙含量会导致钙长

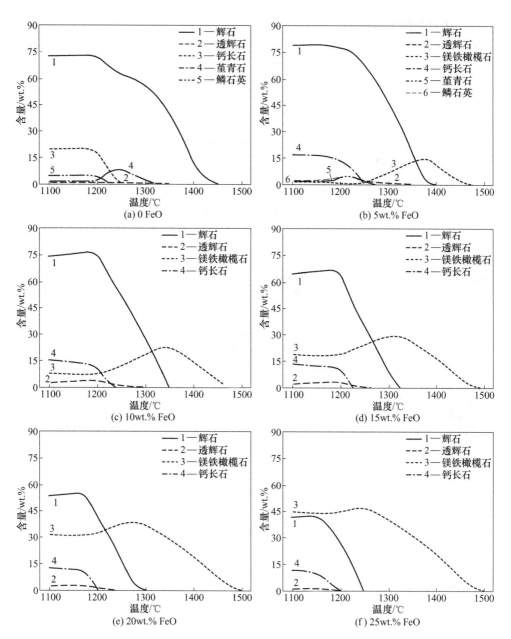

图 3-17　不同 FeO 含量下炉渣物相含量随温度的变化趋势
（原料中氧化钙含量：2wt.%）

石和董青石等物相的消失，初始液相生成温度超过原料中氧化钙为 2wt.% 的情况。在更高的氧化亚铁含量下（10wt.%～25wt.%），如原料中氧化钙含量 10wt.%，其初始液相生成温度均低于原料中氧化钙含量 2wt.% 时的条件，说明橄榄石的形成能够促进液相的生成。

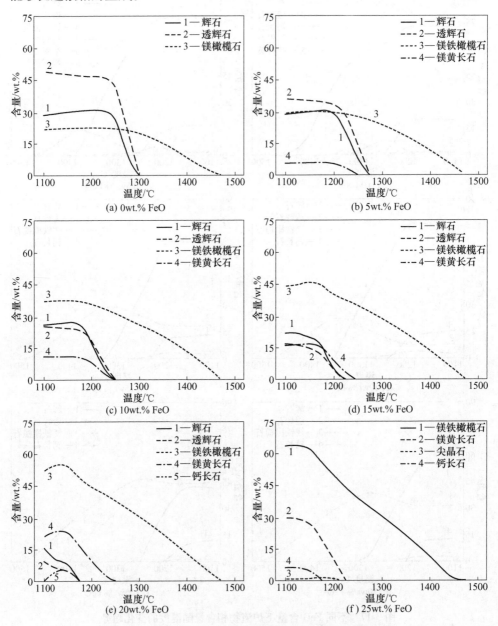

图 3-18　不同 FeO 含量下炉渣物相含量随温度的变化趋势

（原料中氧化钙含量：10wt.%）

综上所述，氧化亚铁的作用主要在于降低红土镍矿还原焙烧过程中的初始熔化温度，以及在相对较低的温度下（小于 1300℃）提高液相生成量，但在更高温度下（高于 1300℃）氧化亚铁对促进液相生成的作用有限。氧化亚铁对液相生成的影响，主要在于改变了高温过程中物相生成，特别是橄榄石相的形成。铁橄榄石、镁铁橄榄石熔点较低，在相对较低的温度下（1200~1300℃）熔化形成液相，氧化亚铁含量的提高有利于液相生成量的增加。镁橄榄石熔点较高，在更高的温度下（超过 1300℃）以镁橄榄石熔化为主，液相生成量增长趋势减缓。

3.2.3 氧化镁的影响

在相同氧化钙和氧化亚铁含量下，不同氧化镁含量炉渣成分设计如表 3-16 和表 3-17 所示，其液相生成量随温度变化如图 3-19 和图 3-20 所示。

表 3-16 不同 MgO 含量炉渣的成分设计（原料中氧化钙含量：2wt.%）

原料中氧化钙含量/wt.%	炉渣成分/wt.%				
	FeO	CaO	SiO_2	MgO	Al_2O_3
2.0	10.0	4.4	58.2	18.0	9.4
2.0	10.0	4.1	54.9	22.0	8.9
2.0	10.0	3.9	51.6	26.0	8.4
2.0	10.0	3.7	48.4	30.0	7.9

表 3-17 不同 MgO 含量炉渣的成分设计（原料中氧化钙含量：10wt.%）

原料中氧化钙含量/wt.%	炉渣成分/wt.%				
	FeO	CaO	SiO_2	MgO	Al_2O_3
10.0	10.0	19.0	45.6	18.0	7.4
10.0	10.0	17.9	43.2	22.0	7.0
10.0	10.0	16.8	40.6	26.0	6.6
10.0	10.0	15.7	38.1	30.0	6.2

从图 3-19 可知，原料中氧化钙含量 2wt.%时，随着氧化镁含量的提高，其初始液相生成温度有所变化。氧化镁含量为 18wt.%、22wt.%和 30wt.%时，初始液相生成温度为 1175℃；当氧化镁含量为 26wt.%时，初始液相生成温度提高至 1200℃。此外，随着氧化镁含量的增加，相同温度下的液相生成量呈现下降趋势。

原料中氧化钙含量 2wt.%时，不同氧化镁含量时炉渣主要物相随温度升高的变化趋势如图 3-21 所示。氧化镁含量为 18wt.%时，1100~1175℃温度下炉渣物相以辉石、钙长石和鳞石英为主，还有少量的透辉石、堇青石和鳞石英。随着温度的提高，透辉石、钙长石、堇青石和鳞石英开始熔化形成液相；随着氧化镁含量的提高，氧化镁与鳞石英反应逐步形成高熔点的辉石和镁橄榄石等物相，导致相同温度下液相生成量减少。

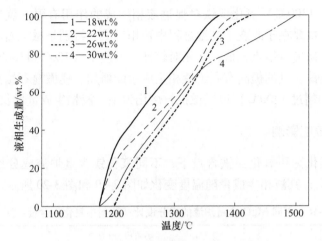

图 3-19　MgO 含量对炉渣液相生成的影响
（原料中氧化钙含量：2wt.%；氧化亚铁含量：10wt.%）

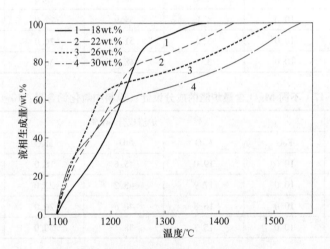

图 3-20　MgO 含量对炉渣液相生成的影响
（原料中氧化钙含量：10wt.%；氧化亚铁含量：10wt.%）

从图 3-20 可知，氧化亚铁含量不变，原料中氧化钙含量增加至 10wt.%后，随着氧化镁含量提高，炉渣的初始液相生成温度相同，为 1100℃。温度低于 1200℃时，随着氧化镁含量的增加，相同温度下炉渣液相生成量呈现增加趋势。但在温度超过 1250℃时，相同温度下的液相生成量则表现为逐渐降低的趋势。

从图 3-22 所示物相含量变化趋势可知，原料中氧化钙含量达到 10wt.%后，不同氧化镁含量炉渣的主要物相及其含量发生明显改变，辉石和透辉石含量减少，镁橄榄石和镁黄长石含量增加。氧化镁含量为 18wt.%时，1100℃炉渣中以辉石、透辉石和镁橄榄石为主，三者含量分别为 40.9wt.%、39.7wt.% 和

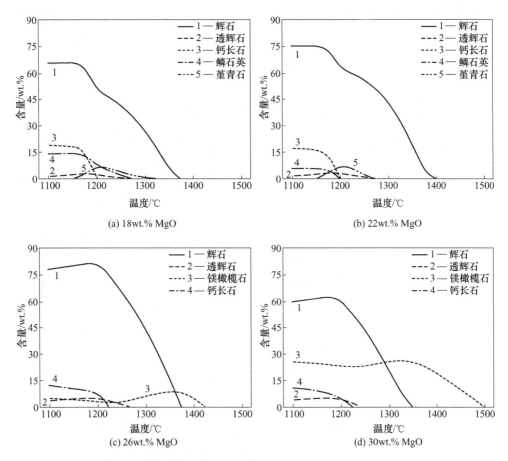

图 3-21　不同 MgO 含量下炉渣物相含量随温度的变化趋势

（原料中氧化钙含量：2wt.%；氧化亚铁含量：10wt.%）

13.6wt.%；氧化镁含量提高到 30wt.% 时，辉石、透辉石和镁橄榄石的含量分别变为 10.1wt.%、10.6wt.% 和 38.5wt.%。当温度超过 1200℃ 后，因炉渣液相的生成主要依赖于镁橄榄石的熔化。因此，在温度超过 1250℃ 后，随着氧化镁含量的增加，相同温度下的液相生成量反而降低。

3.2.4　氧化铝的影响

不同氧化铝含量下炉渣成分设计如表 3-18 和表 3-19 所示，其液相生成量随温度的变化趋势分别如图 3-23 和图 3-24 所示。随着氧化铝含量的提高，炉渣初始液相生成温度呈降低趋势，且在相同温度下的液相生成量逐渐提高。当氧化钙含量为 2wt.%，氧化铝含量为 0 时炉渣初始液相生成温度为 1300℃，氧化铝含量提高至 8wt.% 后，该温度可降低至 1200℃。与此类似，原料中氧化钙含量为

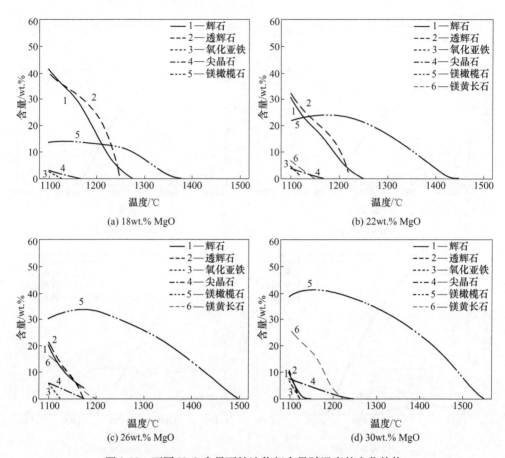

图 3-22　不同 MgO 含量下炉渣物相含量随温度的变化趋势

（原料中氧化钙含量：10wt.%；氧化亚铁含量：10wt.%）

10wt.%时，氧化铝含量为 0 的炉渣液相初始温度达到 1275℃，若氧化铝含量提高至 8wt.%时，初始液相生成温度降至 1175℃，进一步提高氧化铝含量，液相生成量随温度的变化趋势基本一致。

表 3-18　不同氧化铝含量炉渣的成分设计（原料中氧化钙含量：2wt.%；氧化亚铁含量：10wt.%）

原料中氧化钙含量/wt.%	炉渣成分/wt.%				
	FeO	CaO	SiO$_2$	MgO	Al$_2$O$_3$
2.0	10.0	4.3	56.9	28.8	0.0
2.0	10.0	4.1	54.4	27.5	4.0
2.0	10.0	3.9	51.9	26.2	8.0
2.0	10.0	3.7	49.3	25.0	12.0
2.0	10.0	3.5	46.8	23.7	16.0

表 3-19　不同氧化铝含量炉渣的成分设计

（原料中氧化钙含量：10wt.%；氧化亚铁含量：10wt.%）

原料中氧化钙含量/wt.%	炉渣成分/wt.%				
	FeO	CaO	SiO$_2$	MgO	Al$_2$O$_3$
10.0	10.0	19.4	46.9	23.7	0.0
10.0	10.0	18.6	44.8	22.7	4.0
10.0	10.0	17.7	42.7	21.6	8.0
10.0	10.0	16.8	40.6	20.5	12.0
10.0	10.0	16.0	38.5	19.5	16.0

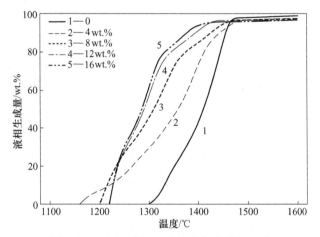

图 3-23　Al$_2$O$_3$ 含量对炉渣液相生成的影响

（原料中氧化钙含量：2wt.%；氧化亚铁含量：10wt.%）

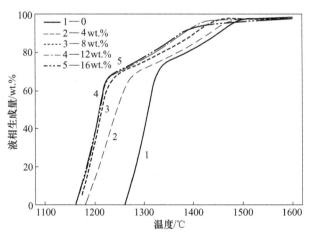

图 3-24　Al$_2$O$_3$ 含量对炉渣的液相生成的影响

（原料中氧化钙含量：10wt.%；氧化亚铁含量：10wt.%）

不同氧化铝含量的炉渣物相变化趋势如图 3-25 和图 3-26 所示。原料中氧化钙含量 2wt.%时，不同氧化铝含量炉渣的主要物相均为辉石相，在其熔化前所占比例最高达 70wt.%以上。除此之外，炉渣中还可能存在透辉石、钙长石、橄榄石、堇青石和鳞石英。随着温度的提高，炉渣中透辉石、钙长石、堇青石和鳞石

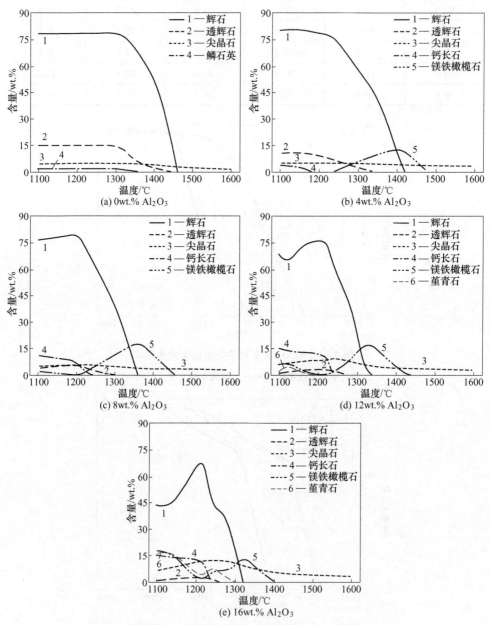

图 3-25 不同 Al_2O_3 含量下炉渣物相含量随温度的变化趋势

（原料中氧化钙含量：2wt.%；氧化亚铁含量：10wt.%）

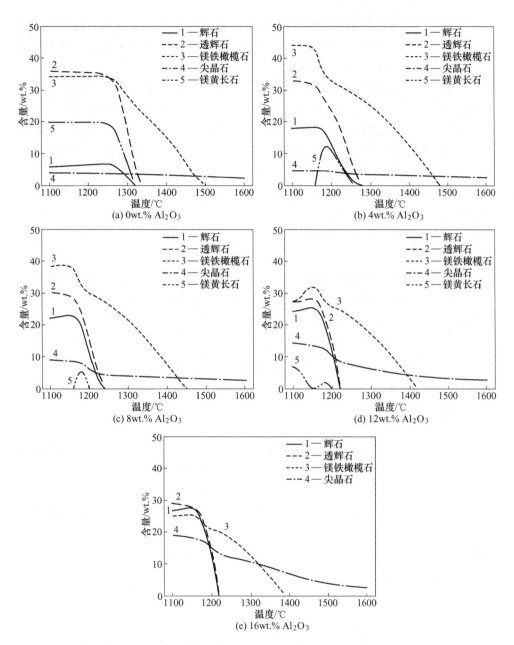

图 3-26 不同 MgO 含量下炉渣物相含量随温度的变化趋势

（原料中氧化钙含量：10wt.%；氧化亚铁含量：10wt.%）

英熔化形成液相。氧化铝含量为 0 时，仅通过透辉石熔化形成液相，导致炉渣初始液相温度较高。当有氧化铝存在时，透辉石与钙长石、堇青石等形成低熔点固溶相，从而炉渣初始液相生成温度出现下降。

原料中氧化钙含量达到 10wt.%，炉渣中辉石相含量明显降低，透辉石及橄榄石相含量提高，并有新的镁黄长石相形成。在氧化铝含量为 0 时，透辉石和镁黄长石生成量分别达到 36wt.% 和 20wt.%，镁铁橄榄石生成量为 34wt.%；随着氧化铝含量的提高，透辉石和镁黄长石生成量下降，辉石含量提高，镁铁橄榄石生成量呈先增后减的趋势。在氧化铝含量为 16wt.% 时，透辉石和镁铁橄榄石生成量分别为 29wt.% 和 28wt.%，镁黄长石消失。不同氧化铝含量炉渣初始液相的生成主要通过透辉石、辉石、镁黄长石、镁铁橄榄石等相熔化。随着氧化铝的增加，上述物相间形成的共熔相熔化温度逐渐下降，初始液相生成温度降低。当温度超过 1300℃，液相的生成主要通过橄榄石和尖晶石相的熔化形成，此时随着温度的提高，液相生成趋势减弱。

3.3　黏度特性

黏度作为炉渣最重要的物化性质之一，其大小能够衡量一定温度下熔体流动性能。在红土镍矿熔炼过程中，炉渣黏度影响镍铁金属在高温炉渣中的沉降，进而影响到镍铁回收率和渣铁分离效果。此外，炉渣黏度对高炉或电炉内部温度分布也产生影响。黏度大的炉渣，冶炼时需要保持较高炉温以利于冶炼顺行。红土镍矿中氧化镁、氧化铝、氧化钙以及氧化亚铁等含量的高低对镍铁生产中炉渣黏度产生明显的影响[10,11]。

3.3.1　氧化钙的影响

假定炉渣中氧化亚铁含量为 10wt.%，由表 3-13 所示不同氧化钙含量炉渣的成分设计结果，根据 Einstein-Roscoe 方程[12] 计算炉渣的理论黏度（如式（3-1）所示），结果如图 3-27 所示。由图可知，在相同氧化亚铁含量条件下，原料中氧化钙含量的改变对不同温度下的炉渣黏度产生明显影响。随着原料中氧化钙含量从 2wt.% 开始逐渐增加，在相对较低的温度下（$T<1400℃$），相同温度时炉渣黏度呈先降低再升高的趋势。在氧化钙含量 10wt.%~23wt.% 范围内黏度下降趋势较为明显，在氧化钙含量 15wt.% 条件下降低趋势最为显著。

$$\text{Viscosity}_{\text{solid+liquid mixture}} \approx \text{Viscosity}_{\text{liquid}} \times (1 - C_{\text{solid fraction}})^{-2.5} \qquad (3\text{-}1)$$

式中　$\text{Viscosity}_{\text{solid+liquid mixture}}$——指定温度下特定组分的黏度，Pa·s；

$\text{Viscosity}_{\text{liquid}}$——指定温度下特定组分形成的液相的黏度，Pa·s；

$C_{\text{solid fraction}}$——指定温度下特定组分中固相所占比例，wt.%。

氧化钙自然含量为 2wt.% 时，其炉渣在温度 1400℃ 条件下黏度为 2.0Pa·s。在氧化钙含量达到 15wt.% 后，温度为 1320℃ 时炉渣黏度下降至 1.1Pa·s。表明氧化钙含量的增加有利于改善炉渣流动性，降低熔炼时炉渣所需温度。氧化钙含量进一步提高将对炉渣黏度的降低产生不利影响。当原料中氧化钙含量增加至

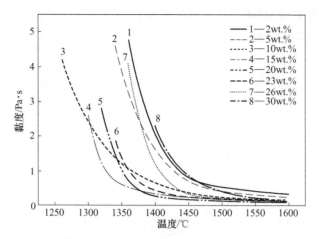

图 3-27　氧化钙对炉渣黏度的影响

（氧化亚铁含量：10wt.%）

30wt.%，温度提高至 1400℃时其炉渣黏度达到 2.3Pa·s，已经超过氧化钙含量为 2wt.%时的炉渣黏度。以炼铁生产中炉渣黏度低于 1Pa·s 的要求为参考，要使红土镍矿冶炼炉渣黏度低于 1Pa·s，要求提高冶炼温度至 1440℃以上。从图 3-27 可知，氧化钙含量 10wt.%~23wt.%范围内较为合适。在此条件下通过控制冶炼温度在 1320~1360℃范围内，能够得到黏度低于 1Pa·s 的炉渣。相对于氧化钙含量 2wt.%时，可降低炉渣熔炼温度 80~120℃。

3.3.2　氧化亚铁的影响

图 3-28 和图 3-29 所示分别为原料中氧化钙含量为 2wt.%和 10wt.%时氧化亚铁对不同温度下炉渣黏度的影响，其炉渣成分设计如表 3-14 和表 3-15 所示。从图中可知，随着炉渣中氧化亚铁含量的增加，不同氧化钙含量的炉渣黏度值均得到降低。在相同温度下，氧化亚铁含量越高，炉渣黏度越低。

在氧化钙自然含量为 2wt.%条件下，当炉渣中氧化亚铁含量为 0 时，其黏度达到 1.2Pa·s 所需温度为 1500℃。当氧化亚铁含量达到 15wt.%和 25wt.%时，只需分别控制温度为 1420℃和 1380℃，炉渣黏度已经下降至 1.0Pa·s 左右。

在氧化钙含量为 10wt.%时，在相同氧化亚铁含量和温度下其炉渣黏度相对于氧化钙含量为 2wt.%时进一步下降，但氧化亚铁对炉渣黏度的影响规律仍然一致：氧化亚铁含量为 0 时，需要控制温度 1400℃以上才能使炉渣黏度低于 1.0Pa·s，提高氧化亚铁含量至 15wt.%和 25wt.%，炉渣黏度低于 1.0Pa·s 时所需温度仅为 1340℃和 1300℃。需要说明的是，上述黏度理论计算时考查的氧化亚铁含量范围较大，实际生产过程中由于红土镍矿中铁品位较低（全铁品位

15wt.%~25wt.%），以镍铁产品中铁回收率在60%~70%左右进行估算，在最终的炉渣中氧化亚铁含量难以达到20wt.%以上。

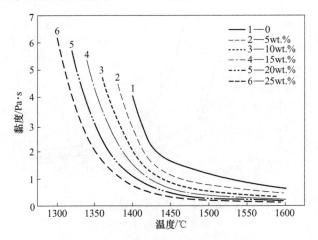

图 3-28 氧化亚铁对炉渣黏度的影响

（原料中氧化钙含量：2wt.%）

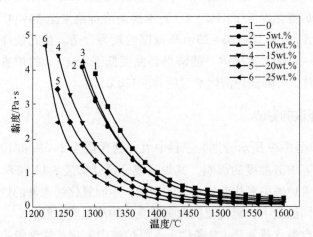

图 3-29 氧化亚铁对炉渣黏度的影响

（原料中氧化钙含量：10wt.%）

3.3.3 氧化镁的影响

图 3-30 和图 3-31 所示为氧化镁含量对炉渣黏度的影响，其炉渣成分设计如表 3-16 和表 3-17 所示。从图中可知，随着炉渣中氧化镁含量的增加，不同氧化钙含量的炉渣黏度的变化有所差别。在氧化钙自然含量为 2wt.% 条件下，氧化镁含量的变化对炉渣黏度的影响较大，随着氧化镁含量的提高，相同温度下炉渣黏

度呈下降趋势。如在1500℃时，氧化镁含量18wt.%时炉渣黏度为1.42Pa·s，氧化镁含量提高至30wt.%后，炉渣黏度值降至0.35Pa·s。

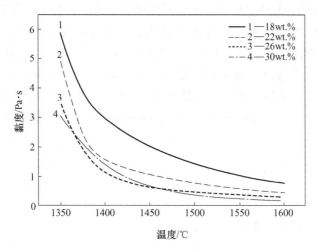

图 3-30　氧化镁对炉渣黏度的影响

（原料中氧化钙含量：2wt.%；氧化亚铁含量：10wt.%）

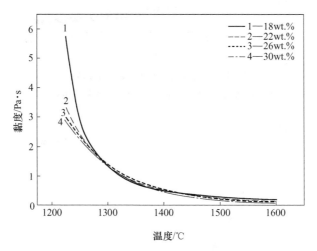

图 3-31　氧化镁对炉渣黏度的影响

（原料中氧化钙含量：10wt.%；氧化亚铁含量：10wt.%）

当原料中氧化钙含量为10wt.%时，氧化镁含量的变化对炉渣黏度的影响明显减小，特别是温度超过1250℃后，不同氧化镁含量的炉渣黏度基本一致。在1325℃时，氧化镁含量由18wt.%提高至30wt.%，各条件炉渣的黏度分别为0.97Pa·s、1.02Pa·s、1.07Pa·s和1.10Pa·s。

3.3.4 氧化铝的影响

在 CaO-MgO-SiO$_2$-Al$_2$O$_3$ 渣系中，氧化铝含量增加有利于改善炉渣熔化性质，降低体系熔化温度。如图 3-32 和图 3-33 所示，氧化铝含量的提高对炉渣黏度的影响有限。相对而言，当氧化钙含量较低时（图 3-32 所示），在温度低于 1460℃ 条件下，氧化铝含量改变对炉渣黏度有一定的影响。主要表现为，在相同温度下，随着氧化铝含量的增加其炉渣黏度逐渐下降。温度高于 1460℃ 时，随着氧化铝含量的增加，炉渣黏度略有增大，但不同氧化铝含量的炉渣黏度差别较小。

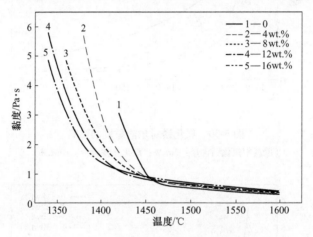

图 3-32　氧化铝对炉渣黏度的影响

（原料中氧化钙含量：2wt.%；氧化亚铁含量：10wt.%）

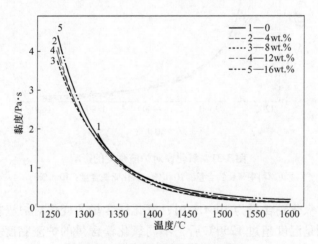

图 3-33　氧化铝对炉渣黏度的影响

（原料中氧化钙含量：10wt.%；氧化亚铁含量：10wt.%）

　　表 3-20 所示为不同氧化铝含量下炉渣液相生成量及液相黏度随温度的变化趋势。从表中数据可以解释图 3-32 和图 3-33 中相同温度下炉渣黏度随氧化铝含量增加而降低原因在于氧化铝含量的提高对较低温度下炉渣液相生成有利。氧化铝的加入有利于形成低熔点的堇青石，在相对较低温度下转变形成液相，从而降低炉渣黏度。

　　对比表 3-20 所示液相中主要成分含量及其液相黏度值可以发现，随着温度的升高，在液相生成量接近的情况下，液相中氧化铝含量增加，其黏度值反而有所提高。由此可知，氧化铝主要作用在于改善红土镍矿熔化性质，从而降低炉渣黏度，但对完全熔融后炉渣黏度降低的作用有限。

表 3-20　不同氧化铝含量下炉渣液相生成量及液相黏度随温度的变化趋势

初始条件/wt.%		液相主要组分/wt.%					温度/℃	液相含量/wt.%	液相黏度/Pa·s	炉渣黏度/Pa·s
原料中 CaO	Al_2O_3	FeO	SiO_2	MgO	Al_2O_3	CaO				
2	0	12.8	56.0	21.4	0.0	8.3	1400	42.3	0.89	7.6
	8	10.1	53.3	22.2	9.3	4.5		84.4	1.33	2.0
	16	10.1	47.6	22.9	15.4	3.6		94.4	1.15	1.3
2	0	10.1	56.2	28.0	0	4.3	1460	97.4	0.59	0.63
	8	9.9	51.7	25.5	8.2	3.9		96.4	0.64	0.70
	16	10.0	47.0	22.9	15.9	3.6		95.6	0.76	0.85
10	0	12.7	46.7	12.6	0	27.6	1300	38.0	0.68	7.7
	8	9.7	42.9	13.1	10.1	23.9		74.5	1.03	2.2
	16	10.3	41.2	13.2	13.9	21.3		76.5	1.21	2.4
10	0	9.9	47.3	18.0		24.1	1400	81.3	0.39	0.65
	8	10.0	42.2	18.1	8.7	20.5		88.8	0.43	0.58
	16	10.2	39.5	18.2	14.0	17.8		93.0	0.49	0.59

　　综上所述，通过调节氧化钙、氧化镁、氧化铝和氧化亚铁含量，能够有效降低炉渣黏度。相对于氧化铝和氧化镁，改变氧化钙和氧化亚铁对炉渣黏度的调控作用更为明显。

　　为验证上述组分对炉渣黏度影响规律，通过制备具有不同组分含量的实际炉渣（主要组分如表 3-21 所示），按内柱体旋转法对实际炉渣黏度进行表征。

　　图 3-34 为氧化钙含量变化对炉渣黏度的影响，所示编号与表 3-21 中编号相对应。在炉渣中氧化钙含量相对较低的条件下（CaO=2.0wt.%），相同温度下测得的炉渣黏度均处于最高值，而且随着温度的升高，炉渣黏度下降趋势也较为缓慢。在温度 1400℃时，氧化钙含量为 2.0wt.% 的炉渣黏度值为 2.4Pa·s，提高温度至 1500℃，其黏度值才下降至 1.1Pa·s。

表 3-21 不同炉渣的主要化学成分

No.	化学组分/wt.%				
	FeO	CaO	MgO	Al$_2$O$_3$	SiO$_2$
1	8.1	2.0	25.7	8.2	41.7
2	4.7	12.0	22.4	8.5	36.5
3	2.7	24.0	20.8	6.3	33.6
4	9.2	14.1	21.3	6.5	34.8
5	2.5	13.7	23.9	7.5	38.9
6	8.5	2.4	23.8	10.9	38.9
7	2.5	13.7	22.5	10.3	36.5

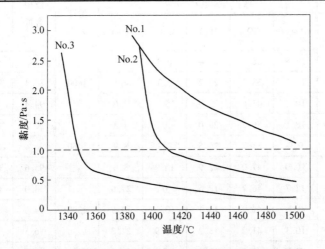

图 3-34 不同氧化钙含量下炉渣黏度随温度的变化趋势

随着氧化钙含量的提高，相同温度下炉渣黏度出现明显降低。在较窄的温度区间内，炉渣黏度值有一个急剧下降的过程。当氧化钙含量达到 12wt.%，在温度 1390℃ 时，炉渣黏度值高达 2.8Pa·s。温度提高至 1410℃ 后，其黏度值便迅速下降至 0.98Pa·s；进一步提高氧化钙含量至 24wt.%，在 1350℃ 温度下炉渣黏度值仅为 0.83Pa·s。该结果表明，提高炉渣中氧化钙含量能够在更低的熔炼温度下得到较为理想的炉渣黏度，从而降低红土镍矿熔炼炉渣所需温度。考虑到熔炼过程中炉渣黏度一般要求低于 1.0Pa·s，对于氧化钙含量 2wt.% 的炉渣其熔炼温度要求达到 1500℃ 以上，当氧化钙含量提高至 12wt.% 和 24wt.%，此时炉渣熔炼温度可分别下降至 1410℃ 和 1350℃，降低幅度分别达到 90℃ 和 150℃ 以上。该结果与 3.3.1 节炉渣理论计算结果基本保持一致。

表 3-21 中编号 2、4 和 5 所示为不同焦粉配比下预还原-熔炼后的炉渣组分，其主要差别在于铁氧化物还原程度不同导致炉渣氧化亚铁含量的区别。如图 3-35

所示，随着氧化亚铁含量的增加，相同温度下炉渣黏度呈逐渐下降趋势。其中，在温度相对较低的条件下（温度低于1420℃时），氧化亚铁对炉渣黏度的影响相对于较高温度（温度高于1420℃）时更为显著。以1410℃和1500℃温度下不同氧化亚铁含量炉渣的黏度为例，氧化亚铁分别为2.5wt.%、4.7wt.%和9.2wt.%时（如表3-21所示），在1410℃温度时炉渣黏度为0.64Pa·s、0.98Pa·s和1.95Pa·s。当温度达到1500℃，上述不同氧化亚铁含量炉渣的黏度非常接近，分别为0.40Pa·s、0.46Pa·s和0.54Pa·s。

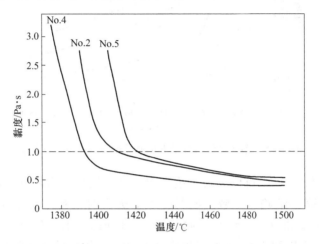

图 3-35　不同氧化亚铁含量下炉渣黏度随温度的变化趋势

从氧化亚铁对炉渣黏度影响可知，适当提高炉渣中氧化亚铁含量可以降低熔炼时所需温度。在炉渣氧化亚铁为2.5wt.%时，需要控制炉渣温度1420℃以上才能保证其具有良好的流动性。提高氧化亚铁含量至9.2wt.%，冶炼时炉渣所需温度最低下降至1395℃，降低幅度为25℃。在生产过程中，一般通过控制红土镍矿铁含量及焦炭配入量实现炉渣氧化亚铁含量的调控。

在其他主要组分含量基本不变的条件下（见表3-21），氧化铝对炉渣黏度的影响如图3-36所示。氧化钙配加量相同时，相同温度时炉渣黏度随氧化铝含量的增加而降低。在不配加氧化钙和氧化铝的条件下（No.1），红土镍矿熔炼后制备的炉渣（氧化铝含量为8.2wt.%）黏度在1500℃时超过1.1Pa·s；配加一定量氧化铝后（No.6），在炉渣氧化铝含量为10.9wt.%时，1500℃温度下其黏度降低至0.82Pa·s，炉渣黏度低于1.0Pa·s时温度为1470℃。表明适当提高氧化铝含量同样能够降低熔炼温度。

同时提高炉渣氧化钙含量后，氧化铝含量变化对炉渣黏度的影响基本一致。在氧化钙和氧化铝含量分别为12.0wt.%和8.5wt.%时（No.2），温度超过1410℃后炉渣黏度值低于0.98Pa·s；提高氧化铝含量至10.3wt.%（No.7），此时炉渣在温度1380℃下黏度为0.95Pa·s。相对于不配加氧化铝条件时，提高炉渣氧化铝含量能够降低其熔炼温度约30℃。

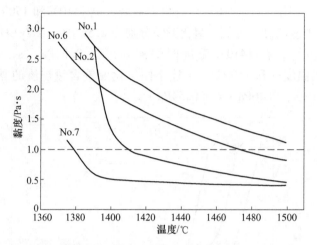

图3-36　不同氧化铝含量下炉渣黏度随温度的变化趋势

进一步分析图3-36可以发现，适当配入氧化钙后，不同氧化铝含量炉渣黏度随温度的升高逐渐趋于一致。如温度为1400℃时，氧化铝含量为8.5wt.%和10.3wt.%（No.2和No.7所示）的炉渣黏度分别达到1.28Pa·s和0.51Pa·s，二者之间黏度值相差较大；当温度提高至1500℃，炉渣黏度分别为0.46Pa·s和0.41Pa·s，二者基本一致，且与上述黏度理论计算结果相似。

通过上述炉渣黏度分析表明，在合理的渣系成分及含量下，能够在相对较低的熔炼温度下满足冶炼过程对炉渣黏度的要求，熔炼炉渣温度最低可以达到1380℃左右。但需要说明的是，红土镍矿实际熔炼过程中，同时需要满足镍铁金属相熔化所需条件。炼铁生产中，铁水温度对其高温流动性以及后续渣铁分离具有明显影响。铁水熔炼温度受铁水中硅、碳、铬等杂质组分含量影响较大，生产中铁水温度普遍要求1400~1500℃，部分甚至超过1500℃[13,14]。另一方面，相对于炉渣温度，冶炼时铁水温度较炉渣温度低30~50℃。因此，为达到熔炼过程中对铁水温度的要求，实际操作温度将高于熔炼炉渣温度。

3.4　渣系调控技术内涵

在红土镍矿电炉冶炼镍铁的工艺中，要求物料在高温条件下完全熔化、熔体保持良好的流动性等以利于镍铁在熔渣中的沉降及后续渣铁分离。由于红土镍矿低铁、高硅、高镁物化特性，高温加工时易形成大量高熔点物质，液相难以生成，熔炼过程中渣量大、冶炼温度高、工艺能耗高。

要解决熔炼存在的上述主要问题，关键在于对冶炼渣系的合理调控及优化。

传统的以镁硅质量比为依据的红土镍矿还原熔炼渣型未综合考虑钙、铝、亚铁等组分对炉渣性质的影响，难以有效指导生产实际。通过调节氧化钙、氧化亚铁等组分含量实现炉渣低熔点相的转变，显著改善红土镍矿冶炼炉渣的熔体性质；适当提高氧化钙、氧化铝及氧化亚铁等组分含量对炉渣流动性也将产生积极作用。由此，基于红土镍矿成分及还原熔炼工艺特点，提出以低熔点透辉石和镁铁橄榄石为主要物相的还原熔炼新渣型替代原来以辉石和镁铁橄榄石为主要物相的渣型，开发出以控制预还原焙砂及终渣氧化亚铁含量为核心、以调节四元碱度（w（CaO+MgO）/w（SiO$_2$+Al$_2$O$_3$））为主要手段的渣系调控技术替代现有生产中仅以镁硅质量比为主的调控方式[15]，从而降低回转窑预还原焙砂在电炉内的熔化温度、提高熔化速度，降低电炉操作温度，改善渣铁分离效果、提高金属回收率。

3.5 渣系调控新技术在 RKEF 工艺中的应用

首先通过实验室小型试验对主要参数如焦粉配比、炉渣碱度、熔炼温度及时间进行优化，确定适宜的炉渣成分含量及其对冶炼温度、金属回收率等的影响规律。红土镍矿等原料性质见 2.4.1.1 节。

3.5.1 焦粉配比

红土镍矿中配入一定比例焦粉后进行预还原焙烧，焙砂中镍、铁金属化率及残碳量结果如图 3-37 所示。随着焦粉配比由 5.5wt.% 增加至 9.5wt.%，镍、铁金属化率明显提高，镍金属化率从 58.7% 增加到 77.0%，铁金属化率从 8.2% 增加

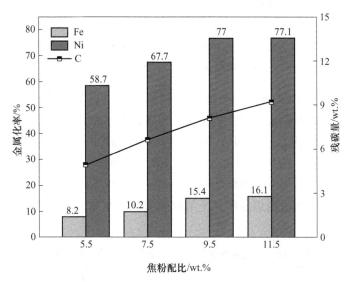

图 3-37 不同焦粉配比下红土镍矿预还原焙砂的镍和铁金属化率和残碳量

（预还原温度：950℃；预还原时间：120min）

到 15.4%。继续提高焦粉配比对红土镍矿镍、铁金属化率影响不大，但预还原焙砂中残碳量有所区别。随着焦粉配比从 5.5wt.%增加至 11.5wt.%，残碳量由 4.9wt.%增加至 9.2wt.%，这部分残碳将用于后续电炉熔炼。

在上述不同焦粉配比下得到的红土镍矿预还原焙砂中，配入氧化钙调整四元碱度至 0.8（炉渣四元碱度 0.74）后进行熔炼。焦粉配比对镍铁合金镍、铁品位及回收率影响如图 3-38 所示。随着焦粉配比的提高，镍铁中镍品位逐渐降低，铁品位增加，焦粉配比为 5.5wt.%时，镍铁产品中镍含量 13.1wt.%，铁含量为 85.6wt.%，镍、铁回收率分别为 96.1%和 52.7%。表明在较低的焦粉配比下，虽然红土镍矿中镍氧化物得到了充足的还原，但铁氧化物还原程度较低。

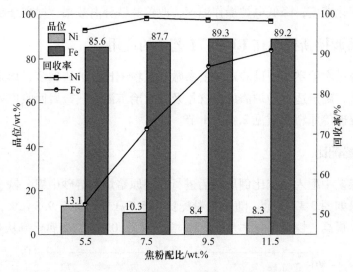

图 3-38　焦粉配比对镍铁冶炼指标的影响
（熔炼温度：1500℃；熔炼时间：30min）

随着焦粉用量的增加，红土镍矿中铁氧化物的还原被强化（如表 3-22 所示），金属铁生成量增加，镍铁中铁含量升高，镍品位逐渐降低。此时，镍铁合金中铁回收率不断提高，镍回收率增加幅度相对较小。当焦粉配比为 7.5wt.%时，镍铁合金中镍、铁品位分别达到 10.3wt.%和 87.7wt.%，回收率分别提高至 99.1%和 71.3%。当焦粉用量增至 11.5wt.%，合金中镍、铁品位及镍回收率略有下降，其原因可能在于高焦粉配比下氧化铬等其他金属氧化物部分被还原进入合金所致。

表 3-22　不同焦粉配比时炉渣中 FeO 含量的变化趋势

焦粉配比/wt.%	5.5	7.5	9.5	11.5
FeO 含量/wt.%	13.5	7.6	3.3	2.8

3.5.2 炉渣碱度

不同四元碱度下红土镍矿熔炼镍铁指标如图 3-39 所示。随着炉渣四元碱度的提高，镍铁产品中镍品位及其回收率有所波动。在炉渣四元碱度 0.65 时，得到的镍铁中镍含量为 9.6wt.%、回收率为 95.9%。炉渣四元碱度达到 0.74，镍品位及回收率分别提高至 10.3wt.% 和 99%。继续提高炉渣四元碱度，镍铁产品中镍品位略有下降。这是由于随着氧化钙的加入，铁氧化物还原有所强化，更多金属铁进入合金所致。综合考虑镍铁中镍品位及其回收率，炉渣四元碱度范围控制在 0.74~0.78 之间较为合适。

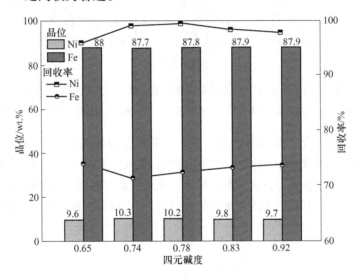

图 3-39 炉渣四元碱度对镍铁冶炼指标的影响

(焦粉配比：7.5wt.%；熔炼温度：1500℃；熔炼时间：30min)

在三元碱度($R_3 = m(CaO+MgO)/mSiO_2$)一定的条件下，炉渣氧化铝含量对镍铁合金中镍、铁品位及其回收率的影响如图 3-40 所示。

由图 3-40 可知，随着炉渣中氧化铝含量从 6.5wt.% 提高到 9.4wt.%，镍铁中镍、铁品位及其回收率均有所提高，镍品位及其回收率分别由 10.0wt.% 和 93.1% 增加至 10.1wt.% 和 93.9%。说明适当提高炉渣中氧化铝含量对镍铁生产有利。继续提高炉渣中氧化铝含量，镍铁中镍品位及镍回收率呈下降趋势。当炉渣氧化铝含量提高到 14.8wt.%，镍铁中镍品位及镍回收率分别降低至 9.6wt.% 和 91.6%。

随着炉渣四元碱度从 0.65 增加到 0.92，还原熔炼所得镍铁合金的镍品位及回收率先逐渐升高，其后略有降低。不同四元碱度炉渣 XRD 分析结果如图 3-41 所示。在炉渣四元碱度为 0.65 和 0.68 时，炉渣物相组成以镁铁橄榄石和顽火辉石为主，炉渣流动性较差，提高炉渣碱度至 0.74 时，炉渣的组成趋于合理，物

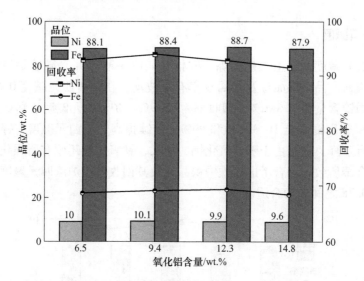

图 3-40　炉渣 Al_2O_3 含量对镍铁中镍、铁品位及回收率的影响

（焦粉配比：7.5wt.%；预还原温度：950℃；预还原时间：120min；熔炼温度：1450℃；熔炼时间：30min）

相有较为明显的变化，形成较多透辉石、镁铁橄榄石组成的低共熔点相，且随着炉渣碱度的提高而增多，使炉渣的熔点降低，流动性得到改善，被还原的镍铁金属在渣中的传质更加充分，夹杂损失减小，从而镍品位及回收率都随之增加。增加到一定程度后略有下降的原因可能是渣量过大导致机械夹杂和溶解损失相对增多。

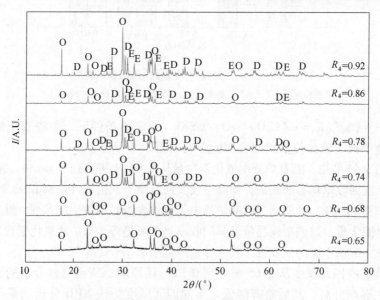

图 3-41　不同四元碱度炉渣的 XRD 分析结果

（焦粉配比：6.6wt.%；预还原温度：950℃；预还原时间：120min；熔炼温度：1500℃；熔炼时间：30min）

D—透辉石；E—顽火辉石；O—镁铁橄榄石

在较低冶炼温度和四元碱度下，适当增加渣中 Al_2O_3 含量可以促进渣中液相的生成，但不宜过高。在渣量和碱度得到控制的条件下，渣中 Al_2O_3 含量由 6.51wt.%增加至 9.38wt.%，还原熔炼所得镍铁合金的镍品位及回收率略有增长，而渣中 Al_2O_3 含量超过 9.38wt.%则开始下降。

不同氧化铝含量炉渣 XRD 结果如图 3-42 所示，随着渣中 Al_2O_3 含量由 6.51wt.%增至 9.38wt.%，渣中高熔点的镁橄榄石物相有所减少，低熔点的透辉石有所增加，炉渣熔点有所降低。表明适当增加炉渣中 Al_2O_3，在相对较低的温度下（1450℃）可促进更多液相的生成，有利于改善渣的流动性，提高镍铁金属品位及回收率。Al_2O_3 含量继续增加到 12.29wt.%时，炉渣中开始出现高熔点的镁铝尖晶石物相，导致炉渣熔点升高。以上结果表明，炉渣中 Al_2O_3 含量超过 9.38wt.%将逐渐恶化还原熔分条件，导致冶炼的镍铁合金中镍品位及回收率下降。从炉渣的物相分析来看，炉渣中 Al_2O_3 含量在 6.51wt.%~9.38wt.%之间是比较合适的，此时炉渣四元碱度范围控制在 0.74~0.78 之间。

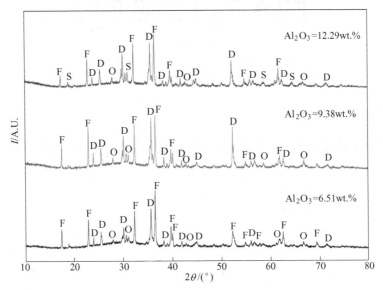

图 3-42　不同氧化铝含量炉渣的 XRD 分析结果

（焦粉配比：6.6wt.%；预还原温度：950℃；预还原时间：120min；熔炼温度：1450℃；熔炼时间：30min）

D—透辉石；O—镁铁橄榄石；F—镁橄榄石；S—尖晶石

3.5.3　熔炼温度

熔炼温度对镍铁中镍、铁品位及其回收率的影响如图 3-43 所示。适当提高熔炼温度对镍铁中镍品位及其回收率有利。当熔炼温度从 1450℃升高至 1500℃，镍铁产品中镍品位和回收率分别由 10wt.%和 93.1%增加至 10.3wt.%和 99%；继续提高熔炼温度对镍铁中镍品位和回收率没有明显影响。在合适的炉渣四元碱度条件下，熔炼温度在1500℃时能够保证炉渣良好的流动性，镍铁在高温熔渣中可以顺利沉降，渣铁分离效果好。

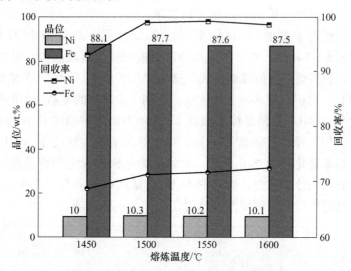

图 3-43　熔炼温度对镍铁冶炼指标的影响

（焦粉配比：7.5wt.%；炉渣四元碱度：0.74；熔炼时间：30min）

3.5.4　熔炼时间

熔炼时间其对镍铁产品中镍、铁品位及其回收率的影响如图 3-44 所示。从图

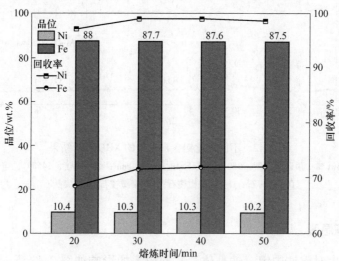

图 3-44　熔炼时间对镍铁冶炼指标的影响

（焦粉配比：7.5wt.%；炉渣四元碱度：0.74；熔炼温度：1500℃）

中可知，镍铁合金中镍、铁品位随着熔炼时间延长略有降低，镍铁回收率的变化表现为随着熔炼时间增加呈现先提高再趋于稳定的规律。熔炼时间从 20min 增加到 30min，镍铁产品中镍回收率由 97.2% 提高至 99%，铁的回收率从 68.7% 增至 71.7%，继续延长熔炼时间，镍铁回收率没有明显改变。

综上所述，实验室规模的预还原-熔炼试验表明，在焦粉配比 7.5wt.%、预还原温度 950℃、预还原时间 120min、熔炼温度 1500℃、熔炼时间 30min、炉渣碱度 0.74（表 3-23）的适宜还原熔炼条件下，可以制备出镍、铁品位分别为 10.3wt.% 和 87.7wt.% 的镍铁产品，镍回收率达到 99%。

表 3-23　炉渣的主要化学成分　　　　　　　　（wt.%）

FeO	CaO	MgO	Al$_2$O$_3$	SiO$_2$
7.6	15.9	21.9	7.1	43.9

3.6　半工业试验

3.6.1　试验原料

半工业试验所用的原料包括红土镍矿、烟煤、兰炭和石灰石等。

3.6.1.1　红土镍矿

红土镍矿原料由两种不同类型红土镍矿原矿按 1∶1 比例混合而成。两种红土镍矿主要化学成分如表 3-24 所示，其中红土镍矿 A 中镍含量为 1.7wt.%，全铁含量为 20.6wt.%，氧化镁、二氧化硅含量较高，分别达到 12.1wt.% 和 34.8wt.%，该矿属于高品位腐泥土型红土镍矿。红土镍矿 B 中镍、全铁品位分别为 0.8wt.% 和 47.8wt.%，氧化镁、二氧化硅含量较低，为 1.5wt.% 和 3.5wt.%，氧化铝含量较高（7.1wt.%），该矿属于低品位褐铁矿型红土镍矿。二者按 1∶1 比例混合后的匀矿中镍、铁品位分别为 1.3wt.% 和 34.2wt.% 左右，铁镍比接近 28。匀矿中氧化钙、氧化镁、氧化铝和氧化硅含量分别为 1.5wt.%、6.8wt.%、4.9wt.% 和 19.3wt.%。匀矿镁硅质量比和四元碱度分别为 0.35 和 0.34 左右。镁硅质量比和自然碱度偏低，直接冶炼时难以获得合适的渣型。

表 3-24　半工业试验所用红土镍矿的主要化学成分　　　　（wt.%）

成　分	Ni	TFe	CaO	MgO	Cr$_2$O$_3$	SiO$_2$	Al$_2$O$_3$	LOI
红土镍矿 A	1.7	20.6	1.5	12.1	0.4	34.8	2.8	11.2
红土镍矿 B	0.8	47.8	1.5	1.5	1.1	3.5	7.1	13.4

3.6.1.2　烟煤

烟煤主要用于红土镍矿干燥和预还原过程中提供热量，也是作为预还原窑中的还原剂使用。烟煤粒径为 20~40mm，其工业分析结果如表 3-25 所示，烟煤灰分的主要化学成分见表 3-26。由表 3-25 和表 3-26 可知，烟煤中固定碳含量为 49.8wt.%，挥发分为 33.3wt.%，灰分为 13.8wt.%，焦渣特性 3，具有黏结性，灰分软熔温度相对较高，超过 1220℃。另外，测得烟煤热值为 28.3kJ/kg。

表 3-25　半工业试验所用烟煤的工业分析（空气干燥基）

工业分析/wt.%				焦渣特性	灰分熔点/℃		
M_{ad}	A_d	V_{daf}	FC_{ad}		ST	HT	FT
3.1	13.8	33.3	49.8	3	1220	1250	1270

注：M_{ad}—水分；A_d—干基灰分；V_{daf}—挥发分；FC_{ad}—固定碳含量；ST—软化温度；HT—半球温度；FT—流动温度。

表 3-26　半工业试验所用烟煤灰分的主要化学成分　　　（wt.%）

Fe_2O_3	SiO_2	Al_2O_3	CaO	Na_2O	MgO
9.1	57.5	18.0	2.1	1.1	2.0

3.6.1.3　兰炭

兰炭主要用于红土镍矿电炉熔炼过程中镍、铁氧化物的还原。兰炭粒径为 20~40mm，其工业分析如表 3-27 所示，兰炭灰分的化学成分见表 3-28。由表中结果可知，兰炭的固定碳含量为 80.7wt.%，挥发分为 4.3wt.%，灰分为 9.5wt.%，焦渣特性为 2，基本没有黏结性，满足冶炼要求。灰分软熔温度相对较低，为 1170℃。

表 3-27　半工业试验所用兰炭的工业分析（空气干燥基）

工业分析/wt.%				焦渣特性	灰分熔点/℃		
M_{ad}	A_d	V_{daf}	FC_{ad}		ST	HT	FT
5.46	9.48	4.33	80.73	2	1120	1140	1170

表 3-28　半工业试验所用兰炭灰分的主要化学成分　　　（wt.%）

Fe_2O_3	SiO_2	Al_2O_3	CaO	Na_2O	MgO
8.7	54.0	14.7	10.7	0.8	1.8

3.6.1.4　石灰石

石灰石用于调节熔炼炉渣四元碱度。粒度不均匀，其中 60%~70% 颗粒直径小于 1mm。石灰石中 CaO 含量为 86wt.% 左右。

3.6.2　试验流程

半工业试验采用典型 RKEF 工艺流程，具体包括红土镍矿干燥脱水、预还原焙烧和电炉熔炼三个部分，其工艺流程如图 3-45 所示。

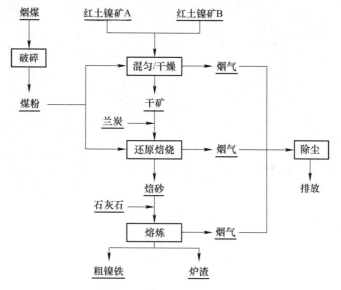

图 3-45　半工业试验流程图

具体试验的方法为：

（1）红土镍矿 A 和红土镍矿 B 以质量比 1∶1 进行配矿后，进入干燥窑内干燥脱水。干燥窑在窑头引入热空气，通过顺流的形式实现对湿矿的干燥。由窑头进料，干燥温度为 800~850℃，窑尾出料，出料温度低于 90℃。

（2）干矿配入一定比例兰炭后，进入还原窑内进行预还原焙烧。还原窑采用逆流的形式对物料进行焙烧和预还原。预还原温度为 800~950℃，最高温度不超过 1000℃，还原时间 1~2h；兰炭配入量为干矿质量的 8.5wt.%~13.5wt.%；窑尾进料速度为 800~1000kg/h。

干燥窑和还原窑的燃料是由磨煤机提供的煤粉，煤粉通过喷吹的形式直接供给干燥窑或还原窑使用。煤粉喷入量为干矿质量的 12wt.%~15wt.% 左右。

（3）经预还原焙烧后的焙砂热装进入料斗，还原焙砂温度保持在 500~700℃，按一定比例配加石灰石后进入电炉熔炼。熔炼温度范围为 1550~1600℃，时间 4~10h。熔炼完成后渣、铁由同一出铁口放出进入钢包，待冷却后分离。

（4）干燥窑、回转窑、电炉三者产生的烟尘均通过布袋除尘后进行排放。

半工业试验主要设备如图 3-46 所示，主要的设备参数如下：

干燥窑：$\phi 1m \times 10m$；

还原窑：$\phi 1.5m \times 12.5m$；

电炉：炉壳直径3.5m，内径2.5m，高度2.5m。电极采用石墨电极，电极直径250mm，电阻5.0Ω。电炉采用三电极作业，电极极心圆直径1.0m。

图 3-46　半工业试验主要设备图

3.6.3　试验结果

四元碱度调控通过在预还原料中配入石灰石完成，石灰石配入量（5wt.% ~ 10wt.%）以干矿质量比计算。炉渣主要组分及其含量见表3-29。

表 3-29　半工业试验部分批次炉渣主要化学成分　　　　　（wt.%）

No.	CaO	MgO	Al$_2$O$_3$	SiO$_2$	TFe	FeO	TNi	R_4
1	2.8	14.5	11.7	48.2	7.1	6.6	0.10	0.29
2	12.1	15.9	10.1	40.6	9.9	9.5	0.28	0.55
3	13.0	13.2	8.6	30.5	22.7	26.8	0.039	0.68
4	12.5	11.0	8.4	29.0	28.3	33.4	0.075	0.63
5	16.0	18.6	11.0	46.5	4.5	5.4	0.014	0.60
6	18.7	17.3	12.5	41.7	7.6	9.2	0.008	0.66
7	16.5	16.0	11.8	42.3	9.8	12.3	0.069	0.60

通过添加石灰石调整炉渣四元碱度能够显著改善炉渣流动性，电极下放可以顺行，对后续渣、铁分离有利。综合表3-29和表3-30所示结果可知，调节炉渣

四元碱度在 $0.60 \sim 0.68$，这一范围与前期相图理论分析结果相一致。从表 3-29 中所示炉渣组分含量来看，在四元碱度相对较低的编号 1 和编号 2 试验得到的炉渣中镍含量相对较高，如 2 号炉渣中镍含量高达 $0.28wt.\%$，此时熔炼得到的镍铁中镍回收率较低。在四元碱度超过 0.6 后，熔炼炉渣中镍含量明显下降，普遍低于 $0.08wt.\%$ 以下，以 6 号试验为例，其炉渣中镍含量仅为 $0.008wt.\%$，说明提高四元碱度对熔炼过程中镍的回收有利。需要说明的是，从表 3-30 中可以发现，No. 3 和 No. 4 试验所得镍铁中镍品位相对其他结果而言较高。这是由于该试验时兰炭配入量相对较少，更多铁氧化物未能被还原成金属态而保留在炉渣中（表 3-29），导致镍铁中金属铁总量减少，镍品位随之提高。

表 3-30　半工业试验部分批次镍铁产品主要化学成分　（wt.%）

No.	C	Cr	TNi	TFe	S	P
1	1.74	0.51	3.42	92.20	0.97	0.217
2	1.22	0.234	3.82	93.70	0.56	0.020
3	0.028	0.042	4.88	94.10	0.307	0.081
4	0.045	0.053	5.35	93.80	0.151	0.017
5	1.81	1.37	3.50	92.50	0.306	0.055
6	1.93	2.54	3.25	90.40	0.268	0.037
7	1.97	1.51	3.15	92.7	0.233	0.054

对比图 3-47 和图 3-48 所示镍铁合金形貌，当炉渣碱度偏低时（$R_4 = 0.55$），渣、铁分离效果差，可以明显观察到炉渣与镍铁未能完全分离。冷却过程中部分兰炭颗粒仍然保留在铁水上层，以颗粒状夹杂在镍铁合金表层内，从而影响镍铁合金的产、质量指标。四元碱度提高至 0.66 左右，经冷却后的镍铁合金与炉渣之间没有出现黏结，实现了渣、铁的完全分离。表明采用渣系调控技术，通过配入石灰石提高炉渣四元碱度，可改善铁水流动性以及渣、铁分离效果。这与表 3-29 所示不同四元碱度下炉渣中镍含量变化相对应。

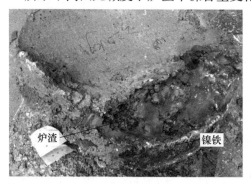

图 3-47　四元碱度 0.55 时镍铁与炉渣的分离效果

图 3-48　四元碱度 0.66 时镍铁与炉渣的分离效果

3.7　工业生产应用

3.7.1　广东某公司应用结果

在广东某公司采用回转窑预还原-电炉熔炼工艺，所用回转窑尺寸为长 110m×直径 4.4m，电炉规模为 33000kV·A。分别对红土镍矿的四元碱度（改变氧化钙和/或氧化铝含量）、熔炼过程中初渣和终渣氧化亚铁含量进行调控。表 3-31 中编号 1~3 为镍铁厂实际生产过程中的炉渣成分及冶炼温度。从表中现有生产结果来看，虽然炉渣镁硅质量比较为合理，但氧化钙含量较低，导致冶炼温度较高。当炉渣中氧化亚铁含量较低时，冶炼温度进一步提高。例如，No.1 和 No.2 中炉渣氧化亚铁含量仅为 5.02wt.% 和 5.40wt.%，冶炼温度需要分别维持在 1601℃ 和 1597℃ 的高温。从 No.3 生产结果来看，在其他主要组分基本不变的情况下，通过控制熔炼过程中铁氧化物的还原，适当提高终渣中氧化亚铁含量有助于降低熔炼所需温度，当炉渣中氧化亚铁含量增加至 9.91wt.% 时，熔炼温度下降至 1552℃。相对于氧化亚铁含量为 5wt.% 左右时冶炼温度，此时冶炼温度下降接近 50℃。

表 3-31　广东某公司生产的典型炉渣主要化学成分及其熔炼温度

No.	炉渣主要组分/wt.%					MgO/SiO$_2$（质量比）	R_4	冶炼温度/℃
	FeO	SiO$_2$	CaO	MgO	Al$_2$O$_3$			
1	5.02	51.34	0.69	31.68	4.07	0.62	0.58	1601
2	5.40	51.11	0.72	31.25	4.06	0.62	0.59	1597
3	9.91	48.30	1.07	31.35	4.05	0.65	0.62	1552
4	9.55	47.81	2.39	30.93	3.99	0.65	0.65	1548
5	12.52	44.68	2.55	28.10	5.24	0.63	0.61	1515
6	10.97	48.44	1.63	30.87	2.84	0.64	0.63	1575
7	6.83	49.06	5.06	30.71	3.03	0.63	0.69	1565

在不改变 No.3 其他生产制度下，若预还原焙砂中配入石灰石改变熔炼炉渣四元碱度（如表 3-31 中 No.4 所示），炉渣半球熔化温度下降（如表 3-32 所示）。现场生产实践表明，No.4 在电炉熔炼时预还原焙砂熔化速度较 No.3 明显改善，炉渣流动性有所提高。从表 3-31 和表 3-33 中主要冶炼指标来看，虽然二者冶炼温度差别较小，但在相同生产周期内，No.4 干矿消耗量增加，镍铁（TNi：9.5wt.%~10.5wt.%）总量提高，生产吨（镍）铁电耗成本下降约 60kW·h。

表 3-32　不同组分炉渣的半球温度

炉渣主要组分/wt.%					MgO/SiO_2（质量比）	R_4	半球温度/℃
TFe	SiO_2	CaO	MgO	Al_2O_3			
8.92	51.32	0.97	31.93	3.17	0.62	0.60	1380
10.97	48.44	1.63	30.87	2.84	0.64	0.63	1365
9.87	47.82	2.41	31.05	3.32	0.65	0.65	1350
4.73	49.99	5.88	31.26	3.27	0.63	0.70	1330

表 3-33　主要冶炼指标

No.	平均电耗/kW·h·t^{-1}(Fe-Ni)	石灰用量/kg·t^{-1}(Fe-Ni)
3	3430	0
4	3370	164
5	3100	0
6	3220	0
7	3160	264

No.5 是同时调控熔炼过程的初渣和终渣氧化亚铁含量和四元碱度的冶炼结果。在红土镍矿干燥过程中，将不同成分含量的红土镍矿进行配矿，特别是配入一定比例高铁型红土镍矿。在提高红土镍矿混合料铁品位的同时，也适当提高氧化钙和氧化铝含量（如表 3-31 中 No.5 所示）。在回转窑预还原过程中，通过适当延长物料在窑内停留时间、提高窑内还原温度或配入少量烟煤（1wt.%~2wt.%），以提高还原焙砂中氧化亚铁含量。No.3 和 No.4 预还原焙砂中氧化亚铁含量为 9wt.%~11wt.% 左右，No.5 预还原焙砂中氧化亚铁含量提高至 15wt.%~20wt.% 左右。在冶炼过程中发现，相对于 No.4，No.5 预还原焙砂在进入电炉后熔化速度进一步提高。对比 No.4 和 No.5 炉渣主要组分含量，当终渣氧化亚铁含量提高至 12.52wt.%，其冶炼温度仅为 1515℃。与 No.4 冶炼温度 1548℃ 相比，通过提高终渣氧化亚铁含量可降低冶炼温度 30℃ 以上。对比现有生产最高冶炼温度 1601℃，通过协同调控渣系四元碱度和氧化亚铁后，电炉冶炼温度下降幅度达到 90℃ 左右。

从表 3-33 中冶炼指标来看，相对于 No.3 对应的吨（镍）铁平均电耗 3430kW·h，No.5 通过红土镍矿配矿改变炉渣四元碱度和控制预还原焙砂和终渣中氧化亚铁含量等手段降低冶炼温度，吨（镍）铁平均电耗下降至 3100kW·h，降幅接近 10%。这对降低红土镍矿 RKEF 制备镍铁的工艺能耗和生产成本具有显著意义。

需要说明的是，No.1～No.5 均为生产低硅、铬含量镍铁（Si：0.06wt.%；Cr：0.76wt.%；No.3，如表 3-34 所示）。为冶炼高硅高铬合金，进一步开展渣系调控提高镍铁中硅、铬含量的工业实践（No.6 和 No.7）。由于铬氧化物还原温度高，相对于生产低硅、铬含量镍铁，提高镍铁中硅、铬含量对冶炼温度有更高要求。如 No.6，镍铁中硅、铬含量为 2.34wt.% 和 1.48wt.% 时（表 3-34），冶炼炉渣温度达到 1575℃（表 3-31）。采用渣系调控技术，炉渣四元碱度由 0.63 提高至 0.69，冶炼炉渣温度在 1565℃ 下生产的镍铁中硅含量基本不变、铬含量可提高至 2.78wt.%，此时镍铁中铬回收率提高 30% 左右。表明渣系调控有助于提高镍铁中硅、铬品位，降低冶炼电耗，吨（镍）铁平均电耗由 3220kW·h 降至 3160kW·h，降幅 60kW·h（表 3-33 中 No.6 和 No.7）。提高四元碱度还有利于提高物料熔化速度（表 3-32）、改善渣铁分离效果。降低炉渣氧化亚铁含量，对比 No.6、No.7 炉渣中 TFe 品位下降 3wt.%、TNi 品位下降 0.01wt.%，镍铁中镍、铁回收率分别提高 0.5%～1.5% 和 5%～10%。

表 3-34　镍铁产品中碳、铬、硅含量　　　　（wt.%）

No.	C	Cr	Si
3	2.45	0.76	0.06
6	2.19	1.48	2.34
7	2.57	2.78	2.33

渣系调控新技术在广东某公司工业化应用成功后，在红土镍矿原料组分不断波动的条件下持续开展工业生产。选取应用新技术前后的该公司镍铁年产量及电炉冶炼电耗进行比较，如图 3-49 所示。未采用渣系调控技术前，公司 4 条 RKEF 生产线年产镍铁量共 24.4 万吨，电炉冶炼工序总电耗 8.64×10⁸kW·h，镍铁生产平均电耗 3540kW·h/t。应用渣系调控新技术后，年产镍铁 24.0 万吨，电炉冶炼总电耗量为 8.05×10⁸kW·h，吨镍铁生产平均电耗降至 3357kW·h。镍铁生产平均电耗降低 183kW·h/t，年降低电炉冶炼电耗达到 4.4×10⁷kW·h。

3.7.2　福建某公司应用结果

渣系调控新技术在福建某公司进一步开展工业应用，其电炉规模为 25500kV·A。应用新技术前后的典型炉渣主要组分及其电炉冶炼温度与电耗如表 3-35 所

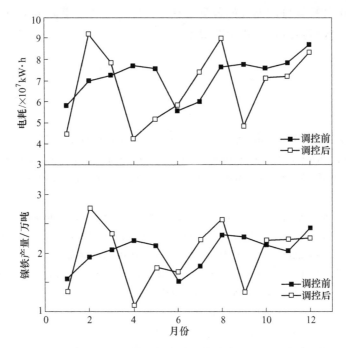

图 3-49 应用渣系调控新技术前后镍铁产量及电炉冶炼电耗

示。表 3-35 中 No.1 所示为渣系调控前生产中的主要冶炼指标，尽管炉渣中镁硅质量比较低（0.49）、氧化亚铁含量较高（FeO 含量 9.89wt.%），但炉渣四元碱度低，导致冶炼温度高达 1587℃，镍铁冶炼平均电耗达到 4100kW·h/t。采用渣系调控技术后，提高炉渣氧化钙含量至 7.25wt.%、炉渣四元碱度至 0.70，在氧化亚铁含量为 3.50wt.%、镁硅质量比为 0.60 的条件下，冶炼温度降低至 1571℃，吨镍铁生产平均电耗为 3635kW·h/t，降低了 465kW·h/t（Fe-Ni）。进一步提高氧化钙含量为 8.83wt.%、氧化亚铁含量为 6.42wt.%，在炉渣镁硅质量比 0.50、四元碱度 0.63 的条件下，冶炼温度进一步降至 1545℃，降低了 42℃。电炉冶炼电耗仅为 3500kW·h/t（Fe-Ni），与渣系调控前相比吨镍铁生产电耗降低了 600kW·h/t，降幅达 15% 左右。

表 3-35 福建某公司生产的典型炉渣主要化学组分及其冶炼温度与电耗

No.	主要组分/wt.%					MgO/SiO_2（质量比）	R_4	冶炼温度/℃	平均电耗/kW·h·t⁻¹(Fe-Ni)
	FeO	SiO_2	CaO	MgO	Al_2O_3				
1	9.89	49.84	4.32	24.33	4.02	0.49	0.53	1587	4100
2	3.50	47.70	7.25	28.54	3.54	0.60	0.70	1571	3635
3	6.42	49.22	8.83	24.71	3.84	0.50	0.63	1545	3500

长期生产实践表明，渣系调控新技术可适用于不同规模电炉冶炼镍铁，原料

适应性强、可处理组分波动大的各类型红土镍矿，能够显著降低 RKEF 工艺的电炉冶炼电耗，大幅度降低镍铁生产成本。

参考文献

[1] 黄希祜. 钢铁冶金原理（第 4 版）[M]. 北京：冶金工业出版社，2013.

[2] Tsang B K, Zhang Y. Energy challenges for a nickel laterite mining and smelting facility [C]. In：IFAC Workshop on Automation in the Mining, Mineral and Metal Industries, Gifu, Japan, 2012：7-12.

[3] Walker C, Koehler T, Voermann N, Wasmund B. High power shielded arc FeNi furnace operation-challenges and solutions [C]. In：Proceedings of the 12th International Ferroalloys Congress：Sustainable Future, Helsinki, Finland, 2010：681-696.

[4] Rong W, Li B, Liu P, et al. Exergy assessment of a rotary kiln-electric furnace smelting of ferronickel alloy [J]. Energy, 2017, 138：942-953.

[5] Liu P, Li B, Cheung S C P , Wu W. Material and energy flows in rotary kiln-electric furnace smelting of ferronickel alloy with energy saving [J]. Applied Thermal Engineering, 2016, 109：542-559.

[6] Khoo J Z, Haque N, Bhattacharya S. Process simulation and exergy analysis of two nickel laterite processing technologies [J]. International Journal of Mineral Processing, 2017, 16：183-193.

[7] 贾浩. 红土镍矿矿热炉熔炼镍铁及渣型研究 [D]. 长沙：中南大学，2016.

[8] 罗骏. 红土镍矿还原/熔炼制备镍铁的渣系调控理论与技术研究 [D]. 长沙：中南大学，2017.

[9] Lee Y S, Min D J, Jung S M, Yi S H. Influence of basicity and FeO content on viscosity of blast furnace type slags containing FeO [P]. ISIJ International, 2004, 44：1283-1290.

[10] Shankar A, Görnerup M, Lahiri A K, et al. Experimental investigation of the viscosities in $CaO-SiO_2-MgO-Al_2O_3$ and $CaO-SiO_2-MgO-Al_2O_3-TiO_2$ slags [J]. Metallurgical & Materials Transactions B, 2007, 38（6）：911-915.

[11] Nakamoto M, Tanaka T, Lee J, et al. Evaluation of viscosity of molten $SiO_2-CaO-MgO-Al_2O_3$ slags in blast furnace operation [J]. ISIJ International, 2004, 44（12）：2115-2119.

[12] Roscoe R. The viscosity of suspensions of rigid spheres [J]. British Journal of Applied Physics, 1952, 3（8）：267-269.

[13] 文林. 高炉出铁过程中铁水温度及成分的变化 [J]. 四川冶金，2001，23（3）：1-3.

[14] 韩伟刚，郦秀萍，刘建华，等. 首钢京唐 $5500m^3$ 高炉出铁过程铁水温降规律 [J]. 钢铁，2017，52（6）：13-17.

[15] 李光辉，罗骏，姜涛，等. 一种降低 RKEF 工艺镍铁生产能耗的方法. 中国：CN108220623A [P]. 2017-12-21.

4 红土镍矿软熔性能调控新技术

在红土镍矿粒铁法生产镍铁的工艺中，为实现还原焙烧产物中磁性镍铁与非磁性渣的有效物理分离，在回转窑的还原焙烧过程中物料呈半熔融状态，以改善物料内部的传质条件，促进镍铁颗粒的聚集长大[1~5]。在高炉法中，红土镍矿需要先经烧结造块，在烧结过程中也需要产生适量的液相，以强化烧结成矿，保证烧结矿产、质量指标[6~8]。但红土镍矿中的硅、镁、铝等氧化物含量高，对其软熔性能产生不利影响。高温焙烧时，红土镍矿中的硅、镁矿物转变成高熔点、难熔性的辉石和橄榄石类物相，导致粒铁法工艺还原焙烧温度高、烧结过程中烧结矿成品率低、质量差等一系列问题[8~11]。

要解决回转窑粒铁法镍铁生产工艺及红土镍矿烧结过程中存在的上述问题，需要明确红土镍矿焙烧过程的物相转变及其影响因素，并建立红土镍矿焙烧过程中的物相转变与其软熔性能的相互关系，确定高温焙烧过程中合适的低熔点相及其生成条件。以此为基础，通过减少现有工艺生产过程中高熔点物相生成，并得到理想低熔点相，实现红土镍矿软熔性能调控，降低红土镍矿液相生成温度，促进粒铁法工艺的镍铁颗粒生长，提高烧结矿产、质量指标。

4.1 焙烧过程中物相转变规律

4.1.1 氧化钙的影响

将红土镍矿在 800~1300℃ 温度范围内于空气气氛中焙烧，焙烧产物的主要物相组成如图 4-1 所示。结合热重-差热分析结果（图 2-47）可知，红土镍矿中的针铁矿和利蛇纹石在 800℃ 左右经脱水及分解后生成赤铁矿和镁橄榄石。随着焙烧温度提高至 1000~1100℃，赤铁矿与镁橄榄石衍射峰强度逐渐减弱，顽火辉石和镁铁尖晶石衍射峰出现。表明在此温度区间内，赤铁矿与镁橄榄石结合生成镁铁尖晶石和顽火辉石。

当焙烧温度升高至 1200℃，焙烧产物中赤铁矿衍射峰基本消失，镁铁尖晶石和顽火辉石相衍射峰增强，表明温度升高加快赤铁矿与镁橄榄石反应的速率。进一步提高温度至 1300℃，镁橄榄石衍射峰也基本消失。除尖晶石外，焙烧产物的主要物相以顽火辉石的形式存在。与 3.2.1 节理论计算得到物相相比，除了含量较低的透辉石、钙长石和鳞石英相没有被 XRD 分析检测到之外，其他主要物相基本一致。

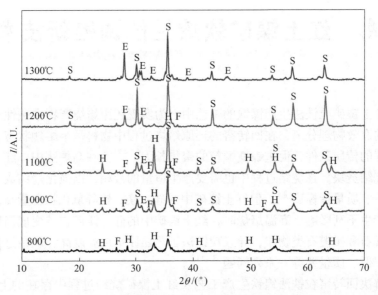

图 4-1 红土镍矿氧化焙烧产物的 XRD 分析结果

（氧化钙含量：2wt.%（矿石中的自然含量）；焙烧时间：1h；焙烧气氛：空气气氛）

E—顽火辉石 $MgSiO_3$；F—镁橄榄石 Mg_2SiO_4；H—赤铁矿 Fe_2O_3；S—尖晶石 $MgFe_2O_4$

图 4-2 所示为红土镍矿在 1300℃下氧化焙烧后产物的 SEM-EDS 分析结果。从图中可以发现，红土镍矿经高温焙烧后，其扫描电镜图片中呈现出两种颜色明显不同的区域。其中图 4-2（a）中的亮白色区域为镁铁尖晶石相，深灰色区域代表顽火辉石相。扫描电镜分析结果与上述 XRD 分析结果基本一致。红土镍矿中部分铁以晶格取代形式赋存于利蛇纹石中，经高温焙烧后这部分铁仍然保留于顽火辉石相中（图 4-2（c）和（d））。

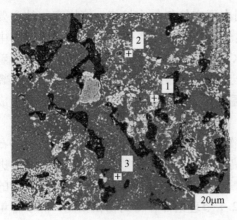

(a)

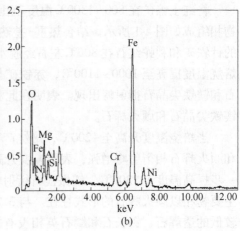

(b)

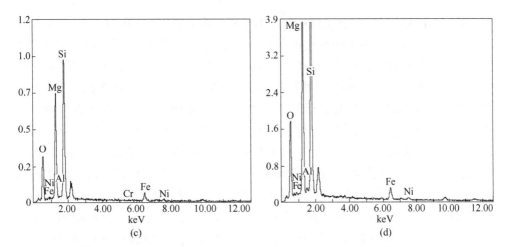

图 4-2 红土镍矿氧化焙烧产物的 SEM-EDS 分析结果

（自然氧化钙含量：2wt.%；焙烧温度：1300℃；焙烧时间：1h；焙烧气氛：空气气氛）

（a）背散射电子图像；（b）~（d）图（a）中点 1~3 对应的 EDS 能谱图

红土镍矿中配加一定比例氧化钙后，在空气气氛下焙烧产物的 XRD 分析结果如图 4-3 所示。在配入氧化钙后，红土镍矿中氧化钙含量定义为：（氧化钙

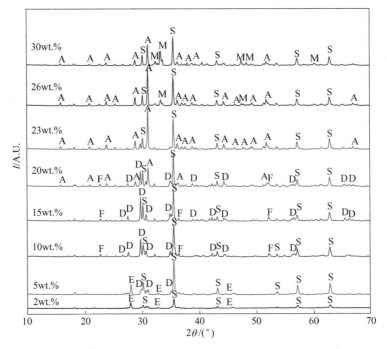

图 4-3 不同氧化钙含量红土镍矿氧化焙烧产物的 XRD 分析结果

（焙烧温度：1300℃；焙烧时间：1h；焙烧气氛：空气气氛）

A—镁黄长石 $Ca_2MgSi_2O_7$；D—透辉石 $CaMgSi_2O_6$；E—顽火辉石 $MgSiO_3$；

F—镁橄榄石 Mg_2SiO_4；M—镁蔷薇辉石 $Ca_3Mg(SiO_4)_2$；S—尖晶石 $MgFe_2O_4$

配入量+红土镍矿原矿中氧化钙量）／（红土镍矿原矿量+氧化钙配入量）。从图中可以看出，随着红土镍矿中氧化钙含量的提高，焙烧产物中主要的物相组成随之发生改变。在氧化钙含量为 2wt.% 时（即自然氧化钙含量），氧化焙烧产物中主要物相为顽火辉石（$MgSiO_3$）和镁铁尖晶石（$MgFe_2O_4$）相。红土镍矿氧化钙含量由 2wt.% 提高到 5wt.% 时，从焙烧产物的 XRD 分析结果中可以观察到少量的透辉石（$CaMgSi_2O_6$）衍射峰，但顽火辉石和镁铁尖晶石衍射峰仍然存在。

当氧化钙含量提高至 10wt.% ~ 15wt.% 后，透辉石衍射峰明显增强，顽火辉石衍射峰消失，与此同时伴随有镁橄榄石（Mg_2SiO_4）衍射峰的出现。表明配入的氧化钙与红土镍矿中利蛇纹石分解形成的 $MgSiO_3$ 发生反应，生成了 $CaMgSi_2O_6$ 和 Mg_2SiO_4。进一步提高红土镍矿中氧化钙含量，透辉石衍射峰逐渐减弱，在氧化钙含量超过 23wt.% 后完全消失，此时焙烧产物中出现镁黄长石和镁蔷薇辉石衍射峰，说明在 CaO 和 $MgSiO_3$ 反应结束后，过量的 CaO 将继续与 $CaMgSi_2O_6$ 反应生成镁黄长石（$Ca_2MgSi_2O_7$）和镁蔷薇辉石（$Ca_3Mg(SiO_4)_2$）。实际焙烧过程中含钙物相的转变规律与 3.1.3 节相图所示的不同氧化钙含量存在的物相一致。除上述物相变化之外，在氧化钙含量不断增加的过程中，焙烧产物中的镁铁尖晶石衍射峰没有发生明显变化，说明在此过程中尖晶石始终保持稳定。

将不同氧化钙含量红土镍矿的焙烧产物制成光片，在光学显微镜下观察其显微结构，如图 4-4 所示。从图 4-4（a）可知，当氧化钙含量为 2wt.% 时，焙烧产物微观照片中可观察到深灰色顽火辉石，灰白色镁铁尖晶石呈分散状嵌布于顽火辉石中。当氧化钙含量为 10wt.% 时，深灰色的顽火辉石已经基本消失，并出现大量浅灰色板状透辉石，镁铁尖晶石在透辉石中的分布更为弥散（图 4-4（b））。氧化钙含量达到 20wt.% 时，透辉石的区域明显减少，颜色较深的镁黄长石开始出现（图 4-4（c））；随着氧化钙含量的进一步提高，镁黄长石逐渐被深褐色的镁蔷薇辉石所替代，而镁铁尖晶石的粒度有所减小（图 4-4（d）），可能是固溶进入了各钙镁硅酸盐中。

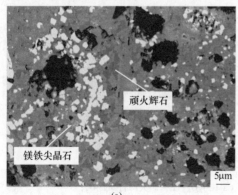

(a)   (b)

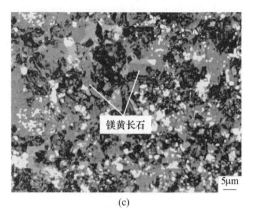

(c)　　　　　　　　　　　　　　　　　(d)

图4-4　不同氧化钙含量红土镍矿氧化焙烧产物的显微结构

（焙烧温度：1300℃；焙烧时间：1h；焙烧气氛：空气气氛）

氧化钙含量：（a）2wt.%；（b）10wt.%；（c）20wt.%；（d）30wt.%

　　图4-5所示为氧化钙含量15wt.%的红土镍矿氧化焙烧后产物的SEM-EDS分析结果。从图4-5（a）的背散射图像中可以看出，镁橄榄石相和镁铁尖晶石相均分散嵌布于透辉石相中，表明形成的低熔点相透辉石在高温下能够将高熔点镁橄榄石和尖晶石进行黏结。此外，从图4-5（a）中点3对应的EDS结果（图4-5（d））可知，部分铁和铝组分保留在透辉石中，说明红土镍矿中含铝组分参与低熔点相的形成。

　　综上所述，在空气气氛下，通过改变红土镍矿中氧化钙含量，在合适的范围（5wt.%~20wt.%）内，高温焙烧能够生成低熔点透辉石相。

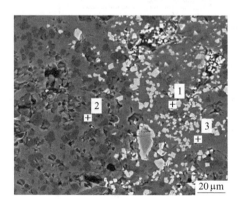

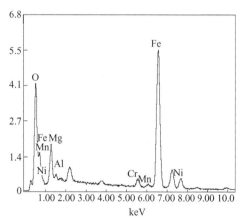

(a)　　　　　　　　　　　　　　　　　(b)

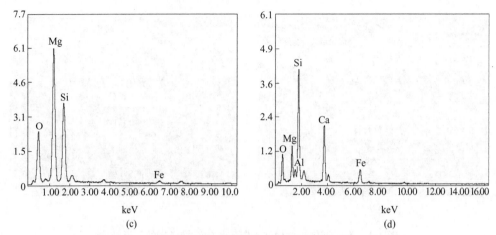

(c)   (d)

图 4-5   红土镍矿氧化焙烧产物的 SEM-EDS 分析结果

（氧化钙含量：15wt.%；焙烧温度：1300℃；焙烧时间：1h；焙烧气氛：空气气氛）

（a）背散射电子图像；（b）~（d）图（a）中点 1~3 对应的 EDS 能谱图

图 4-6 所示为不同氧化钙含量的红土镍矿还原焙烧产物的 XRD 分析结果。从图中可知，当氧化钙含量为 2wt.%（即自然氧化钙含量）时，红土镍矿经还原焙烧后产物以镁铁橄榄石相为主，这是由于焙烧过程中利蛇纹石分解生成的 $MgSiO_3$

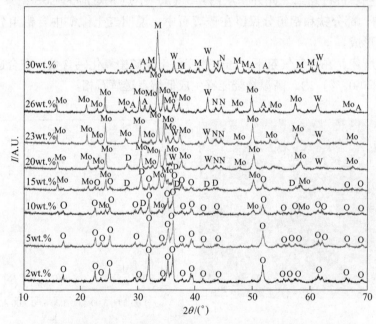

图 4-6   不同氧化钙含量红土镍矿还原焙烧产物的 XRD 分析结果

（焙烧温度：1300℃；焙烧时间：1h；焙烧气氛：100vol.%CO 气氛）

A—镁黄长石 $Ca_2MgSi_2O_7$；D—透辉石 $CaMgSi_2O_6$；M—镁蔷薇辉石 $Ca_3Mg(SiO_4)_2$；

N—(Ni, Fe)；Mo—钙镁橄榄石 $CaMgSiO_4$；O—镁铁橄榄石 $(Mg_{0.5}Fe_{0.5})_2SiO_4$；W—浮氏体 $Fe_{0.942}O$

与还原形成的 $FeSiO_3$ 进一步结合而成。随着氧化钙含量逐步增加，经还原焙烧后的红土镍矿中主要物相相继改变。在氧化钙含量达到 10wt.% 时，还原焙烧产物中开始出现透辉石相衍射峰，此时也有钙镁橄榄石衍射峰的存在。这主要是随着氧化钙的加入，Ca^{2+} 逐渐置换镁铁橄榄石中的 Fe^{2+}，从而使镁铁橄榄石逐渐转变为钙镁橄榄石和透辉石。在氧化钙含量从 10wt.% 提高到 20wt.% 的过程中，还原焙烧产物中镁铁橄榄石衍射峰逐渐减少直至消失，钙镁橄榄石衍射峰逐渐增强。在此氧化钙含量区间内，透辉石衍射峰呈现出先增强再减弱的趋势。表明随着氧化钙含量的增加，部分氧化钙也将与透辉石反应生成钙镁橄榄石。

当氧化钙含量继续提高至 23wt.%，此时还原焙烧产物中的透辉石衍射峰完全消失，硅酸盐相仅存钙镁橄榄石衍射峰。由于铁被钙取代，更多游离出来的铁被还原，从而出现浮氏体及镍铁合金相。提高氧化钙含量至 26wt.%，还原产物中出现新物相镁黄长石的衍射峰，由过量的氧化钙与钙镁橄榄石结合而成。当氧化钙含量继续提高至 30wt.%，钙镁橄榄石被完全取代，还原产物中出现镁蔷薇辉石相衍射峰。该结果与图 3-8 所示的 CaO-MgO-SiO_2-Al_2O_3-FeO 五元相图中氧化钙含量及其对应的物相保持一致。结合图 4-3 和图 4-6 结果可知，通过控制红土镍矿中氧化钙含量在 10wt.%~20wt.% 范围，在高温焙烧时均可以生成低熔点的透辉石相。

图 4-7 和图 4-8 所示为不同氧化钙含量的红土镍矿还原焙烧后产物的扫描电镜图片及主要物相的能谱分析结果。从图 4-7（a）可以看出在 1300℃ 还原焙烧后，氧化钙含量 2wt.% 的红土镍矿焙烧产物中主要矿相结晶较为完整，但在结晶相边缘开始出现熔化现象。由图 4-8（a）的能谱分析可知该结物相为镁铁橄榄石相。在氧化钙含量达到 10wt.% 和 20wt.% 时，还原焙烧产物中出现了大量的无定型相，具有晶体形态的物相进一步熔化。根据图 4-8（c）和（d）的能谱分析结果证实未熔化的物相主要为钙镁橄榄石，在氧化钙含量为 20wt.% 时还包括镁黄长石相（图 4-8（e））。在氧化钙含量达到 26wt.% 后，还原焙烧产物中出现了镁铁尖晶石。

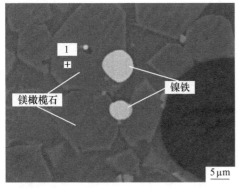

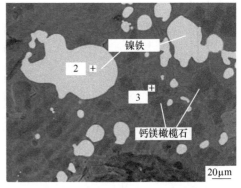

(a)　　　　　　　　　　　　　　　(b)

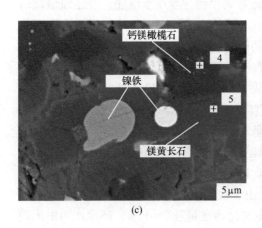 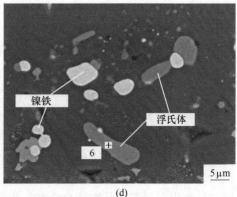

(c)　　　　　　　　　　　　(d)

图 4-7　红土镍矿还原焙烧产物的 SEM-EDS 分析结果

（焙烧温度：1300℃；焙烧时间：1h；焙烧气氛：100vol.%CO 气氛）

氧化钙含量：（a）2wt.%；（b）10wt.%；（c）20wt.%；（d）26wt.%

　　需要说明的是，由于在强还原性气氛中焙烧，红土镍矿中的镍氧化物和高价铁氧化物可以被还原成相应的金属镍和金属铁相，并且金属镍在金属铁中无限固溶，因此在扫描电镜图片中均出现了镍铁合金相。对比图 4-7（a）~（d）可知，在 1300℃还原焙烧后，红土镍矿中的镍铁颗粒尺寸随氧化钙含量的不断提高呈先增大后减小的趋势，在氧化钙含量为 10wt.%时镍铁颗粒聚集效果最为明显，部分镍铁颗粒尺寸达到 70μm 左右。说明适当增加氧化钙对直接还原过程中镍铁颗粒长大有利。

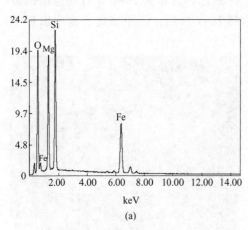 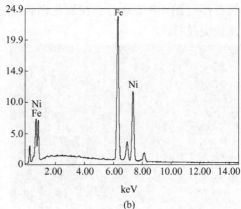

(a)　　　　　　　　　　　　(b)

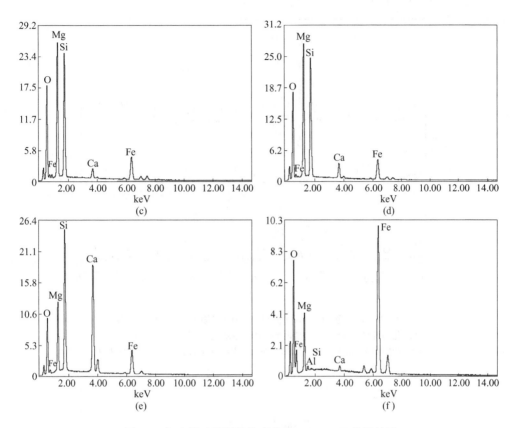

图 4-8 红土镍矿还原焙烧产物的 SEM-EDS 分析结果

（焙烧温度：1300℃；焙烧时间：1h；焙烧气氛：100vol.%CO 气氛）

（a）~（f）分别对应图 4-7 中点 1~6 能谱图

4.1.2 焙烧温度的影响

红土镍矿在不同焙烧温度下进行还原焙烧，产物的主要物相分别如图 4-9~
图 4-11 所示。自然氧化钙含量 2wt.%的红土镍矿在 1100℃下还原焙烧后，焙烧
产物中主要物相由顽火辉石、镁铁橄榄石和镍铁组成。随着焙烧温度提高到
1200℃，顽火辉石相衍射峰减弱，镁铁橄榄石相衍射峰增强，表明温度升高有利
于顽火辉石与铁橄榄石的结合，形成镁铁橄榄石。进一步提高还原温度至
1300℃，顽火辉石相和镍铁相消失，还原产物中仅有镁铁橄榄石相出现。高温下
镁铁橄榄石结晶更为完整，从而限制铁氧化物还原成金属铁。

当红土镍矿中氧化钙含量提高至 15wt.%后，1100℃还原焙烧产物中存在顽
火辉石、镁铁橄榄石、透辉石以及镍铁合金相。提高还原焙烧温度至 1200℃，顽
火辉石衍射峰消失，镍铁合金相衍射峰明显减弱，透辉石相衍射峰增强。此外，

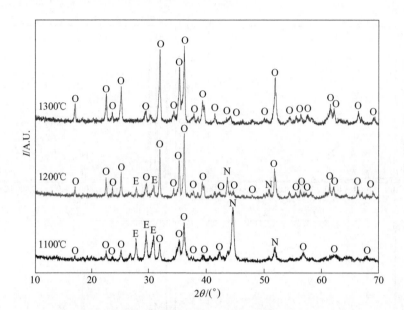

图 4-9　红土镍矿在不同温度焙烧后产物的 XRD 分析结果
（氧化钙含量：2wt. %；焙烧时间：1h；焙烧气氛：100 vol. % CO 气氛）
E—顽火辉石 $MgSiO_3$；O—镁铁橄榄石 $(Mg_{0.5}Fe_{0.5})_2SiO_4$；N—$(Ni,Fe)$

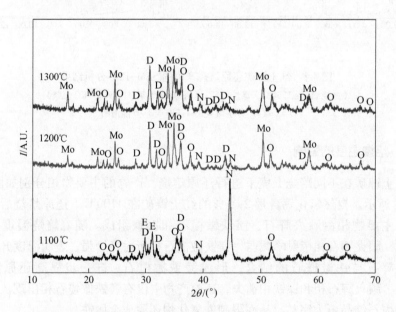

图 4-10　红土镍矿在不同温度焙烧后产物的 XRD 分析结果
（氧化钙含量：15wt. %；焙烧时间：1h；焙烧气氛：100 vol. % CO 气氛）
D—透辉石 $CaMgSi_2O_6$；E—顽火辉石 $MgSiO_3$；Mo—钙镁橄榄石 $CaMgSiO_4$；
N—(Ni,Fe)；O—镁铁橄榄石 $(Mg_{0.5}Fe_{0.5})_2SiO_4$

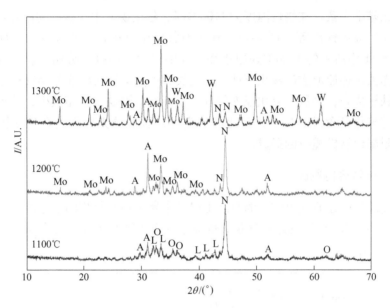

图 4-11　红土镍矿在不同温度焙烧后产物的 XRD 分析结果

（氧化钙含量：26 wt.%；焙烧时间：1h；焙烧气氛：100 vol.% CO 气氛）

A—镁黄长石 $Ca_2MgSi_2O_7$；L—斜硅钙石 Ca_2SiO_4；Mo—钙镁橄榄石 $CaMgSiO_4$；

N—（Ni, Fe）；O—镁铁橄榄石（$Mg_{0.5}Fe_{0.5}$）$_2SiO_4$；W—浮氏体 $Fe_{0.942}O$

还原产物中还出现了钙镁橄榄石衍射峰。在 1300℃ 还原焙烧后的产物中主要物相组成与 1200℃ 焙烧时基本保持一致，各物相衍射峰强度也没有明显差别。表明在提高氧化钙含量的条件下，较低的还原温度在一定程度上限制了氧化钙与 $MgSiO_3$ 的进一步反应。例如，还原温度 1100℃ 时虽生成了透辉石，但其衍射峰相对较弱。提高焙烧温度有利于氧化钙参与反应，当温度超过 1200℃ 后，焙烧产物中存在更多的钙镁硅酸盐相。

当红土镍矿中氧化钙含量达到 26wt.% 时（图 4-11），在 1100℃ 还原焙烧后，焙烧产物中出现了硅灰石、镁铁橄榄石、镁黄长石以及镍铁合金相的衍射峰。还原温度提高至 1200℃，硅灰石和镁铁橄榄石相衍射峰基本消失，同时出现了钙镁橄榄石衍射峰。随着温度上升至 1300℃ 后，钙镁橄榄石衍射峰显著增强，表明高温下其结晶更为完善。同时，还原产物中的镍铁合金相衍射峰减弱并出现浮氏体衍射峰，说明高温下强化了铁橄榄石等与镁橄榄石的反应，限制了铁氧化物进一步还原。

对比图 4-9～图 4-11 所示不同还原焙烧温度下的红土镍矿物相转变规律，在还原温度较低时（1100℃），氧化钙难以与红土镍矿中的硅、镁、铁组分充分反应，提高还原焙烧温度可促进更多钙镁硅酸盐的生成。当还原焙烧温度超过 1200℃，相同氧化钙含量的红土镍矿在还原焙烧后，除镍铁合金相之外，其他生成的物相基本一致。在焙烧温度为1100℃时，红土镍矿中含铁矿物已发生脱水和分解反应生成赤铁矿等（图4-1），在还原气氛中可被进一步还原，因此，在图4-9~图4-11中所示的1100℃还原焙烧产物中镍铁衍射峰十分明显。随着温度的提高，赤铁矿还原形成的氧化亚铁与利蛇纹石中分解形成的非晶相镁橄榄石结合形成镁铁橄榄石，限制了氧化亚铁的进一步还原，镍铁合金相减少，其衍射峰减弱。随着氧化钙含量的提高，氧化钙与镁橄榄石及顽火辉石结合生成钙镁硅酸盐，又限制镁铁橄榄石的形成。

4.1.3 CO 浓度的影响

焙烧过程中还原气氛的强弱对红土镍矿中高价铁氧化物的还原产生影响。红土镍矿在不同 CO 浓度的还原气氛中焙烧，焙烧产物的 XRD 分析结果如图4-12~图4-14所示。

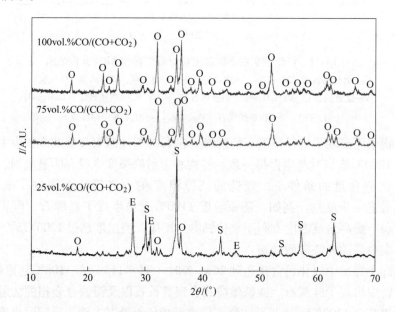

图 4-12 不同还原气氛下焙烧后红土镍矿的 XRD 分析结果

（氧化钙含量：2wt.%；焙烧温度：1300℃；焙烧时间：1h）

E—顽火辉石 $MgSiO_3$；O—镁铁橄榄石 $(Mg_{0.5}Fe_{0.5})_2SiO_4$；S—尖晶石 $MgFe_2O_4$

由图4-12~图4-14可知，在不同氧化钙含量及还原气氛下，红土镍矿经还原焙烧后的物相将发生一定变化。其中，在还原气氛较弱时，还原焙烧后生成的物相变化较为明显，提高焙烧气氛中 CO 浓度后，所生成的物相基本趋于一致。

当氧化钙含量为2wt.%，红土镍矿在25vol.%CO/（CO+CO_2）还原气氛中焙烧，焙烧产物的主要物相包括镁铁橄榄石、顽火辉石以及镁铁尖晶石相，提高焙烧气氛中 CO 浓度超过75vol.%，还原焙烧产物以镁铁橄榄石为主。表明在相对

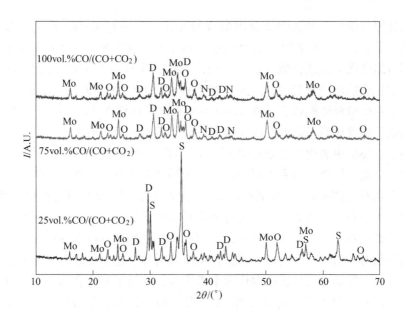

图 4-13 不同还原气氛下焙烧后红土镍矿的 XRD 分析结果

（氧化钙含量：15wt. %；焙烧温度：1300 ℃；焙烧时间：1h）

D—透辉石 $CaMgSi_2O_6$；Mo—钙镁橄榄石 $CaMgSiO_4$；N—(Ni,Fe)；

O—镁铁橄榄石 $(Mg_{0.5}Fe_{0.5})_2SiO_4$；S—尖晶石 $MgFe_2O_4$

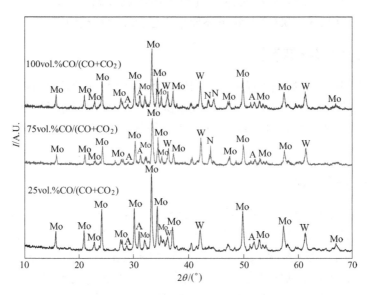

图 4-14 不同还原气氛下焙烧后红土镍矿的 XRD 分析结果

（氧化钙含量：26wt. %；焙烧温度：1300℃；焙烧时间：1h）

A—镁黄长石 $Ca_2MgSi_2O_7$；Mo—钙镁橄榄石 $CaMgSiO_4$；N—(Ni,Fe)；W—浮氏体 $Fe_{0.942}O$

较弱的还原气氛中，经过焙烧分解形成的赤铁矿容易与 $MgSiO_3$ 反应，形成大量的镁铁尖晶石。赤铁矿在强还原性气氛中还原形成氧化亚铁，有利于氧化亚铁与顽火辉石结合而形成镁铁橄榄石，从而限制镁铁尖晶石的生成。还原气氛越强，高价铁氧化物的还原更容易，因此，在 25vol.%CO/（CO+CO₂）还原气氛中焙烧后产物仅存少量镁铁橄榄石，在 75vol.%CO/（CO+CO₂）和 100vol.%CO 还原气氛中焙烧后镁铁橄榄石衍射峰明显增强，顽火辉石衍射峰消失。

当红土镍矿中氧化钙含量提高至 15wt.%时，在 25vol.% CO/（CO+CO₂）还原气氛中焙烧，焙烧产物中主要物相转变为镁铁橄榄石、透辉石、钙镁橄榄石以及镁铁尖晶石（图 4-13）。与氧化钙含量为 2wt.%的红土镍矿还原焙烧产物相比，顽火辉石衍射峰已经消失，表明此时氧化钙与顽火辉石相结合生成新的物相透辉石和钙镁橄榄石。在强还原气氛下，透辉石和镁铁橄榄石衍射峰仍然存在，但镁铁尖晶石衍射峰消失，并出现了镍铁合金相衍射峰。这主要是由于钙的结合能力强于二价铁，使部分二价铁被取代后游离出来，并被还原成金属态。此外，从图4-13 发现在较弱的还原气氛中焙烧后，焙烧产物中透辉石衍射峰强度高于强还原气氛中焙烧，表明降低还原焙烧气氛中 CO 浓度有利于透辉石的生成。

当氧化钙含量达到 26wt.%，在不同还原气氛中焙烧后产物的物相没有明显改变，主要为钙镁橄榄石，以及少量的镁黄长石和浮氏体（图 4-14）。由于在较强还原气氛下焙烧，部分浮氏体被进一步还原成金属铁，因此在 75vol.%CO/（CO+CO₂）和 100vol.%CO 气氛下还原焙烧后存在镍铁相的衍射峰。

4.2 红土镍矿软熔特性

在红土镍矿高温焙烧过程中，不同焙烧条件下所生成的物相各不相同，且不同物相间的熔化性质差别较大，导致红土镍矿的软熔特性发生显著的改变。运用三角锥法（见图 2-29）研究红土镍矿高温焙烧过程的软熔特征温度及其影响因素。

4.2.1 氧化钙的影响

采用灰熔点测试仪测定不同氧化钙含量红土镍矿在空气气氛中的软熔特征温度，如图 4-15 所示。从图中可以看出，氧化气氛下红土镍矿的软熔特征温度，即变形温度 T_D、软化温度 T_S 和流动温度 T_F 均随氧化钙含量的增加呈现先降低后升高的趋势，在氧化钙含量为 15wt.%时其软熔特征温度达到最低值。自然氧化钙条件下红土镍矿（2wt.% CaO）的变形温度 T_D、软化温度 T_S 和流动温度 T_F 分别为 1385℃、1395℃和 1407℃。在氧化钙含量达到 15wt.%时，上述各特征温度分别降低至 1272℃、1299℃和 1306℃。表明通过配加适量的氧化钙可以降低红土镍矿液相生成温度 100℃以上。对于烧结而言，在此条件下红土镍矿的液相生成温度已经进入低温烧结范畴，有助于强化烧结成矿过程、提高烧结矿质量。

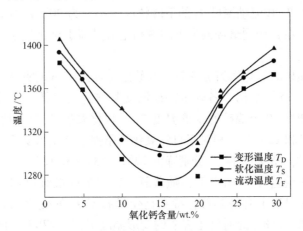

图 4-15 空气气氛下红土镍矿的软熔特征温度

由于自然氧化钙条件下红土镍矿高温焙烧后生成物相主要为高熔点顽火辉石和尖晶石，导致其软熔温度较高。提高红土镍矿中氧化钙含量，高温焙烧过程中可生成低熔点透辉石，透辉石生成量在氧化钙含量为 15wt.% 时较大，使红土镍矿的软熔温度达到最低。当氧化钙含量超过 15wt.% 后，继续增加氧化钙含量将会生成熔点较高的镁黄长石和镁蔷薇辉石，红土镍矿软熔特征温度再次升高。

100vol.%CO 气氛下不同氧化钙含量红土镍矿的软熔特征温度如图 4-16 所示。从图中可以看出，随着氧化钙含量的逐渐增加，红土镍矿的软熔特征温度包括变形温度 T_D、软化温度 T_S 和流动温度 T_F 均呈现出先降低再升高的趋势，这与氧化气氛下红土镍矿的软熔特征温度变化趋势相一致。自然氧化钙条件下红土镍矿的变形温度 T_D、软化温度 T_S 和流动温度 T_F 分别为 1229℃、1373℃、1391℃。

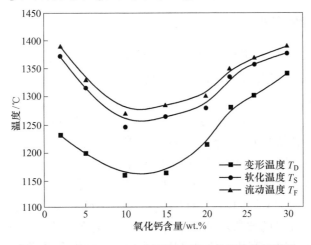

图 4-16 100vol.%CO 气氛下红土镍矿的软熔特征温度

相比氧化气氛，100vol. % CO 还原气氛中软化温度 T_S 下降幅度较大，达到 160℃ 左右，变形温度 T_D 和流动温度 T_F 的下降幅度较小，为 20℃ 左右。还原气氛时由于氧化亚铁的存在，相同焙烧温度下的液相生成量高于氧化气氛，导致其软化温度变化更为明显。

提高红土镍矿的氧化钙组分含量，其软熔特征温度出现明显下降。在氧化钙含量为 10wt. %～15wt. %时，各软熔特征温度基本达到最低值。其中，当氧化钙含量为 10wt. %时，红土镍矿的变形温度 T_D、软化温度 T_S 和流动温度 T_F 分别为 1157℃、1243℃ 和 1267℃。相对于自然氧化钙条件下红土镍矿而言，其变形温度 T_D、软化温度 T_S、流动温度 T_F 分别降低 72℃、130℃ 和 124℃。

当氧化钙含量超过 15wt. %后，随着氧化钙含量的继续增加，红土镍矿的软熔特征温度值又呈现上升的趋势，特别是变形温度 T_D 的变化尤为显著。当氧化钙含量提高至 23wt. %，此时红土镍矿的变形温度 T_D 为 1278℃，已经高于自然氧化钙条件下红土镍矿的变形温度。当氧化钙含量为 30wt. %时，软化温度 T_S 和流动温度 T_F 与自然氧化钙条件的红土镍矿接近，分别为 1377℃ 和 1389℃。

对比图 4-3 和图 4-16 可以发现，不同氧化钙含量红土镍矿的软熔特征温度与其物相转变规律呈现明显的相关性。随着氧化钙含量的增加，低熔点物相透辉石的生成，极大地降低了红土镍矿的软熔特征温度。进一步提高氧化钙含量，透辉石生成量的增加将持续降低红土镍矿的软熔特征温度。当氧化钙含量高于 23wt. %时，随着透辉石相的消失和熔点更高的镁黄长石、镁蔷薇辉石生成，导致红土镍矿的软熔特征温度逐步提高。

综上，通过改变红土镍矿中氧化钙的含量，调控还原焙烧过程中的生成物相与含量，可以显著降低红土镍矿的软熔特征温度，对于促进红土镍矿高温加工过程的液相生成具有重要意义。

4.2.2 CO 浓度的影响

选取 25vol. %CO/（CO+CO$_2$）、50vol. %CO/（CO+CO$_2$）、75vol. %CO/（CO+CO$_2$）和 100vol. %CO/（CO+CO$_2$）还原气氛，上述不同气氛下红土镍矿的软熔特征温度如图 4-17 所示。

由图 4-17 可知，不同氧化钙含量的红土镍矿在各还原气氛中的软熔特征温度曲线变化规律保持相同的趋势，也就是随着还原气氛中 CO 浓度的提高，红土镍矿软熔特征温度随之上升。这主要是随着还原气氛的增强，红土镍矿中更多的高价铁氧化物被还原成金属态，导致氧化亚铁含量降低。图 4-18 为不同氧化钙含量的红土镍矿在 75vol. %CO/（CO+CO$_2$）和 100vol. %CO 气氛还原产物中氧化亚铁含量占全铁含量的比值。从图中可以看出，提高还原焙烧气氛中 CO 浓度，红土镍矿中铁的还原被强化，还原焙烧产物中氧化亚铁含量降低。在还原气氛较

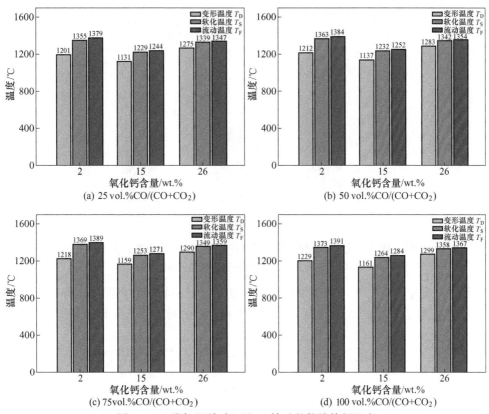

图 4-17　不同还原气氛下红土镍矿的软熔特征温度

弱时，还原焙烧后氧化亚铁含量更高，有利于降低红土镍矿的软熔特征温度。

　　此外，氧化钙含量的改变一方面对还原焙烧后生成的低熔点物相产生影响，另一方面，由于还原焙烧过程中 Ca^{2+} 对 Fe^{2+} 的取代作用，使更多的铁被游离出来而进一步被还原（图 4-3 和图 4-18）。以上两方面作用均对不同还原气氛下红土镍矿的软熔特征温度产生影响。在氧化钙含量为 2wt.% 时，随着还原气氛由 100vol.%CO 气氛转变成 25vol.%CO/（CO+CO₂）气氛，红土镍矿的软熔特征温度包括变形温度 T_D、软化温度 T_S 和流动温度 T_F 分别从 1229℃、1373℃和 1391℃下降到 1201℃、1355℃和 1379℃，各特征温度值降低 20℃左右。当氧化钙含量达到 15wt.%，红土镍矿的变形温度 T_D、软化温度 T_S 和流动温度 T_F 分别从 100vol.%CO 气氛下的 1161℃、1264℃和 1284℃下降到 25vol.% CO/（CO+CO₂）气氛下的 1131℃、1229℃和 1244℃，降低幅度超过 30℃。

4.2.3　FeO 的影响

　　通过草酸铁焙烧分解获得氧化亚铁，并按一定比例配入红土镍矿，制备具有不同 FeO 含量的红土镍矿样品，在惰性气氛下测定其软熔特征温度，结果如图 4-19

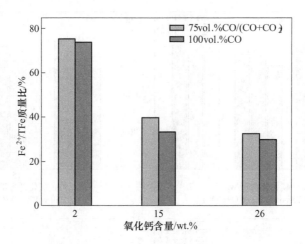

图 4-18　不同氧化钙含量红土镍矿还原焙烧后氧化亚铁占全铁比值

（还原温度：1200℃；还原时间：1h）

所示。从图中可以看出，在惰性气氛下，红土镍矿的软熔特征温度，即变形温度 T_D、软化温度 T_S、流动温度 T_F 均随氧化亚铁含量的增加呈现逐步降低的趋势。

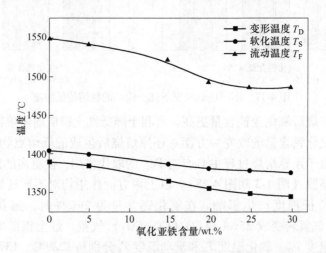

图 4-19　氧化亚铁含量对红土镍矿软熔特征温度的影响

当 FeO 含量为 0 时，红土镍矿的变形温度 T_D、软化温度 T_S 和流动温度 T_F 分别为 1390℃、1404℃、1550℃。当 FeO 含量达到 30wt.% 时，上述三个特征温度值分别为 1345℃、1376℃、1486℃。自然氧化钙条件下红土镍矿高温焙烧后生成的物相主要为高熔点辉石和尖晶石，在相对较低温度下难以熔化，导致其软熔特征温度比较高。提高红土镍矿中氧化亚铁含量，高温焙烧过程中生成了低熔点镁铁辉石，其软熔特征温度相对较低。

4.3   软熔性能调控技术内涵

在红土镍矿冶炼镍铁的工艺中，粒铁法工艺的关键在于如何确保镍铁颗粒的充分聚集长大，使后续物理分选实现镍铁与渣的高效分离。在还原焙烧过程中，要求物料部分熔化形成一定液相量强化镍铁颗粒的生长；在高炉法烧结工序中，同样要求烧结混合料在高温条件下部分熔化作为烧结黏结相，强化烧结成矿性能，提高烧结矿产量和质量。由于红土镍矿低铁、高硅、高镁的物化特性，高温加工时形成大量高熔点物质，液相难以生成，不利于粒铁法还原焙烧过程中镍铁颗粒的迁移，镍铁颗粒生长困难；烧结过程中成矿困难、成品率低。

通过上述基础研究表明：红土镍矿中钙、镁、铝和硅等主要组分，特别是氧化钙含量对其高温物相转变及软熔特性起到重要作用。在还原气氛下焙烧时，由赤铁矿还原形成的氧化亚铁将与二氧化硅结合形成铁橄榄石相。当氧化钙含量较低时，顽火辉石/镁橄榄石与铁橄榄石之间相互结合形成镁铁橄榄石。随着氧化钙含量的提高，氧化钙将与顽火辉石/镁橄榄石反应或取代镁铁橄榄石中的铁，可形成低熔点透辉石相，从而显著降低红土镍矿的软熔特征温度。

综上，针对粒铁法工艺及烧结过程中液相生成困难等问题，提出通过调控物料四元碱度，在还原焙烧过程中生成低熔点透辉石相以替代原有的镁橄榄石相，开发出红土镍矿软熔性能调控技术，以降低液相生成温度，强化粒铁法镍铁颗粒生长，改善镍铁物理分选效果；强化高炉法的烧结成矿过程、改善烧结矿产质量及冶金性能。

4.4   软熔性能调控技术在粒铁法中的应用

对于粒铁法冶炼镍铁工艺，为实现物理分选过程中镍铁与渣的有效分离，在回转窑还原过程中，需要使红土镍矿物料达到半熔融态，改善物料内部的传质条件，促进镍铁颗粒的聚集长大，以利于后续的镍铁与脉石矿物的物理分离。由于红土镍矿中硅、镁含量高，还原焙烧过程中生成的辉石和橄榄石类物相熔点高。为满足液相的生成条件，回转窑内所需还原焙烧温度高，回转窑窑头镍铁颗粒生长段的还原温度最高达到 1400~1450℃。另一方面，生产过程中液相生成量难以控制，导致在回转窑的还原区域和镍铁长大区域易产生结圈，影响生产顺行。

改善红土镍矿的软熔性能是解决回转窑粒铁法工艺还原温度高、镍铁颗粒生长困难等问题的关键，适量的钙、镁、铝和硅组分能够有效降低红土镍矿的软熔温度，但由于红土镍矿中镁、硅含量高，生产过程中难以调节，而氧化铝含量基本维持在合适的范围，因此在生产过程中主要通过调控红土镍矿中氧化钙的含量。通过调节红土镍矿氧化钙含量改变四元碱度，改善其软熔性能，降低回转窑还原焙烧温度，促进镍铁颗粒生长及改善后续的物理分选效果[12,13]。

4.4.1 镍铁颗粒生长行为

4.4.1.1 微观结构

将改变四元碱度后的红土镍矿团块在温度1100~1300℃下进行还原焙烧，还原焙烧产物的显微结构如图4-20~图4-22所示。从图4-20中可以看出，在1100℃还原焙烧时，焙烧后红土镍矿中的主要矿物结构没有发生破坏。由于缺乏液相生成，镍、铁氧化物的还原属于固态还原过程，生成的镍铁颗粒尺寸极小（5μm左右），广泛分散在整个团块内部。相比于四元碱度0.5，四元碱度提高至0.8后，还原焙烧产物中的镍铁颗粒尺寸有所生长，出现了少量聚集长大现象。进一步提高四元碱度至1.6，镍铁颗粒聚集程度减弱，颗粒尺寸呈减小趋势。显然，在还原焙烧过程中仅依靠固相扩散，镍铁颗粒长大有限，一般物理选矿方法难以对其有效富集。

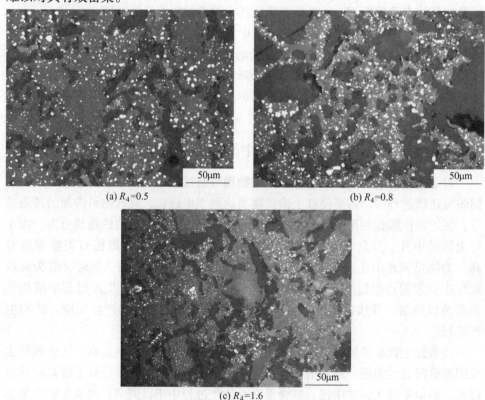

(a) R_4=0.5

(b) R_4=0.8

(c) R_4=1.6

图4-20　红土镍矿还原焙烧产物的显微结构

（还原焙烧温度：1100℃；焙烧时间：1h；焙烧气氛：100vol.%CO气氛）

提高还原焙烧温度至1200℃，还原焙烧后不同四元碱度红土镍矿团块的显微结构如图4-21所示。在此温度下还原焙烧后，红土镍矿团块中的矿物结构部分已经被破坏，出现烧结化现象，矿物之间相互黏结，产生一定的孔洞。相对于1100℃下还原焙烧，1200℃还原焙烧后镍铁颗粒聚集长大较为明显。由图4-17可知，在1200℃还原温度下焙烧，此时的焙烧温度已经接近或高于各四元碱度红土镍矿变形温度。在还原焙烧团块内部出现部分液相的生成，促进镍铁颗粒的长大。特别是在四元碱度0.8时，其镍铁颗粒的聚集程度明显高于其他碱度下的红土镍矿团块，部分镍铁颗粒长大至20μm左右。但还原焙烧团块内部仍然存在许多未能聚集的微小镍铁颗粒，这是由于1200℃还原焙烧时液相生成量受到限制，生成不够充分的缘故。

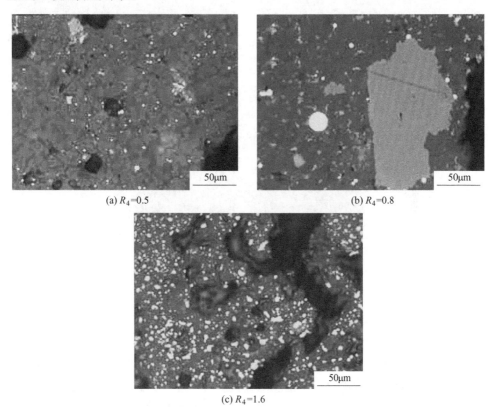

(a) R_4=0.5　　　　　　　　　　　　　　(b) R_4=0.8

(c) R_4=1.6

图4-21　红土镍矿还原焙烧产物的显微结构

（还原焙烧温度：1200℃；焙烧时间：1h；焙烧气氛：100vol.%CO气氛）

继续提高还原温度至1300℃，不同四元碱度红土镍矿团块烧结现象更为明显，红土镍矿中的物相结构被严重破坏，并有大量液相生成，团块内部孔洞尺寸增加，镍铁颗粒之间进一步聚集长大（图4-22）。从不同四元碱度红土镍矿的软熔特征温度可知（图 4-17），1300℃ 的还原焙烧温度高于四元碱度 0.5 和 1.6 时的红土镍矿变形温度，并且此焙烧温度超过四元碱度为 0.8 的红土镍矿流动温度。因此，在四元碱度 0.8 时红土镍矿的液相生成量最多，镍铁颗粒的长大尤为显著，部分镍铁颗粒尺寸达到 50μm 左右。

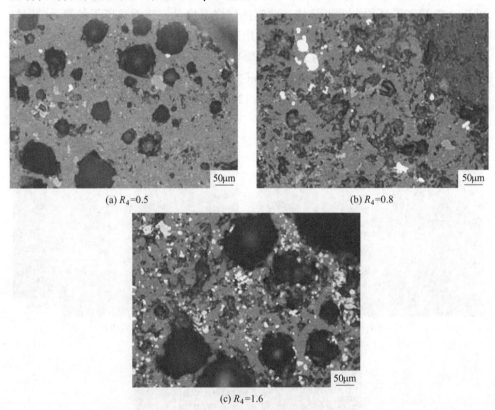

(a) R_4=0.5　　　　　　　　　　(b) R_4=0.8

(c) R_4=1.6

图 4-22　红土镍矿还原焙烧产物的显微结构
（还原焙烧温度：1300℃；焙烧时间：1h；焙烧气氛：100vol.%CO 气氛）

图 4-23 所示为四元碱度 0.5 和 0.8 的红土镍矿团块经还原焙烧后产物的扫描电镜图。从图 4-23（a）和（b）可以看出，四元碱度 0.5 和 0.8 的红土镍矿在 1100℃ 还原焙烧后，内部出现了细小的镍铁颗粒。在四元碱度 0.5 时，镍铁颗粒尺寸普遍小于 5μm。当四元碱度为 0.8 时，镍铁颗粒尺寸有所长大，部分颗粒直径达到 10μm 左右。在 1100℃ 还原温度下焙烧，红土镍矿中的矿物保持原有的结构，镍铁颗粒分散在原有矿物颗粒内部，没有发生聚集现象，表明在 1100℃ 还原焙烧时，主要发生红土镍矿中镍、铁氧化物的还原。

在还原温度达到 1200℃ 后，从图 4-23（c）和（d）中结果可知，四元碱度分别为 0.5 和 0.8 时的红土镍矿团块内部均出现了一定量的无定型相，此为还原焙烧过程中液相的生成，与此同时团块内部仍然存在大量未熔化的物相。相对而言，四元碱度为0.8时，团块内部生成的液相量更多，未熔化物相相应减少，其边缘也接近熔化。1200℃还原焙烧生成的镍铁颗粒已经迁移至液相中，在未熔化相中的镍铁颗粒明显减少。在相同的四元碱度条件下，提高还原焙烧温度至1200℃，镍铁颗粒尺寸也呈增长趋势。在四元碱度为0.5时，仅少部分镍铁颗粒尺寸超过5μm，当四元碱度为0.8，部分镍铁颗粒尺寸超过15μm。

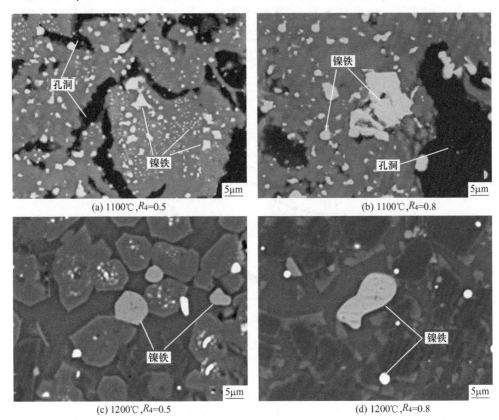

(a) 1100℃,R_4=0.5　　　　　　　　　　　(b) 1100℃,R_4=0.8

(c) 1200℃,R_4=0.5　　　　　　　　　　　(d) 1200℃,R_4=0.8

图4-23　红土镍矿在100vol.% CO气氛中还原1h后的扫描电镜图

4.4.1.2　镍铁颗粒粒度分布特征

不同四元碱度红土镍矿团块经还原焙烧后，采用光学显微镜及图像分析软件统计焙烧产物中镍铁颗粒数量及单个颗粒面积。假设镍铁颗粒为球形，即在二维平面下可看成圆形，通过镍铁颗粒面积可计算颗粒粒径与体积。不同尺寸镍铁颗粒所占体积比如图4-24~图4-26所示。从图4-24~图4-26中镍铁颗粒尺寸统计结果可以看出，随着四元碱度的提高，还原焙烧团块中大尺寸的镍铁颗粒直径呈先增大后减小的趋势，但在不同还原焙烧温度下其所占体积比有所差别。

在1100℃还原焙烧后（如图4-24所示），四元碱度0.5的团块中镍铁颗粒尺寸基本小于9μm。从体积分布结果来看，各尺寸颗粒所占体积比接近，表明在此条件下所生成的镍铁颗粒呈分散分布状。随着红土镍矿四元碱度提高到1.0，大颗粒镍铁尺寸增加，所占体积比同步提高。部分镍铁颗粒尺寸达到30μm左右，该尺寸颗粒占全部镍铁颗粒体积比例超过3%。表明随着红土镍矿四元碱度的提高，镍铁颗粒出现一定程度的聚集长大，但仍然有许多细小的颗粒未能相互团聚。四元碱度进一步提高至1.6，还原焙烧后大尺寸镍铁颗粒相对于四元碱度0.5时增加，但增加幅度不如四元碱度1.0时。镍铁颗粒的尺寸最大增加至25μm左右，体积比有所下降，为2.5%左右。

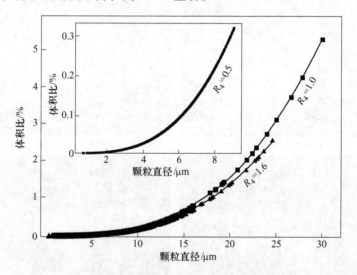

图4-24　红土镍矿还原焙烧后产物的镍铁颗粒体积比
（还原焙烧温度：1100℃；焙烧时间：1h；焙烧气氛：100vol.%CO气氛）

还原焙烧温度提高至1200℃，四元碱度0.5的还原团块中大颗粒镍铁尺寸并没有明显提高，但从图4-25中可以发现其中6~9μm左右镍铁颗粒的所占体积比有明显增加，表明在此温度下部分细小的镍铁颗粒出现聚集。而在四元碱度为1.0和1.6的还原团块中，镍铁颗粒尺寸分布及其所占体积比的变化与四元碱度0.5时有所差别。其中，四元碱度1.0和1.6时的镍铁颗粒尺寸最大值分别提高至32μm和27μm左右。相对于1100℃还原焙烧时，其大尺寸镍铁颗粒直径增加并不明显，体积比则分别下降至3.5%和1.4%左右。中间尺寸镍铁颗粒所占体积比例增大，表明提高还原焙烧温度促进了小尺寸镍铁颗粒长大，只是长大程度受到一定限制。

图4-26为还原焙烧温度达到1300℃后不同四元碱度的还原焙烧团块中镍铁颗粒分布。从图中可以看出，随着还原焙烧温度的进一步提高，镍铁颗粒直径增

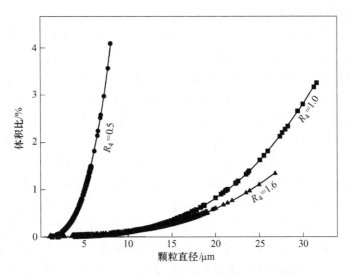

图 4-25　红土镍矿还原焙烧后产物的镍铁颗粒体积比
（还原焙烧温度：1200℃；焙烧时间：1h；焙烧气氛：100vol.%CO 气氛）

长趋势明显，尺寸超过 50μm 的镍铁颗粒所占体积比也出现增加。特别是四元碱度为 1.0 和 1.6 的还原团块，这一现象尤为显著。四元碱度 0.5 的红土镍矿还原焙烧团块中镍铁颗粒最大尺寸为 10μm 左右，体积比接近 7%。四元碱度提高至 1.0，镍铁颗粒最大尺寸达到 65μm 左右，该尺寸颗粒所占体积比提高到 9%，进一步提高四元碱度至 1.6，最大镍铁颗粒的尺寸减小，约为 45μm，但大颗粒所占体积比达到 10%。

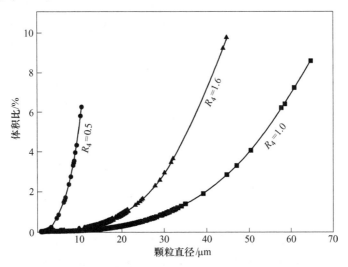

图 4-26　红土镍矿还原焙烧后产物的镍铁颗粒体积比
（还原焙烧温度：1300℃；焙烧时间：1h；焙烧气氛：100vol.%CO 气氛）

还原过程中镍铁颗粒的生长主要是通过液相通道相互聚集，不同温度还原后红土镍矿团块中镍铁颗粒尺寸的变化主要缘于焙烧过程中液相生成量的不同。在焙烧温度1100℃时，四元碱度为0.5、1.0和1.6时团块中没有液相生成，被还原的镍铁颗粒只能通过固相扩散聚集，颗粒的长大程度有限。在还原温度达到1200℃后，四元碱度1.0时生成一定量的液相，镍铁颗粒出现长大。在四元碱度0.5和1.6团块中，1200℃焙烧温度下仅有少量液相的产生，镍铁颗粒有所长大，但长大程度有限。在1300℃下还原，各四元碱度团块中均有一定量的液相生成。四元碱度1.0时的液相生成量最多，在四元碱度1.6时液相生成量最少。从图4-26中镍铁颗粒尺寸分布来看，四元碱度1.6的团块中大直径镍铁颗粒尺寸明显高于四元碱度0.5时。这主要是氧化钙含量的提高，Ca^{2+}置换镁铁橄榄石中Fe^{2+}，释放出Fe^{2+}进一步还原成金属铁，从而提高还原焙烧团块中金属铁总量，在液相生成条件下有利于镍铁颗粒的聚集长大。在四元碱度1.0时，1300℃还原焙烧时液相生成量最多，镍铁颗粒的聚集现象更为显著，颗粒尺寸明显高于其他四元碱度的红土镍矿。

4.4.1.3 平均尺寸

根据统计的镍铁颗粒尺寸及其所占体积比数据，进一步把各粒级镍铁颗粒按尺寸从小到大按体积比进行累积，取累积体积比50%时所对应的镍铁颗粒尺寸D_{50}为该条件下的镍铁颗粒平均尺寸，结果如图4-27和图4-28所示。

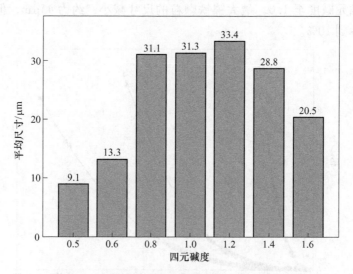

图4-27　四元碱度对镍铁颗粒平均尺寸D_{50}的影响

（还原焙烧温度：1300℃；焙烧时间：1h；焙烧气氛：100vol.%CO气氛）

图4-27所示为红土镍矿四元碱度对还原焙烧后镍铁颗粒平均尺寸的影响。

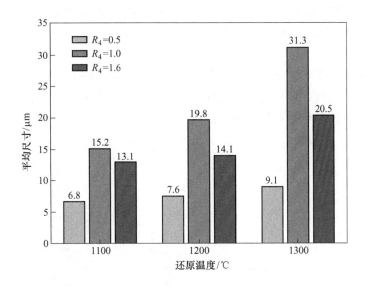

图 4-28 还原温度对镍铁颗粒平均尺寸 D_{50} 的影响

（还原焙烧时间：1h；焙烧气氛：100vol.%CO 气氛）

从图中结果可以看出，在相同的还原焙烧温度和还原气氛下，镍铁颗粒平均尺寸随四元碱度的提高呈先增大后减小的趋势，在四元碱度为 0.8~1.2 范围内镍铁颗粒平均尺寸明显高于其他碱度。在上述四元碱度范围内还原焙烧后的红土镍矿中镍铁颗粒平均尺寸均超过了 31μm。特别是在四元碱度为 1.2 时镍铁颗粒平均尺寸最大，达到 33.4μm。这是由于在合适的四元碱度下能够保证还原焙烧过程中透辉石相的生成（图 4-6），降低红土镍矿物料的液相生成温度和提高液相生成量，有助于还原焙烧过程中镍铁颗粒的聚集长大。

图 4-28 所示不同温度下还原焙烧后红土镍矿中镍铁颗粒平均尺寸变化趋势。随着还原焙烧温度的提高，红土镍矿还原团块中镍铁颗粒平均尺寸呈逐渐增大的趋势，但在不同四元碱度的团块中镍铁颗粒平均尺寸增大程度不一。不同还原焙烧温度及四元碱度条件下，红土镍矿中液相生成量不同，因此在还原焙烧过程中镍铁颗粒的聚集长大机制也不相同。在1100℃还原焙烧时，由于基本没有液相的生成，镍铁颗粒的聚集通过固相扩散实现，颗粒长大受到限制，不同四元碱度时的镍铁颗粒平均尺寸普遍较低。随时还原焙烧温度的提高，还原焙烧过程中液相生成量逐渐增加，细小的镍铁颗粒在液相通道中相互聚集，传质条件得到改善，镍铁颗粒平均尺寸增大。

由于不同四元碱度红土镍矿在高温过程中所生成物相的熔化性质不同，四元碱度为 0.5 时初始液相生成温度较高且液相生成量较少，导致还原焙烧后镍铁颗粒平均尺寸增长并不明显。仅从还原温度 1100℃ 时 6.8μm 提高至 1300℃ 时的

9.1μm。对于四元碱度1.0的条件而言，液相生成温度相对较低，在还原焙烧温度从1100℃升高至1300℃时，还原焙烧后镍铁颗粒平均尺寸从15.2μm提高至31.3μm。

除四元碱度影响红土镍矿液相生成温度之外，还原焙烧气氛下也影响红土镍矿的软熔特征温度，这将对还原过程中镍铁颗粒生长产生影响。不同还原气氛下焙烧产物的镍铁颗粒平均尺寸结果如图4-29所示。

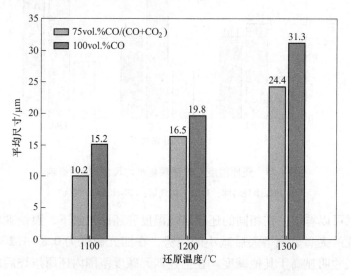

图4-29　还原气氛对镍铁颗粒平均尺寸 D_{50} 的影响

（四元碱度：1.0；还原焙烧温度：1300℃；焙烧时间：1h）

虽然100vol.%CO气氛中红土镍矿软熔特征温度高于75vol.%CO/（CO+CO₂）气氛，但从图4-29中结果可知，在相同还原温度和还原时间下，在100vol.%CO气氛中还原后的镍铁颗粒平均尺寸均高于75vol.%CO/（CO+CO₂）。其主要原因在于在100vol.%CO气氛中铁氧化物的还原被强化，氧化亚铁含量减少，金属铁生成量增加，其软熔特征温度略有降低，但在液相作用下，更多金属铁的聚集使镍铁颗粒尺寸增加。表明在还原过程中氧化亚铁存在对红土镍矿液相生成和镍铁聚集有利，但过量的氧化亚铁存在也可能导致金属铁生成量下降而使镍铁颗粒尺寸减小。

4.4.2　焙砂磨矿-磁选分离镍铁的效果

调控四元碱度对红土镍矿还原焙烧过程中镍铁颗粒生长存在显著影响，在合适的四元碱度范围内，经还原焙烧后红土镍矿中镍铁颗粒明显长大，从而有利于后续镍铁与渣的分离。

4.4.2.1　四元碱度的影响

不同四元碱度还原团块经磨矿-磁选后得到的镍铁分选指标如图4-30所示。自然碱度0.5时还原-磁选效果并不理想，磁选精矿中镍、铁品位分别为3.5wt.%和64.8wt.%，回收率分别为47.3%和75.4%。调控红土镍矿四元碱度，还原产物磨选指标得到改善，磁选精矿的镍、铁品位及其回收率均明显提高。与自然碱度0.5时相比，四元碱度在0.8～1.2范围内，磁选精矿中镍品位提高至7wt.%左右，铁品位达到80wt.%以上，镍、铁回收率也均高于81%。例如，当四元碱度调控至1.0时，磁选精矿中镍、铁品位分别为7.1wt.%和83.7wt.%，回收率分别提高至83.3%和85.8%。

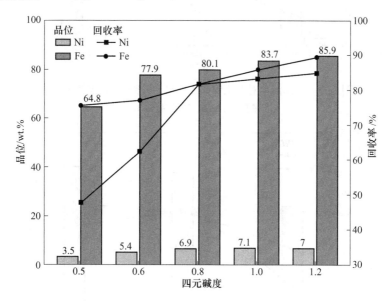

图4-30　四元碱度对红土镍矿还原焙砂-磁选回收镍铁的影响
（还原温度：1200℃；还原时间：1h）

4.4.2.2　还原温度的影响

四元碱度0.5和1.0的红土镍矿团块在1100～1300℃范围内还原后的磨选效果如图4-31和图4-32所示。磁选精矿中镍、铁品位及其回收率均随还原温度的升高而提高。相对于四元碱度1.0，自然碱度0.5时还原温度对还原产物磨选指标的影响更为显著。随着还原温度从1100℃提升至1300℃，磁选精矿中镍、铁品位分别由2.9wt.%、61.3wt.%增加至3.9wt.%、71.4wt.%，镍、铁回收率分别从36.9%、67.1%提高至61.6%、87.9%。自然碱度下温度的影响主要在于，低温时液相生成量少，镍铁颗粒生长有限导致磨选效果差。

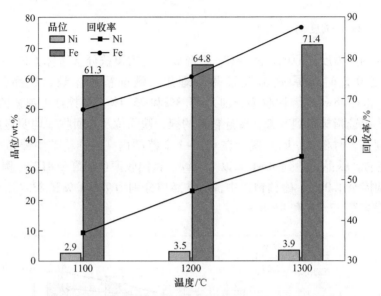

图 4-31　还原温度对红土镍矿还原焙砂-磁选回收镍铁的影响

（碱度 R_4：0.5；还原时间：1h）

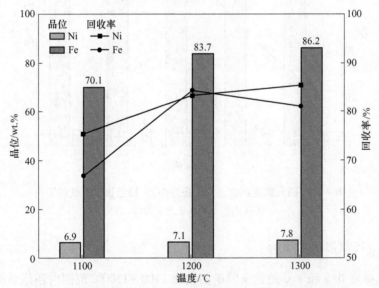

图 4-32　还原温度对红土镍矿还原焙砂-磁选回收镍铁的影响

（碱度 R_4：1.0；还原时间：1h）

　　当四元碱度提高至 1.0 后，随着还原温度的升高，红土镍矿还原产物的磨选指标得到改善（如图 4-32 所示）。当还原温度由 1100℃提高到 1200℃，磁选精矿中镍、铁品位分别从 6.9wt.%、70.1wt.%提高到 7.1wt.%、83.7wt.%，镍、铁回收率分别从 75.3%、66.4%提高到 83.3%、85.8%。碱度提高一方面强化低温下液相的生成，另一方面促进了更多铁氧化物的还原。因此，镍、铁品位及回收率均得到提高，特别是磁选精矿中铁品位及其回收率增加更为明显。当还原温度进一步提高至1300℃，此时磁选精矿中镍、铁品位回收率得到提高，但铁回收率则有所下降。出现该现象的原因在于，在1300℃温度下红土镍矿液相生成过多，团块的烧结导致其内部还原气氛减弱，限制了内部铁的还原，使磁选精矿中铁回收率降低，镍回收率虽然变化不大，但其品位得到提高。

4.4.3 与"大江山"工艺比较

在还原焙烧过程中，红土镍矿的四元碱度、还原焙烧温度等条件均对镍铁颗粒长大产生影响。通过调控红土镍矿的四元碱度和控制还原温度能够改变焙烧过程中红土镍矿的液相生成量，从而影响镍铁颗粒的聚集生长。需要说明的是，上述还原焙烧过程中镍铁颗粒生长研究均在实验室还原炉内静态进行，实际生产过程中回转窑内的物料处于运动状态，这有利于镍、铁氧化物的还原及镍铁颗粒的长大。

图4-33为日本 Nippon Yakin Kogyo 镍铁公司 Hitoshi Tsuji 在实验室模拟大江山生产工艺得到的镍铁颗粒尺寸与焙烧温度之间的关系[15]。所使用红土镍矿中全镍和全铁含量分别为 2.07wt.% 和 14.67wt.%，矿石自然碱度 R_4 为 0.5，其他试验条件为：红土镍矿中无烟煤（F_{Cad}：77.3wt.%）外配量 65kg/t 矿，石灰石（CaO：55.08wt.%）外配量 50kg/t 矿（物料综合碱度 R_4：0.55），还原焙烧时间 2h。将其结果（图4-33）与本书研究结果（表4-1）进行比较，可证实调控四元碱度和还原温度对镍铁颗粒生长的作用。

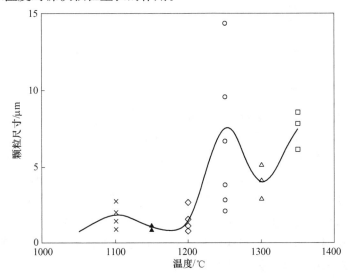

图4-33 实验室模拟大江山工艺下镍铁颗粒尺寸与焙烧温度的关系

由图 4-33 可知，在实验室模拟大江山工艺条件下，随着还原焙烧温度的提高，镍铁颗粒的直径大致呈现增长趋势，但镍铁颗粒直径基本小于 $10\mu m$。在该试验条件下，红土镍矿还原焙烧过程中主要物相为镁铁橄榄石和顽火辉石，在图 4-33 所示的还原焙烧温度下，液相生成量较少，对镍铁颗粒的聚集长大影响有限。这也是大江山生产过程中需要在窑头段提升焙烧温度至 1400~1450℃ 来提高镍铁颗粒尺寸的主要原因。

通过表 4-1 中结果可知，通过控制红土镍矿中四元碱度在 0.8~1.2 范围的低熔点透辉石生成区间内，能够在更低的还原焙烧温度下保证镍铁颗粒的聚集长大。具体而言，在还原焙烧温度 1100℃ 时的镍铁颗粒平均尺寸已经超过图 4-33 中所示 1250~1350℃ 还原焙烧后镍铁颗粒直径。在更高的还原焙烧温度下，以透辉石为低熔点相时，经过还原焙烧后的镍铁颗粒尺寸明显超过以镁铁橄榄石相为低熔点相时的颗粒尺寸。表明通过调控红土镍矿的四元碱度，使还原焙烧过程中低熔点物相由镁铁橄榄石转变成透辉石，有利于液相生成和镍铁颗粒生长。

表 4-1　不同还原条件下红土镍矿团块的镍铁颗粒平均尺寸 D_{50}

碱度 R_4	还原温度/℃	还原时间/min	还原气氛	平均尺寸/μm
	1100			14.5
0.8	1200	60	100 vol. % CO	15.9
	1300			31.0
	1100			15.2
1.0	1200	60	100 vol. % CO	19.8
	1300			31.3
	1100			18.0
1.2	1200	60	100 vol. % CO	27.2
	1300			33.4

现有粒铁法工艺生产实践表明，如果仅仅考虑还原焙烧过程中液相生成，有可能由于液相生成过多而导致物料在回转窑内产生结圈危害，从而影响生产顺行。鉴于此，虽然上述研究表明在合适四元碱度范围内，红土镍矿在 1300℃ 还原焙烧后镍铁颗粒平均尺寸显著增大，但从图 4-34 可知，在此温度下还原焙烧，四元碱度 0.8~1.2 范围内的红土镍矿熔化现象十分严重，基本上全部转变成液相，显然不适合于实际生产。因此，在粒铁法工艺中有必要匹配红土镍矿四元碱度与还原焙烧温度的关系，在保证镍铁颗粒充分长大前提下，控制液相生成量，使其处于合适范围，减轻物料结圈的可能。

综上所述，调控红土镍矿的四元碱度在 0.8~1.2 区间内，保证红土镍矿在

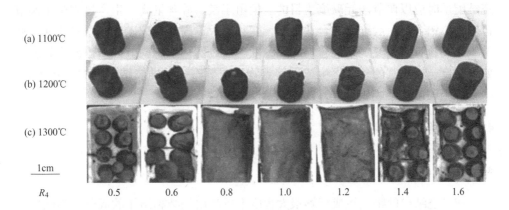

图 4-34 红土镍矿团块在 100vol.%CO 气氛中还原焙烧 1h 后的形貌

还原焙烧过程中生成低熔点透辉石相，可以显著降低粒铁法工艺所需焙烧温度至1200~1250℃，强化镍铁颗粒生长。与"大江山"工艺中高温焙烧温度 1400~1450℃相比，较低的还原焙烧温度对回转窑材质要求更低，操作过程更为简便。同时，在上述条件下，红土镍矿在还原焙烧过程中能够生成适量的液相，能够保证镍铁颗粒的聚集长大。同时红土镍矿团块仍然可以保持原来的形貌，不会发生明显的熔化现象，从而减小还原焙烧过程中物料的结圈可能性。

4.5 软熔性能调控技术在烧结-高炉法中的应用

烧结过程是烧结料中的固体颗粒在焦粉、无烟煤等燃烧产生的高温下发生固相反应，首先生成相应的低熔点化合物，再通过液相反应形成大量熔融物，液相冷凝固结将未融化的固体颗粒黏结在一起，并形成一定强度。烧结成矿过程主要由固相反应、液相生成和冷凝结晶构成。烧结矿以液相固结为主，固相固结为辅，因此，烧结过程中液相的组成、物化性质和液相量在很大程度上决定了烧结矿的产量和品质。液相生成的条件包括烧结料的矿物组成和化学成分，烧结料层的气氛和料层温度等。物化成分是液相生成的物质基础，气氛和温度是液相生成的外部条件。烧结操作的目的，就是创造液相生成所需的物质和环境条件，生成适量、优质的液相，从而保证烧结矿强度和优良的冶金性能[16]。

与铁矿烧结料的成分不同，红土镍矿硅、镁等氧化物含量高，而铁、镍品位非常低，因此在自然碱度下难以生成足够的液相。如果要实现液相的生成，只能通过进一步提高烧结温度或者通过配加熔剂生成低熔点物质。在现行的烧结生产过程中，继续提高烧结料层温度会增加生产成本，并对设备提出更高要求。因此，合理的方法是通过添加熔剂来降低烧结料的软熔温度，促进液相生成。

铁矿烧结配矿过程中主要调节烧结混合料的二元碱度，红土镍矿中镁、硅、铝、钙组分对烧结过程中物相转变及液相生成产生显著影响，因此，在红土镍矿烧结配矿时应以调节四元碱度为目的。但由于镁、硅含量高，生产过程中可调节范围小，铝含量一般维持在合适范围，变化不大，因此在配矿过程中只能通过调节氧化钙含量来改变烧结混合料四元碱度。通过优化配矿调节红土镍矿烧结料的四元碱度，在适宜的条件下生成低熔点物质透辉石，促进烧结过程的液相生成，强化红土镍矿烧结成矿过程，改善烧结产品质量[17,18]。

4.5.1 烧结矿成矿特性

4.5.1.1 物相组成

成品烧结矿的物相组成能够很大程度上反映出烧结黏结相的成分，不同四元碱度红土镍矿成品烧结矿的 XRD 分析结果如图 4-35 所示。烧结混合料水分为 34%，焦粉配比为 12%，内配返矿 25%。从图中可知，自然碱度（$R_4 = 0.5$）下的烧结矿主要以镁铁橄榄石、顽火辉石和尖晶石为主；随着四元碱度的提高，烧结矿的黏结相成分类似，均由镁铁橄榄石、透辉石和钙镁橄榄石组成，其他高熔点物相如镁黄长石、镁蔷薇辉石和硅酸钙黏结相都未能生成。两种不同组分的黏结相的 XRD 定量分析结果如图 4-36 所示。对照 4.1 节中不同气氛下的红土镍矿团块焙烧产物的物相组成，烧结杯试验的结果与弱还原气氛下的团块焙烧结果对应性较好。配碳量较高时，烧结矿在自然碱度下主要以镁铁橄榄石作为黏结相，而在其他碱度下，主要依靠镁铁橄榄石、透辉石和钙镁橄榄石共同作用来保证烧结矿的强度。

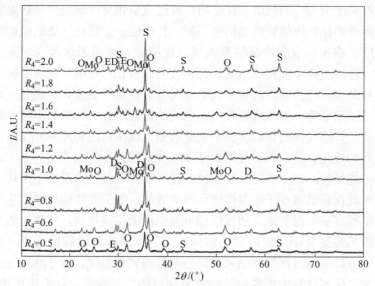

图 4-35 不同四元碱度下红土镍矿烧结矿的 XRD 分析结果

D—透辉石；E—顽火辉石；Mo—钙镁橄榄石；O—镁铁橄榄石；S—尖晶石

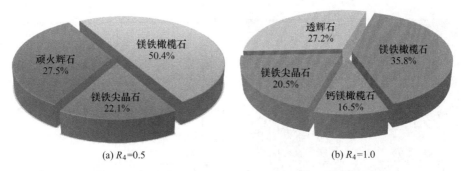

图 4-36　不同四元碱度红土镍矿烧结矿黏结相物相组成

4.5.1.2　显微结构

图 4-37 所示四元碱度为 0.5 和 1.0 的两种烧结矿的显微结构。从图 4-37（a）中可以看出，自然碱度下的烧结矿中，板状浅灰色的镁铁橄榄石和灰白色的尖晶石颗粒镶嵌在深灰色的顽火辉石中，且橄榄石和尖晶石的结晶状态完好。烧结矿黏结相为镁铁橄榄石和顽火辉石。四元碱度为 1.0 时，烧结矿形成以透辉石、镁铁橄榄石和钙镁橄榄石组成的黏结相。从图 4-37（b）中可以看出，尖晶石的结晶状态已经被部分破坏，由于较多液相的生成，团块中开始出现了较多孔洞。

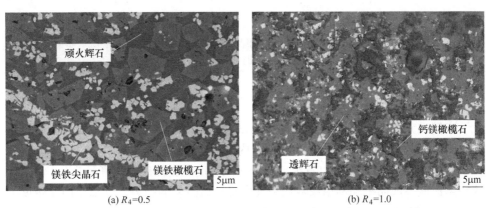

图 4-37　不同四元碱度下的烧结矿显微结构

图 4-38 所示四元碱度为 0.5 的烧结矿的背散射电子图像及 EDS 能谱图。从图中 EDS 能谱图可以看到，在烧结矿中形成的尖晶石中的镁含量比较低，这是由于烧结料层还原气氛比较强，铁更容易变为 FeO，导致 Mg^{2+} 在其中固溶较少。图 4-38（c）所示镁铁橄榄石的化学组成中可以看到，其中的 Fe 含量比较高。从图 4-38（d）所示顽火辉石的化学组成中可以看到，在较强的还原气氛下，顽火辉石中固溶铁明显增多，这也与还原气氛下的焙烧试验结果相一致。

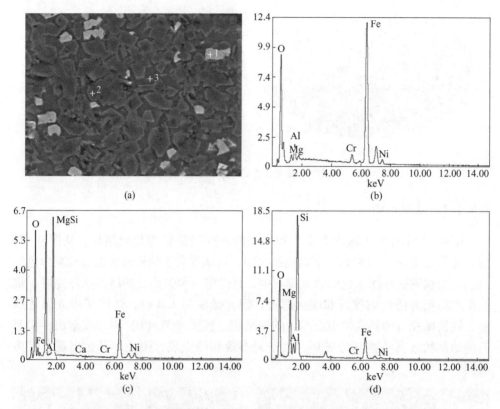

图 4-38　碱度为 0.5 的烧结矿的 SEM-EDS 分析结果

（a）背散射图像；（b）~（d）图（a）中点 1~3 能谱图

4.5.2　烧结杯烧结试验

不同四元碱度红土镍矿烧结杯烧结试验结果如图 4-39 所示。试验控制烧结混合料水分为 34%，焦粉配比为 12%，内配返矿 25%。

从图 4-39 所示结果可以看出，随着四元碱度从自然碱度提高到 2.0，烧结矿的烧结速度、成品率和利用系数均呈现先升高后降低的趋势，且都在四元碱度为 1.0 时达到最大值，但转鼓指数则不断降低。

红土镍矿烧结混合料水分高，并且烧结过程中收缩严重，烧结杯中部形成许多大的孔道，烧结速度均非常快，并且由于四元碱度为 0.8~1.2 时生成较多的透辉石，透辉石的同化性能比自然碱度下镁铁橄榄石的同化性能要好，因此碱度为 0.8~1.2 时的烧结速度比较快。

在自然碱度下的成品率为 72.43%，提高烧结料四元碱度后，烧结矿成品率不断上升，在四元碱度为 1.0 时达到 80.46%。继续提高四元碱度，烧结矿成品率逐渐下降。随着四元碱度从 0.5 提高到 1.0，烧结过程的利用系数从 0.85t/

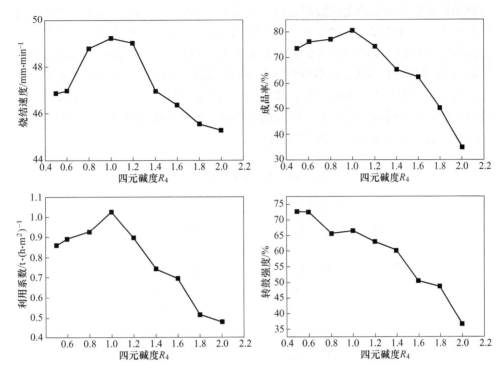

图 4-39 四元碱度对红土镍矿烧结指标的影响

（h·m²）提高到 1.0 t/（h·m²），说明提高烧结料四元碱度能够强化烧结过程。在自然碱度下烧结成品矿转鼓指数为 72.57%，随着四元碱度提高，转鼓强度不断下降，在四元碱度为 1.0 时，转鼓指数为 66.52%，说明提高四元碱度对烧结矿转鼓强度提高不利。

目前对于红土镍矿的烧结矿指标尚无统一定论，从上述结果来看，由于目前红土镍矿高炉法冶炼含镍生铁采用的高炉多为 600m³ 以下的小高炉，因此，对于烧结矿的转鼓强度指标要求比常规铁矿烧结要低，而成品率对于红土镍矿烧结的意义更大。在四元碱度为 1.0 时，实验室烧结杯试验条件下，成品烧结矿的转鼓指数为 66.52%，已经达到铁矿烧结矿的技术指标，且成品率达到 80% 以上，比自然碱度下的成品率高出 6%，说明优化烧结配矿，调控烧结料四元碱度能够有效提高红土镍矿烧结矿产量。

4.5.3 烧结矿冶金性能

烧结矿的冶金性能包括低温还原粉化性能、还原度和熔滴性能，均采用铁矿石烧结矿冶金性能评价方法进行测定。四元碱度分别为 0.5 和 1.0 的两种烧结矿的低温还原粉化指数（RDI$_{+3.15}$）和还原度结果如图 4-40 所示。两种不同四元碱度烧结矿的低温还原粉化指数都达到95%以上，其中四元碱度为1.0时其低温还原粉化指数比自然碱度下的 $RDI_{+3.15}$ 略高。说明两种烧结矿在还原过程中基本不会发生粉化行为，能够保证高炉内的还原强度。两种烧结矿的还原度都比较低，分别为40.2%和40.4%。化学分析结果表明四元碱度为0.5和1.0的烧结矿中氧化亚铁含量分别为23.25wt.%和17.24wt.%，这是因为红土镍矿 SiO_2 含量高，在烧结料的配碳量较高的条件下，导致烧结矿中的氧化亚铁含量较高，烧结矿的还原度比较低、低温还原粉化指数较高。

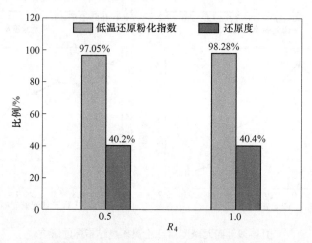

图4-40 四元碱度对烧结矿低温还原粉化指数和还原度的影响

不同四元碱度烧结矿的熔滴性能结果见表4-2。从表中可以看出，四元碱度为1.0时的各项熔滴性能温度均低于自然碱度时的温度。软化开始温度和结束温度低，使烧结矿能够在更低的温度下熔化，有利于降低高炉内的焦比，节省能耗。对于红土镍矿的高炉造渣来说，滴落温度低，在高炉内的"过热度"就大，过热度越大炉渣黏度越小，这对于缓解由于红土镍矿中 Cr_2O_3 过高带来的炉渣黏度高有重要意义，也有助于渣铁分离。此外，软化和软熔区间较窄，可以减少软

表4-2 红土镍矿烧结矿的熔滴性能

滴 落 性 能	$R_4 = 0.5$	$R_4 = 1.0$
软化开始温度 T_a/℃	1024	1008
软化结束温度 T_s/℃	1103	1073
滴落温度 T_m/℃	1197	1113
软化温度区间 ΔT_{sa}/℃	79	65
软熔温度区间 ΔT_{ma}/℃	173	105

熔带对于煤气的阻力，改善高炉炉料的透气性。对于冶炼红土镍矿所用的 300～600m³ 的小高炉来说，普遍操作是在低温下将烧结矿全部熔化再进行还原。对于透气性和软熔带位置、滴落温度等指标的要求较低。鉴于此，四元碱度为 1.0 时可以改善红土镍矿烧结矿的冶金性能。

参考文献

[1] Tsuji H. Influence of non-stoichiometric serpentine in saprolite Ni-ore on a softening behavior of raw materials in a rotary kiln for production of Ferro-nickel alloy [J]. ISIJ International, 2012, 52（3）: 333-341.

[2] Yamasaki S, Noda M, Tachino N. Production of ferro-nickel and environmental measures at Yakin Oheyama Co. , Ltd. [J]. Journal of the Mining and Materials Processing Institute of Japan, 2007, 123（12）: 689-692.

[3] Kobayashi Y, Todoroki H, Tsuji H. Melting behavior of siliceous nickel ore in a rotary kiln to produce ferronickel alloys [J]. ISIJ International, 2011, 51（1）: 35-40.

[4] Luo J, Li G H, Peng Z W, et al. Phase Evolution and Ni-Fe Granular Growth of Saprolitic Laterite Ore-CaO Mixtures during Reductive Roasting [J]. JOM, 2016, 68（12）: 3015-3021.

[5] Li G H, Luo J, Peng Z W, et al. Effect of quaternary basicity on melting behavior and ferronickel particles growth of saprolitic laterite ores in Krupp-Renn process [J]. ISIJ International, 2015, 55（9）: 1828-1833.

[6] 智谦. 腐泥土型红土镍矿烧结成矿特性的研究 [D]. 长沙: 中南大学, 2013.

[7] 吕学伟, 白晨光, 张立峰, 等. 印度尼西亚红土镍矿脱水-烧结机理 [J]. 钢铁, 2008, 43（12）: 13-18.

[8] 樊波, 王介超, 王志花, 等. 硅镁型红土镍矿烧结试验研究 [J]. 矿冶, 2016, 25（1）: 54-58.

[9] 胡途, 白晨光, 吕学伟, 等. 印尼红土矿烧结实验研究 [C]. 中国金属学会, 第七届中国钢铁年会论文集, 北京, 2009.

[10] Li G H, Zhi Q, Rao M J, et al. Effect of basicity on sintering behavior of saprolitic nickel laterite in air [J]. Powder Technology, 2013, 249: 212-219.

[11] Rao M J, Li G H, Zhang X, et al. Reductive roasting of nickel laterite ore with sodium sulphate for Fe-Ni production. Part Ⅱ: Phase transformation and grain growth [J]. Separation Science and Technology, 2016, 51（10）: 1727-1735.

[12] 刘君豪. 红土镍矿的还原软熔特性及镍铁颗粒生长行为的研究 [D]. 长沙: 中南大学, 2014.

[13] 李光辉, 罗骏, 饶明军, 等. 一种强化红土镍矿直接还原工艺制备镍铁的方法. 中国: CN108251659A [P]. 2018-01-16.

[14] 李光辉, 姜涛, 罗骏, 等. 一种提高红土镍矿碳热还原选择性的方法. 中国:

CN104498733B［P］. 2016-08-31.

［15］Tsuji H. Behavior of reduction and growth of metal in smelting of saprolite Ni-ore in a rotary kiln for production of Ferro-nickel alloy［J］. ISIJ International, 2012, 52（6）: 1000-1009.

［16］姜涛. 铁矿造块学［M］. 长沙：中南大学出版社，2016.

［17］Luo Jun, Li Guanghui, Rao Mingjun, et al. Evaluation of sintering behaviors of saprolitic nickeliferous laterite based on quaternary basicity［J］. JOM, 2015, 67（9）: 1966-1974.

［18］李光辉，姜涛，饶明军，等. 一种红土镍矿的烧结配矿方法. 中国：CN104152676B［P］. 2016-04-06.

5　镍铁冶炼渣制备耐火材料新方法

以红土镍矿为原料的预还原-电炉法（RKEF）是当今世界生产镍铁的主流工艺。我国约90%的镍铁是采用RKEF工艺生产，为近十年来我国不锈钢产业的快速发展提供重要的镍原料支撑。然而，红土镍矿的镍、铁品位低，脉石成分含量高，每生产1吨镍铁将产生4~6吨炉渣[1]。冶炼单位镍铁排渣量是普通钢铁冶炼排渣量的10~15倍。随着RKEF工艺的快速发展，镍铁冶炼渣排放量也迅猛增长。由于镍铁冶炼渣成分复杂，现有技术难以实现其大规模利用，目前其利用率仅约10%[1]，其余只能大量堆存。据不完全统计，我国红土镍矿冶炼炉渣累计堆存量超过2亿吨，并仍在以每年3000万吨左右的速度持续增加[2,3]。镍铁冶炼渣的大量堆存占用土地、污染空气与水源，其潜在的环境危害严重。

当前我国将环境保护工作提到了前所未有的高度，由此给镍铁生产企业带来了巨大的环保压力，严重威胁着镍铁及不锈钢工业的可持续发展，镍铁冶炼渣的资源化利用对于镍铁及不锈钢产业的绿色健康可持续发展具有极其重要的意义。

本章系统分析了镍铁冶炼渣资源化利用存在的问题及国内外镍铁冶炼渣资源化利用现状，基于镍铁冶炼渣基本性质，提出了镍铁冶炼渣制备耐火材料新方法及制备高温轻质隔热材料新工艺。

5.1　镍铁冶炼渣基本性质

镍铁冶炼渣是红土镍矿冶炼镍铁后排出的固体残渣，因处理的原料不同，不同冶炼工艺产出渣的化学成分和物相组成也有明显差别。按照镍铁生产工艺大致可分为回转窑镍铁冶炼渣、高炉镍铁冶炼渣和电炉镍铁冶炼渣，其典型的化学成分如表5-1所示。回转窑镍铁冶炼渣与电炉镍铁冶炼渣中氧化镁和与二氧化硅的含量之和在80%左右，高炉镍铁冶炼渣中氧化钙和氧化铝含量远远高于回转窑镍铁冶炼渣与电炉镍铁冶炼渣。三种典型镍铁冶炼渣的XRD分析结果如图5-1所

表 5-1　典型镍铁冶炼渣的主要化学成分　　（wt. %）

镍铁冶炼渣	SiO_2	MgO	FeO	Al_2O_3	CaO	Cr_2O_3	NiO
回转窑镍铁冶炼渣	53.40	28.40	7.14	2.50	5.70	0.90	0.20
高炉镍铁冶炼渣	30.54	12.47	1.54	26.74	21.61	1.78	0.01
电炉镍铁冶炼渣	48.29	30.95	7.39	4.04	2.40	2.11	0.06

注：回转窑镍铁冶炼渣和高炉镍铁冶炼渣取自北海诚德镍业有限公司，电炉镍铁冶炼渣取自广东广青金属科技有限公司。

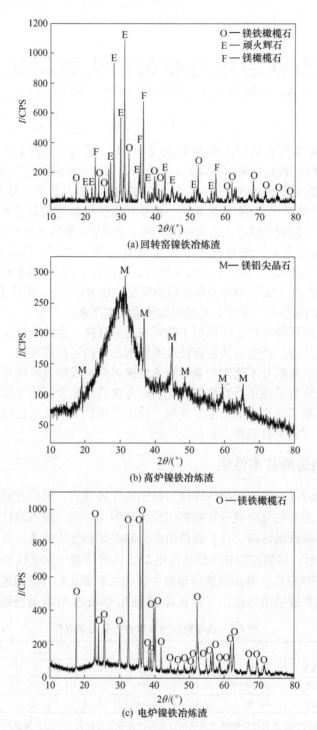

图 5-1　典型镍铁冶炼渣的 XRD 分析结果

示，回转窑镍铁冶炼渣的物相主要为镁铁橄榄石、顽火辉石和镁橄榄石等，高炉镍铁冶炼渣的物相主要为镁铝尖晶石等，电炉镍铁冶炼渣的物相主要为镁铁橄榄石等。

5.2 镍铁冶炼渣综合利用现状

与普通钢铁冶金渣相比，镍铁冶炼渣化学成分更复杂，氧化镁、氧化硅含量高，同时含有氧化亚铁、氧化铝以及少量有害重金属元素（如 Cr 等），资源化利用难度更大。目前主要有用作建材、制备功能材料以及回收有价金属等处置方式。

5.2.1 用作建材

镍铁冶炼渣是经 1600℃ 左右高温熔炼后得到的，具备一定的抗腐蚀性能和稳定性，用作防腐要求比较高的填海物料方面具备一定的潜力，也是良好的路基充填材料和铁路道碴材料。利用镍铁冶炼渣具备一定胶结活性的特点，其也可用作井下充填料、水泥、混凝土掺合料等。

20 世纪 90 年代日本就成功将镍铁冶炼渣用作混凝土骨料、掺合料；在希腊，开展了以镍铁冶炼渣作掺和料生产公路路基材料，利用镍铁冶炼渣作为水泥混合材料、混凝土骨料、陶粒原料，以及利用镍铁冶炼渣制备地质聚合物等的研究，此外，还对以镍铁冶炼渣为原材料生产高铝水泥进行了研究；在美国，将质地坚硬（莫氏硬度为 5~6）的缓冷镍铁冶炼渣作为混凝土掺和料与沥青热混后用于铺设高速公路路面，结果表明具有良好稳定性的气冷镍铁冶炼渣用作热拌沥青的粗、细骨料，可大大提高沥青对环境的适应性。将镍铁冶炼渣用作路基充填料，用量大，可实现其快速消纳处置，但是经济附加值低[1,4]。

在我国，对以镍铁冶炼渣取代部分天然砂石，应用于混凝土工业中的研究表明，经破碎筛分后的镍铁冶炼渣符合建筑用砂的各项指标要求，镍铁冶炼渣掺拌的混凝土与普通天然砂混凝土的性能差异不大。镍铁冶炼渣按不同量取代河砂后对砂浆工作性能、抗压强度、拉伸黏结强度及线膨胀率等影响的研究结果也表明：适当的镍铁冶炼渣取代河砂可提高砂浆流动度、降低砂浆分层度，有利于改善砂浆的工作性能。镍铁冶炼渣取代量低于 80% 时，砂浆的抗压强度随着取代量的增加而增大；若全部替代河砂，则砂浆的抗压强度相比 80% 取代时会有所有降低，砂浆表面平滑性在镍铁冶炼渣取代量超过 60% 后有变差的趋势；拉伸黏结强度在镍铁冶炼渣取代量为 40% 时达到最高值 0.41MPa。但是，由于镍铁冶炼渣砂具有一定的碱-集料反应危害，为保证工程的绝对安全，砂浆中镍铁冶炼渣对砂石的取代量不宜超过 40%[5]。

镍铁冶炼渣中潜在水硬性的氧化钙和氧化铝含量较低，二氧化硅含量较高且硅氧键聚合度较高，活性指数低于 50%，导致镍铁冶炼渣的胶凝性较低。将镍铁冶炼渣用作建材原料的关键是解决镍铁冶炼渣活性低的问题。通过机械活化和化学激发的方式可提高镍铁冶炼渣的胶凝活性。机械活化是将镍铁冶炼渣细磨以提高其活性，一般要求磨矿至比表面大于 $6000cm^2/g$。当镍铁冶炼渣被粉碎磨矿至与水泥熟料相同细度时，镍铁冶炼渣掺量为 25% 时各项指标虽符合 PO32.5 水泥的相关要求，但其活性指数达不到国标 GB/T 18046—2008 中粒化高炉矿渣粉的技术指标；化学激发是以脱硫石膏、电石渣、硫酸钠等作为激发剂，提高镍铁冶炼渣的胶凝活性，配合外加高效减水剂（如木质素磺酸盐、萘磺酸盐），既能满足料浆输送过程对流动度的要求，又可以进一步提高充填体的强度。相应充填体养护 7 天后的抗压、抗折强度分别为 2.90MPa 和 0.48MPa，养护 28 天后的指标分别为 6.30MPa 和 1.01MPa，这些指标均达到水泥基胶结充填料的强度要求[6,7]。

此外，镍铁冶炼渣中二氧化硅和氧化铁的含量较高，可替代部分黏土和含铁矿粉作为制备水泥熟料的原材料。以湿粉煤灰-镍铁冶炼渣替换原有的黏土-铁矿石配料，并用油母页岩渣作为矿物掺合料，成功生产出 PC32.5R 复合硅酸盐水泥、PO32.5R 普通硅酸盐水泥及 PO42.5 以上品种的水泥。但由于镍铁冶炼渣中氧化镁含量高，会对水泥体系安定性产生不利影响，需要严格控制其掺合量。水泥生产配料中镍铁冶炼渣掺合量最多为 10%。以镍铁冶炼渣代替铁粉配料，不仅显著提高立窑上煅烧的台时产量，而且明显改善水泥熟料质量[8]。

与钢渣等冶金渣一样，镍铁冶炼渣也可用作混凝土掺合料。镍铁冶炼渣辅助胶凝材料具有减水增塑、增强、减缩、抗碳化等多种有利效应，随着掺量的增加，复合胶凝体系标准稠度用水量逐渐减少，胶砂流动度逐渐增大，工作性能明显提高。将镍铁冶炼渣、钢渣等冶金渣和适量激发剂（石膏或水玻璃）混合后，粉碎磨矿至细度 $400\sim800m^2/kg$，在等量取代 10%~30% 水泥的条件下，不仅能使混凝土强度得到大幅提高，而且工作性能也得到了显著改善，混凝土拌合物坍落度值增大，经时损失降低。混凝土中镍铁冶炼渣取代水泥的适宜掺量为 15%[9]。

除了用于水泥与混凝土外，镍铁冶炼渣还可用来生产建筑砌块。以细磨镍铁冶炼渣作为胶结材料、破碎后的镍铁冶炼渣作为集料与碱性激发剂（水玻璃）和校正剂（用于调整镍铁冶炼渣细粉中的氧化钙和氧化铝含量）混合均匀后，在 90℃ 下蒸汽湿热养护 8h，镍铁冶炼渣建筑砌块的抗压强度可达 28.9MPa，此时镍铁冶炼渣配比高达 94%[10]。此外还发现，用破碎后的镍铁冶炼渣作为集料生产的建筑砌块强度比用河砂作为集料的高，这是因为镍铁冶炼渣在破碎过程中形成了许多新的断面，断面上存在着不饱和的 SiO—O 键和 Al—O 键，在碱性溶液的作用下也能发生活化反应，形成方沸石型的水化硅铝酸钠和钙沸石型的水化硅铝酸钙，从而促进了碱激发矿渣与作为集料的镍铁冶炼渣之间的结合，提高了建筑砌块的整体强度。在镍铁冶炼渣与矿渣比例为 1:1，水泥、激发剂（NS 和 CA）分别占镍铁冶炼渣与矿渣总重量的 20%、2.5%，水胶比为 0.5，胶配比为 1:3 的配比下，浇筑成型，经常温养护制成性能符合 JC 422—2007 中 MU25 等级要求的免烧砖[11]。

以粉煤灰和镍铁冶炼渣为原材料，在碱激发剂（水玻璃和氢氧化钠）的作用下制备地质聚合物胶凝材料。制备的镍铁冶炼渣地质聚合物 28 天抗压强度高达 110.32MPa，且热稳定性和耐久性优良，30 次冻融循环内镍铁冶炼渣地质聚合物的质量损失率小于 2%，抗压强度仍可达 83.93MPa。当粉煤灰掺量达到 50% 时，粉煤灰-镍铁冶炼渣地质聚合物材料的 28 天抗压强度虽下降了 33.0%，但仍可达 71.83MPa，远远高于以纯粉煤灰制备的地质聚合物的抗压强度；掺合量为 50% 的粉煤灰-镍铁冶炼渣地质聚合物也具有较好的热稳定性和耐性，30 次冻融循环内质量损失率小于 2%，抗压强度仍可达 54.93MPa[12~14]。

5.2.2 制备功能材料

根据镍铁冶炼渣的化学组成及物相特性，直接将其制备成相应的功能材料，是实现镍铁冶炼渣高值化利用的新思路。目前，研究较多的是将镍铁冶炼渣用于制备微晶玻璃、无机矿物纤维、隔热材料等[15~25]。

生产微晶玻璃是一种高效利用固体废弃物的新方法[15]。微晶玻璃是将特定组成的基础玻璃，在加热过程中通过控制晶化而制得的一类含有大量微晶相及玻璃相的多晶固体材料。微晶玻璃介于玻璃和陶瓷之间，具有很多优异的性能，在建筑、运输、航空、生物、电子、国防等领域中都有广泛的应用。20 世纪 50 年代末，矿渣微晶玻璃在苏联研制成功，随后矿渣微晶玻璃获得迅猛发展，并实现产业化生产。

$CaO\text{-}MgO\text{-}Al_2O_3\text{-}SiO_2$（CMAS）系微晶玻璃具有抗弯、抗压和抗冲击性能优良、化学稳定性好、耐磨性强的特点，已被广泛用作高档建筑装饰材料替代天然花岗岩和高档墙地砖。镍铁冶炼渣中 SiO_2、MgO 组分含量高，高铝粉煤灰中 SiO_2、Al_2O_3、CaO 组分含量高，两者组分互补，因此，以镍铁冶炼渣为主要原料，协同利用粉煤灰可制备 CMAS 系微晶玻璃。将 55% 镍铁冶炼渣和 45% 粉煤灰的混合物在 1550℃ 下熔融，保温 1h 之后的熔渣倒入冷水中进行水淬，将水淬渣磨矿至-200 目（0.074mm）后，获得 CMAS 系微晶玻璃基础料，再将基础料在 860℃ 下成核烧结 1h、980℃ 下晶化 1.5h，即可得到主晶相为钙长石和顽火辉石、辅晶相为尖晶石的微晶玻璃，产品抗弯强度高（86.76MPa）、吸水率低（0.09%）[17]。利用镍铁冶炼渣制备微晶玻璃技术上可行性，但制备工艺流程长、晶化过程控制难度大、需要多次高温处理、能耗高，迄今尚未见产业化应用的报道。

利用含 60%~65%（$SiO_2+Al_2O_3$）的镍铁冶炼渣高温时黏结性强、生产冶炼温度（1500~1600℃）范围内有良好成纤特性，采用垂直喷吹法和离心喷吹法制取镍铁冶炼渣纤维[18]。镍铁冶炼渣纤维可作为工业炉砖壁膨胀缝填料。该方法生产无机矿物纤维成本较低，耐火度可达 700℃，较炼铁高炉渣纤维高出 100℃以上；在腐蚀介质中，镍铁冶炼渣纤维的化学稳定性也比炼铁高炉渣纤维好。但是，镍铁冶炼渣纤维所需成分与电炉熔炼造渣成分间存在差异，同时需要在高温条件下操作，两个过程需要相互匹配、协调难度较大。

近年来，国内也有利用镍铁冶炼渣制备无机矿物纤维研究的相关报道，主要是利用冶炼合金过程中产生的高温（1600℃以上）炉渣，在借助高速离心特种专用设备加工制成超细无机矿物纤维（纤维直径 3~6μm，长度 30~90μm），超细无机纤维再经过软化、改性、化学处理后，替代植物纤维应用于造纸，生产保温材料和其他建筑材料等。这种方法制备得到的纤维常含有渣沫，粗细、长短不一，纤维的均匀性难以保证，仍需加以解决[19,20]。

针对镍铁冶炼渣物相组成主要为镁铁橄榄石（$2[(Mg,Fe)O]\cdot SiO_2$）的特点，以镍铁冶炼渣、轻烧镁砂细粉、碳酸镁细粉、硅微粉为原料，以二氧化钛微粉、氧化锆微粉和炭黑为添加剂，配料混合后在 500~700℃条件下保温 4~8h，再在 1300~1550℃的条件下保温 2~6h，制备得到体积密度为 1.55~1.75g/cm³、耐压强度为 5.5~8.5MPa、-20μm 孔径气孔率为 77%~88%、1000℃时热导率为 0.665~0.695W/(m·K) 的镁橄榄石型轻质隔热材料[21]。该方法较好地利用了镍铁冶炼渣的成分和物相特点，镍铁冶炼渣的配加量最大可达 75%，为基于镍铁冶炼渣特性开展资源化高效利用提供了一条新思路。但是，与一般隔热材料要求相比，该轻质隔热材料体积密度仍然偏大（体积密度一般应小于 1.3g/cm³）、热导率偏高，产品质量有待进一步提升。此外，添加剂成分较复杂，生产流程长、两段保温过程能耗高。

5.2.3　回收有价金属

从镍铁冶炼渣中回收有价金属，主要有湿法和火法两种工艺，湿法工艺是采用酸浸或碱熔的方法将渣中的镍、钴、铬等元素以离子形式溶解后，再从溶液中分离和提纯有价组分。火法工艺是通过焙烧实现镍铁冶炼渣中镍、钴、铁、镁等有价成分的选择性富集，然后再进行分离回收。

为了从镍铁冶炼渣中分离回收镍和铬，通过磁选方法预先将镍富集于磁性物中，大部分铬则留在非磁性物中，磁性物采用常压酸浸提取镍，非磁性物采用碱熔方式提取铬，其基本原理如下：

$$NiO + H_2SO_4 = NiSO_4 + H_2O \qquad (5-1)$$

$$Cr_2O_3 + Na_2CO_3 \Longrightarrow Na_2Cr_2O_4 + CO_2 \tag{5-2}$$

酸浸提镍是将富集于磁性物中的氧化镍以硫酸镍的形式溶解于酸中；碱熔提铬是将非磁性物中的氧化铬与碱反应，生成易溶于水的铬酸钠。结果表明，磁选后镍从 0.26wt.% 富集至 2.57wt.%，铬从 4.55wt.% 富集至 4.61wt.%；以 220g/L 硫酸溶液为浸出剂在 110℃ 的温度下浸出磁性物 2h，镍的浸出率达 91.5%；非磁性物用碳酸钠焙烧提取铬，在碳酸钠/非磁性物质量比为 0.65、焙烧温度为 1000℃、焙烧时间 1h 的条件下，铬的浸出率为 94.1%。采用硫酸浸出也可从镍铁冶炼渣中分离回收镍、钴，在适宜的工艺条件下，钴、镍的浸出率分别可达 77% 和 35%[27~29]。

运用皮江法的基本原理，以铝-硅-铁为还原剂，采用真空热还原法可从镍铁冶炼渣中提取镁，其还原反应如下：

$$CaO(s) + MgO(s) + Al(l) \Longrightarrow 12CaO \cdot Al_2O_3(s) + Mg(g) \tag{5-3}$$

皮江法从镍铁冶炼渣中提镁的工艺流程如图 5-2 所示。以铝-硅-铁合金为还原剂、CaF_2 添加量 3%、真空度 1~5Pa 等条件下于 1200℃ 下还原 5h，镍铁冶炼渣中氧化镁的还原率为 46.82%[30]。

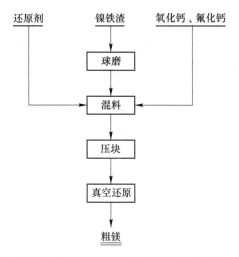

图 5-2　皮江法从镍铁冶炼渣中提镁的工艺流程

湿法回收工艺由于镍铁冶炼渣中镁、硅含量较高，酸耗量大，且酸浸时进入溶液中的离子组成复杂，给后续有价组分的分离提纯带来不利影响。同时，酸浸过程中生成的硅胶造成溶液黏度大、固液分离困难，硅胶中还容易夹带有价组分，降低其回收率。因此，回收成本高，分离提纯难度大限制了该技术的发展。

镍铁冶炼渣中镍、钴、铁等含量低、赋存关系复杂，采用火法回收工艺处理时存在有价元素富集比低、工艺总体效率偏低、综合能耗高等不足。

综上，受镍铁冶炼渣自身性质所限，目前仅少量消耗于井下充填胶结料、生产建材和合成地聚物等方面，镍铁冶炼渣的资源化还存在利用率不高、工艺总体效率偏低、生产成本高、制备的材料性能有待进一步提高等问题，其高效利用工艺发展仍然面临重大挑战。利用镍铁冶炼渣生产市场前景好、不产生二次污染、附加值高的新型材料是实现其高效资源化利用的必由之路，值得进一步深入研究。如前所述，镍铁冶炼渣成分复杂，与其他方法相比，根据镍铁冶炼渣化学及物相组成特点，利用镍铁冶炼渣制备镁质耐火材料具有原料匹配性好，资源利用率较高，产业化前景大等优势。

5.3 镍铁冶炼渣制备耐火材料基本原理

电炉镍铁冶炼渣 SiO_2 含量高（40wt. %～50wt. %），MgO 含量高（25wt. %～35wt. %），还含有一定量的 FeO（5wt. %～10wt. %），Al_2O_3（2wt. %～5wt. %），Cr_2O_3（0.1wt. %～3wt. %）等，主要物相为橄榄石类。从其主要化学组成与物相组成上看，镍铁冶炼渣与镁橄榄石型耐火材料相似。为此，先从理论上分析了利用镍铁冶炼渣制备耐火材料的可行性。

5.3.1 $\Delta_r G_m^{\ominus}$-T 图

在耐火材料烧结过程中，镍铁冶炼渣体系中可能发生的反应及计算所得各反应标准状态吉布斯自由能与温度的关系如表 5-2 和图 5-3 所示。

从表 5-2 和图 5-3 中可以看出，体系中的 MgO 与 SiO_2 发生反应生成镁橄榄石的趋势大于生成顽火辉石的趋势，在小于 1575℃时，生成的顽火辉石可以与 MgO 进一步发生反应生成镁橄榄石，但是体系中 SiO_2 过量时，SiO_2 又可与生成的镁橄榄石发生反应生成顽火辉石。同时，MgO 还可与体系中的 Al_2O_3、Fe_2O_3、Cr_2O_3 发生反应生成高熔点的镁铝尖晶石（$MgO \cdot Al_2O_3$，熔点 2105℃）、镁铁尖晶石（$MgO \cdot Fe_2O_3$，熔点 1713℃）、镁铬尖晶石（$MgO \cdot Cr_2O_3$，熔点 2350℃），尖晶石的生成可提高体系的熔点，因此，为保证耐火材料具有较高的耐火度，需使体系中 MgO 过量。除此之外，体系中的 CaO 与 Al_2O_3 较易发生反应，生成的铝酸钙（$CaAl_2O_4$）也为高熔点物质（1600℃）。

表 5-2　镍铁冶炼渣与镁砂烧结体系各反应的 $\Delta_r G_m^{\ominus}$-T 方程式

反应	可能发生的反应	$\Delta_r G_m^{\ominus} = A + BT/\text{kJ} \cdot \text{mol}^{-1}$
(1)	$2MgO + SiO_2 \Longrightarrow Mg_2SiO_4$	$-14.594 + 0.00008T$
(2)	$MgO + SiO_2 \Longrightarrow MgSiO_3 (T<1575℃)$	$-8.6401 + 0.0007T$
(3)	$MgSiO_3 + MgO \Longrightarrow Mg_2SiO_4 (T<1575℃)$	$-6.49 + 0.00011T$

反应	可能发生的反应	$\Delta_r G_m^{\ominus} = A + BT/\text{kJ} \cdot \text{mol}^{-1}$
(4)	$Mg_2SiO_4 + SiO_2 \rightleftharpoons 2MgSiO_3 (T < 1575℃)$	$-2.1507 - 0.0018T$
(5)	$MgO + Al_2O_3 \rightleftharpoons MgO \cdot Al_2O_3$	$-1.6418 - 0.0013T$
(6)	$MgO + Cr_2O_3 \rightleftharpoons MgO \cdot Cr_2O_3$	$-29.223 + 0.0194T$
(7)	$MgO + Fe_2O_3 \rightleftharpoons MgO \cdot Fe_2O_3$	$-9.6483 + 0.0048T$
(8)	$2FeO + SiO_2 \rightleftharpoons 2FeO \cdot SiO_2$	$-76.42 + 0.034T$
(9)	$FeO + SiO_2 \rightleftharpoons FeO \cdot SiO_2$	$-8.0385 + 0.0041T$
(10)	$2FeO + Al_2O_3 \rightleftharpoons 2FeO \cdot Al_2O_3$	$-30.41 + 0.0096T$
(11)	$SiO_2 + Al_2O_3 \rightleftharpoons Al_2O_3 \cdot SiO_2$	$-24.716 - 0.0021T$
(12)	$CaO + SiO_2 \rightleftharpoons CaO \cdot SiO_2$	$-21.414 - 0.0002T$
(13)	$3CaO + Al_2O_3 \rightleftharpoons 3CaO \cdot Al_2O_3$	$-12.6 - 0.024T$
(14)	$CaO + Al_2O_3 \rightleftharpoons CaO \cdot Al_2O_3$	$-18 - 0.0188T$
(15)	$Mg_2SiO_4 + 2Al_2O_3 + 4SiO_2 \rightleftharpoons 2MgO \cdot 2Al_2O_3 \cdot 5SiO_2 (T < 1475℃)$	$-1.8171 - 0.0047T$

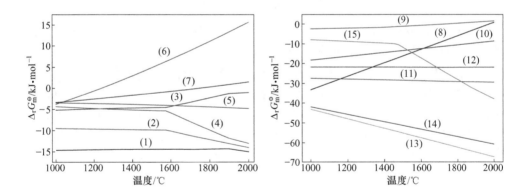

图 5-3 表 5-2 中反应 $\Delta_r G_m^{\ominus}$-T 关系

5.3.2 体系相图分析

5.3.2.1 MgO-SiO$_2$、MgO-Fe$_2$O$_3$ 系相图

由 MgO-SiO$_2$ 系二元相图（图 5-4）可知，镁橄榄石（Mg$_2$SiO$_4$）的熔点较高，达到 1890℃，与顽火辉石（MgSiO$_3$）一起均是 MgO-SiO$_2$ 二元系中的二元化合物，镁橄榄石与氧化镁的共熔点较高，达到 1850℃，但是，镁橄榄石与顽火辉石共存时出现液相的温度很低，只有 1557℃。因此，为了保证利用镍铁冶炼渣制备得到

的耐火材料具有高的耐火度，应提高体系中氧化镁含量，使得体系中的 MgO 过量，尽量使耐火材料中不存在顽火辉石相。

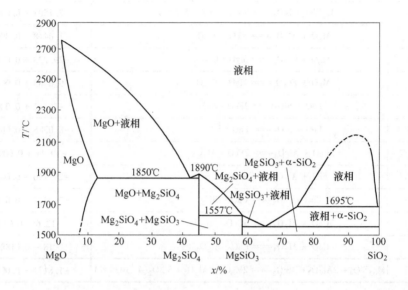

图 5-4   MgO-SiO$_2$系相图

此外，在 800 ℃左右时，镍铁冶炼渣中的镁铁橄榄石可在氧化气氛下很快分解，形成镁橄榄石、氧化铁和非晶质的二氧化硅。

$$2[(Mg \cdot Fe)O \cdot SiO_2] + 3/2O_2 \!\!=\!\!=\!\! Mg_2SiO_4 + SiO_2 + Fe_2O_3 \qquad (5\text{-}4)$$

分解产生的二氧化硅可与氧化镁反应生成镁橄榄石，在 1200～1400℃时，氧化铁可与氧化镁反应生成镁铁尖晶石（MgO·Fe$_2$O$_3$）。在空气中 MgO-Fe$_2$O$_3$二元相图如图 5-5 所示。镁铁尖晶石是 MgO-Fe$_2$O$_3$系统中唯一二元化合物，其理论化学组成为 MgO 20.1wt.%，Fe$_2$O$_3$ 79.9wt.%。镁铁尖晶石在 1000℃以上可固溶于方镁石（MgO）中，使方镁石形成镁方铁矿（（Mg，Fe）O），溶解量随温度升高而增大，在近 1713℃时，溶解 Fe$_2$O$_3$最高可达 70%。虽然镁铁尖晶石在 1713℃即可分解出现液相，但当固溶于方镁石中形成镁方铁矿后，可使此固溶体出现液相的温度有所提高。此外，镁铁尖晶石向方镁石中溶解，由于形成的阳离子类晶格内有空位的异价型固溶体，并储存较高的晶体能量，提高了活性，故可明显的改善方镁石的烧结和再结晶，特别是在烧结初期，带有 18 个电子层的严重极化的离子，对主要在烧结初期进行的表面扩散有很大影响[31]。

因此，在保证镍铁冶炼渣体系中氧化镁含量的条件下，镍铁冶炼渣中的镁铁橄榄石分解产生的氧化铁与方镁石反应生成的镁铁尖晶石熔点在 1713℃，不仅不会显著减低体系的耐火度，其固溶于方镁石中还可起到促进烧结的作用。

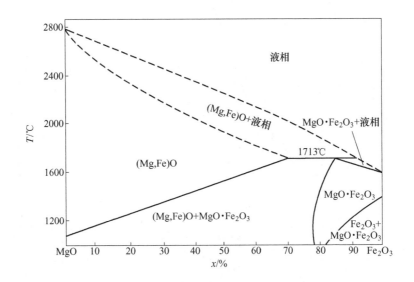

图 5-5 MgO-Fe$_2$O$_3$系相图

5.3.2.2 MgO-SiO$_2$-Cr$_2$O$_3$、MgO-SiO$_2$-Al$_2$O$_3$系三元相图

镍铁冶炼渣中除了含有二氧化硅、氧化镁、氧化亚铁以外，还含有一定量的三氧化二铬、三氧化二铝等，其对镍铁冶炼渣体系的影响可通过 MgO-SiO$_2$-Cr$_2$O$_3$、MgO-SiO$_2$-Al$_2$O$_3$系三元相图进行分析。从图 5-6 可以看出，在 MgO-SiO$_2$-Cr$_2$O$_3$ 体系中，MgO 含量小于 40wt.%时，可能会有顽火辉石和游离的三氧化二铬存在；当 MgO 含量大于 40wt.%时，体系中均为高熔点的镁橄榄石、镁铬尖晶石和方镁石。从图 5-7 可以看出，在 MgO-SiO$_2$-Al$_2$O$_3$ 体系中，MgO 含量小于 40wt.%时，可能会有顽火辉石、游离二氧化硅、堇青石等低熔点物相存在；当体系中 MgO 含量大于 40wt.%时，体系中均为高熔点的镁橄榄石、镁铝尖晶石和方镁石。

对 MgO-SiO$_2$-Cr$_2$O$_3$、MgO-SiO$_2$-Al$_2$O$_3$系三元相图分析发现，可以通过提高体系中氧化镁的含量得到镁橄榄石、方镁石、尖晶石等高熔点物相。

5.3.2.3 MgFe$_2$O$_4$-MgSi$_2$O$_4$、MgCr$_2$O$_4$-MgSi$_2$O$_4$、MgAl$_2$O$_4$-MgSi$_2$O$_4$系相图

由图 5-8~图 5-10 可以看出，体系中最低液相生成温度为 1720℃，镁铬尖晶石与镁橄榄石的最低液相生成温度为 1810℃。镁铝尖晶石与镁橄榄石的最低液相生成温度相对较低，为 1650℃，但可以通过控制体系中镁铝尖晶石的含量小于20%，来保证镁橄榄石型耐火材料的耐火度。

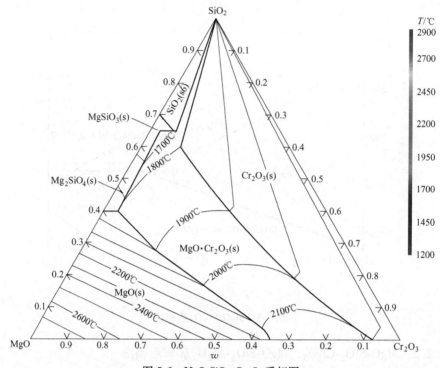

图 5-6　MgO-SiO₂-Cr₂O₃系相图

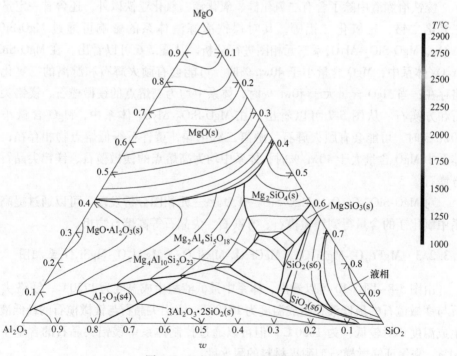

图 5-7　MgO-SiO₂-Al₂O₃系相图

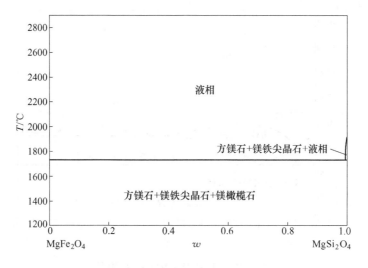

图 5-8　$MgFe_2O_4$-$MgSi_2O_4$系相图

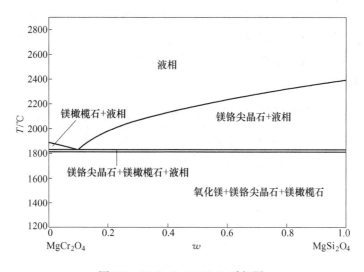

图 5-9　$MgCr_2O_4$-$MgSi_2O_4$系相图

从以上的热力学研究可以发现，结合镍铁冶炼渣高硅、高镁、含铝、含铬，主要物相为镁铁橄榄石的原料特性，通过提高镍铁冶炼渣体系中氧化镁含量，促使镍铁冶炼渣物相转变，制备以镁橄榄石为主相，以尖晶石为辅助相的耐火材料具有理论可行性。

5.3.3　镁砂调控镍铁冶炼渣的物相转变

以镁砂作为调节镍铁冶炼渣体系中氧化镁含量的原料，首先采用 FactSage

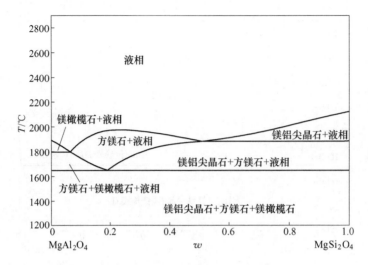

图 5-10 　MgAl$_2$O$_4$-MgSi$_2$O$_4$系相图

7.1软件计算了不同镁砂添加量条件下，镍铁冶炼渣体系的理论物相组成。从图5-11可以看出，当镁砂添加量超过5wt.%时，体系中的顽火辉石相消失，液相量随着镁砂添加量的升高逐渐降低。在镁砂添加量为15wt.%时，体系中开始出现方镁石相，且随着镁砂添加量的进一步升高，体系中方镁石、镁橄榄石和尖晶石相均逐渐增多。

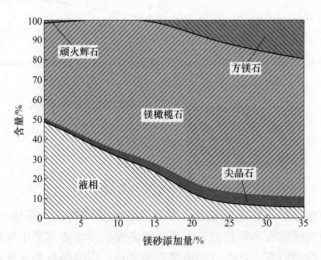

图 5-11 　不同镁砂添加量下镍铁冶炼渣的理论物相组成（1350℃）

固定成型过程中氯化镁溶液（浓度：1.3g/cm^3）的添加量为5wt.%，成型压力为100MPa，烧成温度为1350℃，烧成时间为3h；镁砂添加量为0wt.%、5wt.%、10wt.%、15wt.%、20wt.%、25wt.%、30wt.%、35wt.%时镍铁冶炼渣的物相转变规律，结果如图 5-12 和图 5-13 所示。随着镁砂添加量的增加，镍铁冶炼渣的物相转变过程可分为 4 个阶段：在不加镁砂时，试样的物相组成为镁铁橄榄石和顽火辉石；镁砂添加量为 5wt.%~10wt.% 时，物相组成为镁铁橄榄石、顽火辉石、镁橄榄石、镁铬尖晶石；镁砂添加量为 15wt.%~20wt.% 时，试样物相组成为镁铝尖晶石、顽火辉石、镁橄榄石、镁铬尖晶石；镁砂添加量至 25wt.%~35wt.%，顽火辉石全部转变为镁橄榄石，同时还出现方镁石。

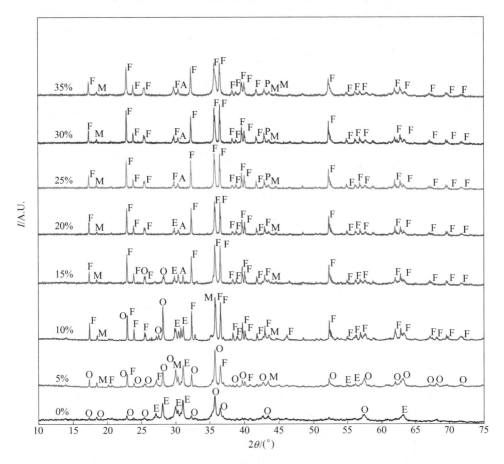

图 5-12　不同镁砂添加量下镍铁冶炼渣焙烧后的 XRD 分析结果（1350℃，3h）

A—镁铝尖晶石；M—镁铬尖晶石；E—顽火辉石；O—镁铁橄榄石；F—镁橄榄石；P—方镁石

　　进一步对镁砂添加量分别为 0wt.%、20wt.%、35wt.% 试样进行了 SEM-EDS 分析，结果分别如图 5-14~图 5-16 所示。从图 5-14 可以看出，当镁砂添加量为 0wt.% 时，试样中主要有白、灰、黑 3 个物相区域，通过 EDS 分析，点 1~3 分别为高铁相、高硅相和镁铁橄榄石相，其结构组成与镍铁冶炼渣原料几乎没有变化。从图 5-15、图 5-16 可以看出，随着镁砂添加量的增加，试样结构变化不明

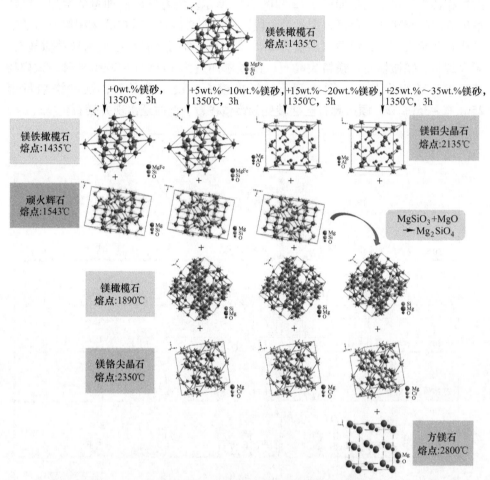

图 5-13　镁砂作用下镍铁冶炼渣物相转变示意图

显，也主要有白、灰、黑3个物相区域，其中白色区域为尖晶石相，灰色区域为高硅相，黑色区域为镁橄榄石相。但是，通过EDS分析发现，这3个物相区域中的二氧化硅含量均下降，而氧化镁含量不断升高。

以上结果表明，在镍铁冶炼渣中添加镁砂后焙烧，可实现渣中物相的定向转变，由原来的镁铁橄榄石相向镁橄榄石和尖晶石相转变。这一结果与前面相图分析结果完全一致。

5.4　镍铁冶炼渣制备镁橄榄石型耐火材料新方法

理论研究发现，可以通过添加镁砂调控镍铁冶炼渣的物相转变，使其生成高熔点的镁橄榄石、尖晶石相。为此，以镍铁冶炼渣为原料，以镁砂为添加剂，系统研究了镁砂添加量、烧成温度、烧成时间等对所制备耐火材料性能的影响。

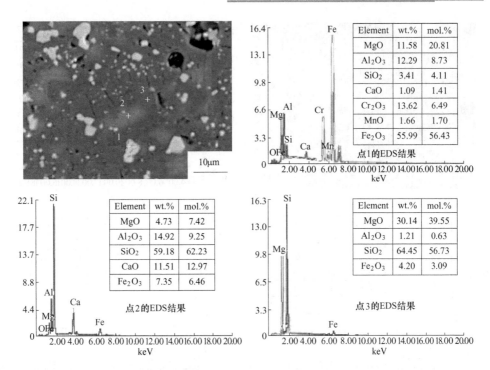

图 5-14 镁砂用量为 0wt. %时产品 SEM-EDS 分析结果

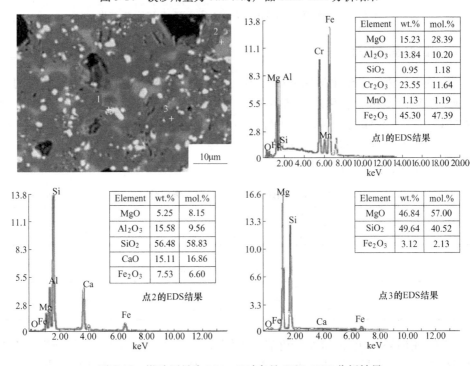

图 5-15 镁砂用量为 20wt. %时产品 SEM-EDS 分析结果

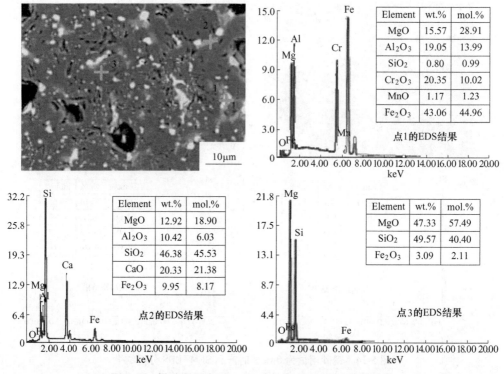

图 5-16 镁砂用量为 35wt.%时产品 SEM-EDS 分析结果

5.4.1 试验原料与方法

镍铁冶炼渣的主要化学成分如表 5-3 所示。由表 5-3 可知，镍铁冶炼渣的主要成分为氧化镁和二氧化硅，其中氧化镁含量为 30.95wt.%，二氧化硅含量为 48.29wt.%，氧化镁与二氧化硅质量比为 0.69，氧化亚铁含量为 7.39wt.%，氧化镍含量仅为 0.06wt.%，其烧损为 0.73wt.%。镁砂的主要化学成分如表 5-4 所示，其氧化镁含量为 94.51wt.%。

表 5-3 镍铁冶炼渣的主要化学成分 （wt.%）

成分	FeO	NiO	SiO₂	CaO	MgO	Al₂O₃	Cr₂O₃	烧损
含量	7.39	0.06	48.29	2.40	30.95	4.04	2.11	0.73

表 5-4 镁砂的主要化学成分 （wt.%）

成 分	MgO	CaO	SiO₂	Al₂O₃	Fe₂O₃
含 量	94.51	1.53	0.98	1.13	0.65

镍铁冶炼渣和镁砂的 XRD 分析结果分别如图 5-17 和图 5-18 所示。镍铁冶炼渣的物相组成单一，主要为镁铁橄榄石（$Mg_{1.8}Fe_{0.2}SiO_4$）；镁砂的物相组成为方镁石。

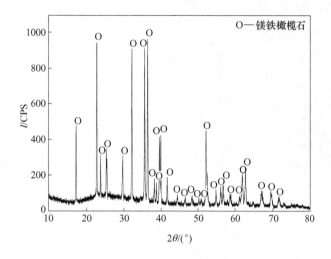

图 5-17　镍铁冶炼渣的 XRD 分析结果

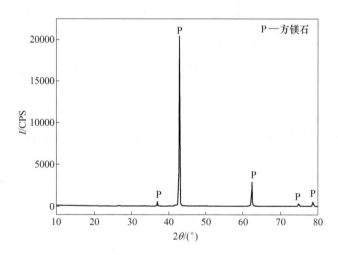

图 5-18　镁砂的 XRD 分析结果

图 5-19 为镍铁冶炼渣的 SEM-EDS 分析结果。从图中可以看出，镍铁冶炼渣中主要存在三相，其中黑色相中镁硅含量相近；而淡黑色相中硅含量较高，镁含量较低，氧化铝、氧化亚铁含量也较高；灰色相中氧化硅、氧化铝、氧化亚铁含量比淡黑色相中更高，氧化镁含量低。总之，虽然镍铁冶炼渣中物相组成主要为镁铁橄榄石，但各相中镁、硅、亚铁等氧化物的含量并不相同。

试验流程主要包括四个环节。首先将镍铁冶炼渣与镁砂混合进行磨矿，混磨至合适粒度后，加入结合剂混合均匀，将混合料压制成型，烧制得到耐火材料，对耐火材料进行性能检测。

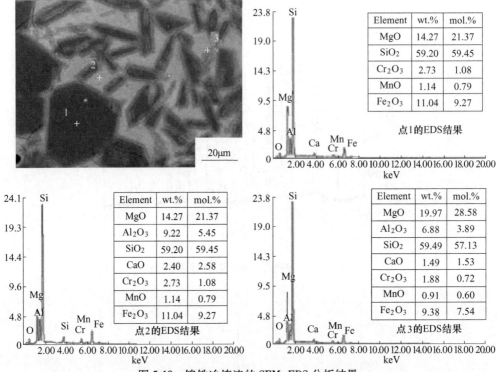

图 5-19　镍铁冶炼渣的 SEM-EDS 分析结果

（1）预处理：将镍铁冶炼渣于行星球磨机内磨细至-0.074mm 占86wt.％左右。将磨细后的镍铁冶炼渣与适量的镁砂加入行星球磨机中，混磨 10min，得到混磨后的试样。

（2）压制成型：取一定量混磨后的试样，加入 5wt.％的氯化镁溶液（浓度：1.3 g/cm³），混合均匀；混合试样倒入直径为20 mm 的模具中，采用100MPa 的压力将其压制成 20 mm×20 mm 的圆柱形团块。

（3）团块烧结：将压制得到的团块放入 105℃烘箱中干燥 24h；将干燥后的团块放入马弗炉中并设定到目标温度，之后开始升温，当温度升至目标温度后开始计时，保温一定时间后，关闭马弗炉，团块随炉冷却至常温。

（4）性能检测：当冷却至常温后，对产品的耐火度、体积密度与显气孔率、抗压强度、抗热震性分别依据标准 GB/T 7322—2007、GB/T 2997—2000、GB/T 5072—2008、YB/T 376.3—2004 的方法进行检测。

5.4.2　镁砂添加量

固定烧成温度为 1350℃、烧成时间为3h，研究了镁砂添加量分别为 5wt.％、10wt.％、15wt.％、20wt.％、25wt.％、30wt.％、35wt.％对耐火材料性能的影响。

镁砂添加量对试样耐火度的影响如图 5-20 所示。可以看出，镁砂添加量对产品耐火度的影响大致可以分为镁铁橄榄石主导、镁橄榄石和尖晶石增长、镁橄榄石和尖晶石主导 3 个阶段，当镁砂添加量从 0wt.% 增加到为 10wt.% 时，产品的耐火度从 1443℃ 提高到 1454℃，增加非常缓慢，这是因为此阶段镁砂添加量不足，体系中只有少量的镁橄榄石和尖晶石相生成，镁铁橄榄石处于主导地位；当镁砂添加量从 10wt.% 增加到 20wt.% 时，产品的耐火度增长迅速，此时，体系中镁橄榄石和尖晶石相大量生成，促使试样耐火度快速升高；当镁砂添加量进一步增加，产品耐火度缓慢升高，体系中镁橄榄石和尖晶石相起主导作用。

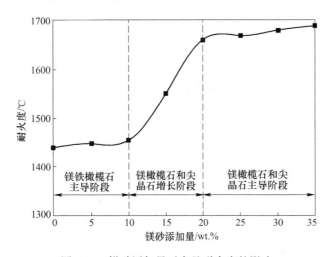

图 5-20 镁砂添加量对产品耐火度的影响

镁砂添加量对产品体积密度及显气孔率的影响分别如图 5-21 和图 5-22 所示。从图 5-21 可以看出，随着镁砂添加量从 5wt.% 增加至 20wt.%，产品的体积密度从 2.74g/cm³ 升高到 2.92g/cm³，进一步提高镁砂添加量，体积密度逐渐减小，当镁砂添加量增加到 35wt.% 时，体积密度仅为 2.36g/cm³。从图 5-22 可以看出，随着镁砂添加量的增加，产品的显气孔率的变化趋势与体积密度相反，随着镁砂添加量从 5wt.% 增加至 20wt.%，产品的显气孔率从 7.95% 降低至 1.82%，进一步提高镁砂添加量，显气孔率相反逐渐增大，当镁砂添加量增加到 35wt.% 时，显气孔率为 20.94%，这是由于受到尖晶石生成量的影响。镁砂添加量的增加会导致尖晶石生成量的增多，而尖晶石的再结晶能力比较弱且它的生成会伴随着较大的体积膨胀，这会给烧成过程中试样的致密化带来一定困难。因此，镁砂添加量增加使得产品的体积密度降低，显气孔率上升。

镁砂添加量对产品抗压强度的影响如图 5-23 所示。图 5-23 可以看出，镁砂添加量对产品抗压强度的影响规律与其对产品体积密度的变化趋势类似，随着镁砂添加量从 5wt.% 增加到 20wt.%，产品的抗压强度从 54.08MPa 增加到 100.60MPa，进一步增加镁砂添加量，抗压强度逐渐降低。

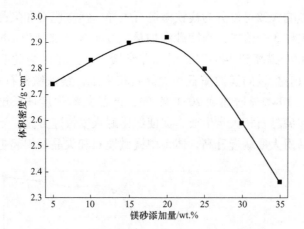

图 5-21 镁砂添加量对产品体积密度的影响

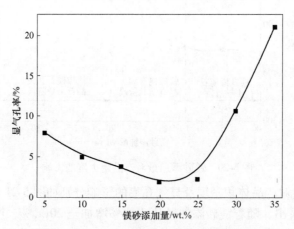

图 5-22 镁砂添加量对产品显气孔率的影响

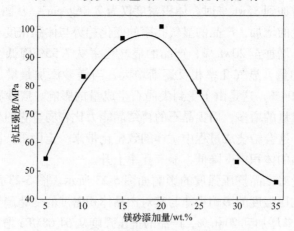

图 5-23 镁砂添加量对产品抗压强度的影响

表 5-5 给出了不同镁砂添加量得到的产品水化实验后的重量增加率,虽然随着镁砂添加量的增加重量增加率呈升高的趋势,但产品水化实验后的重量增加率较低,整体性能优良。

表 5-5 不同镁砂添加量得到的产品水化实验后的重量增加率

镁砂添加量/wt. %	5	10	15	20	25	30	35
重量增加率/wt. %	0.009	0.007	0.002	0.004	0.007	0.011	0.027

采用水急冷法来检测耐火制品的抗热震性。将产品放在 1100℃ 马弗炉中保温 20min 后取出,放在水槽中急剧冷却 3min,取出放在空气中风干 5min 后再放回马弗炉中,如此重复,直至产品表面产生裂痕,记录它们各自的循环次数。试验结果如表 5-6 所示,随着镁砂添加量超过 20wt. %,产品的抗热震性开始变差。

表 5-6 镁砂添加量对产品抗热震性的影响

镁砂添加量/wt. %	5	10	15	20	25	30	35
循环次数/次	2	2	4	4	2	2	2

不同镁砂添加量得到的产品的主要化学成分如表 5-7 所示。从表中可以看出,在镁砂添加量为 20wt. % 时,$MgO/SiO_2 = 1.38$,与镁橄榄石的理论 MgO/SiO_2 最为接近,此时得到的耐火材料性能最佳。

表 5-7 不同镁砂添加量下产品的成分特性

镁砂添加量/wt. %	主要化学成分/wt. %					MgO/SiO_2 (质量比)
	MgO	SiO_2	Fe_2O_3	Al_2O_3	CaO	
5	37.84	38.74	9.50	3.98	1.23	0.98
10	40.44	36.32	9.06	3.72	1.22	1.11
15	42.49	35.85	9.26	3.62	1.22	1.19
20	45.54	33.05	8.91	3.76	1.21	1.38
25	49.28	32.86	8.79	3.42	1.28	1.50
30	51.06	31.69	8.45	3.26	1.31	1.61
35	53.03	30.39	7.79	3.40	1.30	1.74

5.4.3 烧成温度的影响

固定成型过程中氯化镁溶液(浓度:1.3g/cm³)的添加量为 5wt. %,成型压力为 100MPa,镁砂添加量为 20wt. %,烧成时间为 3h;研究了烧成温度分别为 1250℃、1300℃、1350℃、1400℃、1450℃、1500℃ 的耐火材料性能。

在不同的烧成温度下得到的耐火材料的耐火度如图 5-24 所示，从图 5-24 可以看出，在烧成温度分别为 1250℃、1300℃、1350℃、1400℃、1450℃、1500℃时，产品的耐火度均大于 1600℃，烧成温度对耐火材料耐火度的影响不明显。

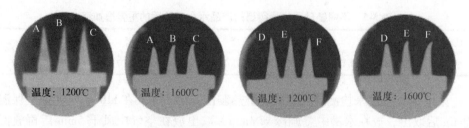

图 5-24　烧成温度对产品耐火度的影响

A—1250℃；B—1300℃；C—1350℃；D—1400℃；E—1450℃；F—1500℃

不同烧成温度对产品体积密度和显气孔率的影响分别如图 5-25 和图 5-26 所示。从图 5-25 可以看出，随着烧成温度的提高，产品的体积密度先上升后下降，在烧成温度为 1350℃时，体积密度最大，为 2.92g/cm³。从图 5-26 可以看出，随着烧成温度从 1250℃提高到 1300℃，产品的显气孔率从 19.34%下降至 7.69%，在 1350℃时，显气孔率达到最小值，为 1.81%，随着烧成温度的进一步提高，产品的显气孔率有小幅增大的趋势。这是因为在烧成温度较低时，液相生成量少，致密性较差，随着烧成温度的提高，液相生成量增加，有利于产品致密。

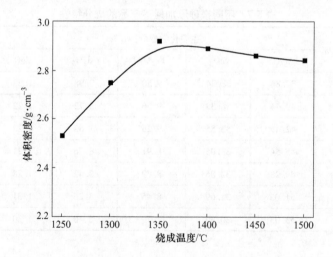

图 5-25　烧成温度对产品体积密度的影响（烧成时间：3h）

不同烧成温度对产品抗压强度的影响如图 5-27 所示。从图 5-27 可以看出，随着烧成温度从 1250℃提高到 1400℃，产品的抗压强度从 67.32MPa 增加至 136.62MPa，进一步提高烧成温度，产品的抗压强度逐渐减小。

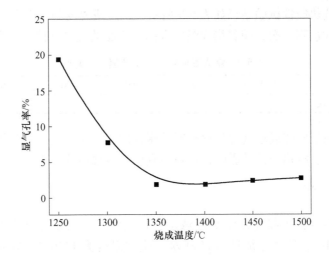

图 5-26 烧成温度对产品显气孔率的影响（烧成时间：3h）

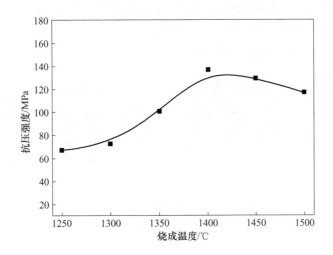

图 5-27 烧成温度对产品抗压强度的影响（烧成时间：3h）

不同烧成温度对产品抗水化性的影响如表 5-8 所示。从表 5-8 可以看出，产品水化实验后的重量增加率均很低，随着烧成温度的提高，重量增加率先降低后提高，在 1350℃时，产品水化实验后的重量增加率最小，仅为 0.004%，具有很好的抗水化性能。

表 5-8 不同烧成温度得到的产品水化实验后的重量增加率

烧成温度/℃	1250	1300	1350	1400	1450	1500
重量增加率/wt. %	0.035	0.005	0.004	0.005	0.022	0.025

产品的抗热震性试验结果如表 5-9 所示，在烧成温度为 1350℃，产品的热震实验循环次数达到 4 次，随着烧成温度升高，产品的抗热震性开始变差。

表 5-9　烧成温度对产品抗热震性的影响

烧成温度/℃	1250	1300	1350	1400	1450	1500
循环次数/次	2	1	4	3	1	1

综合考虑不同烧成温度对耐火材料的耐火度、体积密度、显气孔率、抗压强度、抗水化性、抗热震性的影响，推荐适宜的烧成温度为 1350℃。

5.4.4　烧成时间

固定成型过程中氯化镁溶液（浓度：1.3g/cm³）的添加量为 5wt.%，成型压力为 100 MPa，镁砂添加量为 20wt.%，烧成温度为 1350℃；研究了烧成时间分别为 1h、2h、3h、4h、5h 的耐火材料性能。

在不同的烧成时间下得到的产品耐火度如图 5-28 所示，从图 5-28 可以看出，在烧成时间分别为 1h、2h、3h、4h、5h 时，产品的耐火度均大于 1600℃，烧成时间对耐火材料耐火度的影响不明显。

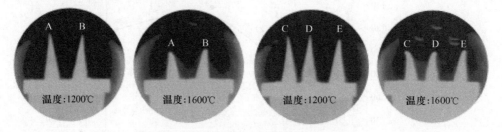

图 5-28　烧成时间对产品耐火度的影响
A—1h；B—2h；C—3h；D—4h；E—5h

｜不同烧成时间对产品体积密度和显气孔率的影响分别如图 5-29 和图 5-30 所示。从图 5-29 可以看出，随着烧成时间从 1h 增加至 4h，产品的体积密度从 2.83g/cm³ 提高至 2.94g/cm³，进一步延长烧成时间，体积密度呈下降趋势。从图 5-30 可以看出，随着烧成时间从 1h 增加至 4h，产品的显气孔率从 6.92% 降低至 1.32%。

不同烧成时间对产品抗压强度的影响如图 5-31 所示。随着烧成时间从 1h 延长至 3h，抗压强度从 77.39MPa 提高至 100.60MPa，进一步延长烧成时间，产品抗压强度逐渐降低。

不同烧成时间对产品抗水化性的影响如表 5-10 所示，产品水化实验后的重量增加率均较低，随着烧成时间的延长，重量增加率先小幅上升，再下降。总体上，产品重量增加率变化幅度不大，表明其具有良好的抗水化性。

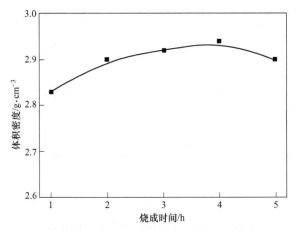

图 5-29　烧成时间对产品体积密度的影响（烧成温度：1350℃）

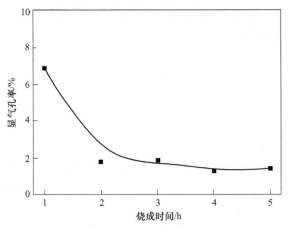

图 5-30　烧成时间对产品显气孔率的影响（烧成温度：1350℃）

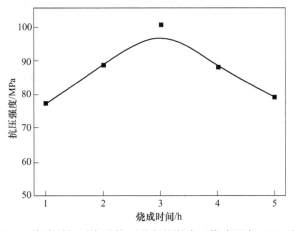

图 5-31　烧成时间对产品抗压强度的影响（烧成温度：1350℃）

表 5-10　不同烧成时间得到的产品水化实验后的重量增加率

烧成时间/h	1	2	3	4	5
重量增加率/wt. %	0.003	0.002	0.004	0.005	0.002

产品的抗热震性试验结果如表 5-11 所示，烧成温度对产品抗热震性的影响不大，在烧成时间为 1~5h 时，产品的热震循环次数为 3~4 次。

表 5-11　烧成时间对产品抗热震性的影响

烧成时间/h	1	2	3	4	5
循环次数/次	3	4	4	3	3

综合考虑不同烧成时间对耐火材料的耐火度、体积密度、显气孔率、抗压强度、抗水化率、抗热震性的影响，确定适宜的烧成时间为 3h。

综上所述，在氯化镁溶液（浓度：1.3g/cm³）的添加量为 5wt. %，成型压力为 100MPa，镁砂添加量为 20wt. %，烧成温度为 1350 ℃，烧成时间为 3h 的条件下，得到的镁橄榄石型耐火材料的耐火度为 1660℃，体积密度为 2.92g/cm³，抗压强度为 100.61 MPa，显气孔率为 1.82%，水化实验的质量增加率仅为 0.004%，抗热震实验循环次数为 4 次，得到的耐火材料具有良好的性能。

5.4.5　工业生产

根据实验室得到的优化工艺参数，在河南某耐火材料公司的生产工厂里开展工业化生产试验，获得耐火度 1660℃、体积密度 2.68g/cm³、抗压强度 100.6MPa、显气孔率 18.5%、水化率 0.004%、热导率 0.1087 W/(m·K) 的镁橄榄石型耐火材料（图 5-32）。与现有镁橄榄石型耐火材料制备技术的对比如表 5-12 所示，本技术以固体废弃物（镍铁冶炼渣）为主要原料，无需预先煅烧处理，烧成温度由传统方法所需的 1500~1550℃ 降低至 1350℃，材料综合性能优于同类型商业制品（表 5-13），具有良好的推广应用前景。

表 5-12　本技术与现有镁橄榄石型耐火材料制备技术的对比

项　目	现　有　技　术	本　技　术
原料	橄榄岩、蛇纹岩（矿物资源）	镍铁冶炼渣（固体废弃物）
原料预处理	橄榄岩需预先煅烧	无需煅烧处理
烧成温度	1500~1550℃	1350℃
烧成时间	3~6h	3h
产品质量	耐火度：1650℃，体积密度：2.65g/cm³，显气孔率：19%	耐火度：1660 ℃，体积密度：2.68 g/cm³，显气孔率：18.5%

烧成前

烧成后

图 5-32 扩大化试验得到的耐火砖坯体实物图

表 5-13 本产品与标准镁橄榄石砖对比

牌号	MgO/%	SiO$_2$/%	耐火度/℃	体积密度/g·cm^{-3}	显气孔率/%
MS-65	65	20~25	1650	2.65	19
MS-60	60	25~30	1650	2.65	19
本产品	45.54	33.05	1660	2.68	18.5

5.5 镍铁冶炼渣制备高温轻质隔热材料新工艺

基于镍铁冶炼渣制备镁橄榄石型耐火材料的研究基础，在保证耐火材料具有较高耐火度的前提下，进一步提出利用添加剂的热分解特性（如使用菱镁矿）以达到"轻质"的目的。同时，添加适量轻质耐火造孔剂和易挥发结合剂以强化高温轻质隔热材料的综合性能。具体来说，前者不仅可以有效提高材料孔隙率，降低材料体积密度，同时可以促进耐火性能的进一步提升；而后者相对（无机结合剂）用量少、分散性好、易于挥发、可优化微观孔隙结构，增加材料微孔率，同时不影响材料高温加工过程中的晶相转变，可进一步保证材料的耐高温与隔热效果。为此，研究了以菱镁矿为镁质添加剂，以漂珠为造孔剂，利用镍铁冶炼渣制备高温轻质隔热材料。

漂珠和菱镁矿的主要化学成分分别如表 5-14 和表 5-15 所示。

表 5-14　漂珠的主要化学成分　　　　　　　（wt. %）

成分	Al_2O_3	SiO_2	Fe_2O_3	K_2O	TiO_2	CaO	MgO	烧损
含量	27.39	52.06	2.29	1.37	1.09	0.67	0.60	14.25

表 5-15　菱镁矿的主要化学成分　　　　　　　（wt. %）

成分	Al_2O_3	SiO_2	Fe_2O_3	CaO	MgO	烧损
含量	2.57	7.59	0.94	2.07	46.80	40.32

试验流程主要包括四个环节：

（1）原料预处理：将镍铁冶炼渣、菱镁矿磨细至-0.074mm。

（2）压制成型：取一定量的镍铁冶炼渣、漂珠和菱镁矿，加入5wt.%的氯化镁溶液（浓度：$1.3g/cm^3$），混合均匀；每次称取 8g 的混合试样，倒入直径为 20mm 的模具中，采用 20MPa 的压力将其压制成 20mm×20mm 的圆柱形团块。

（3）团块烧成：将压制得到的团块放入 105℃ 烘箱中干燥 24h；将干燥后的团块放入高温马弗炉中并将马弗炉设定到目标温度，之后开始升温，当温度升至目标温度后开始计时，保温一定时间后，关闭马弗炉，团块随炉冷却至常温。

（4）性能检测：当冷却至常温后，对得到的试样的耐火度、体积密度与显气孔率、抗压强度、热导率分别依据标准 GB/T 7322—2007、GB/T 2997—2000、GB/T 5072—2008、GB/T 5990—2006 的方法进行检测。

5.5.1　漂珠添加量

试验过程中，固定菱镁矿添加量为15wt.%、烧成温度为1100℃、烧成时间为3h，研究了漂珠添加量对试样体积密度、显气孔率、抗压强度、热导率和耐火度的影响，结果分别如图 5-33～图 5-35 所示。从图 5-33 可以看出，随着漂珠添加量从 30wt.% 增加到 60wt.%，产品的体积密度从 $1.26g/cm^3$ 减小到 $0.93g/cm^3$，显气孔率从 35.31% 增加至 36.35%，抗压强度从 2.74MPa 降低至 1.82MPa。从图 5-34 和图 5-35 可以看出，随着漂珠添加量的增加，产品热导率和耐火度均不断下降，漂珠添加量从 30wt.% 增加到 60wt.%，产品的热导率从 $0.3453W/(m·K)$ 减小到 $0.3045W/(m·K)$，耐火度从 1351℃ 降低至 1275℃。综合考虑，推荐漂珠添加量为 50wt.%。

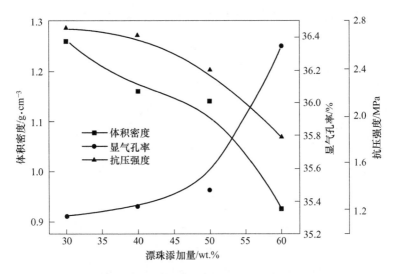

图 5-33 漂珠添加量对产品体积密度、显气孔率和抗压强度的影响

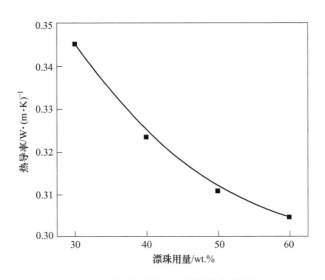

图 5-34 漂珠用量对产品热导率的影响

5.5.2 烧成温度

试验过程中，固定菱镁矿添加量为15wt.%、漂珠用量为50wt.%、烧成时间为3h，研究了烧成温度对产品体积密度、显气孔率、抗压强度、热导率和耐火度的影响，结果分别如图 5-36~图 5-38 所示。从图 5-36 可以看出，随着烧成温度从900℃升高至1200℃，产品体积密度从 0.95g/cm³ 增大至 1.35g/cm³，显气孔率从36.38%降低至31.97%，抗压强度从 0.7MPa 升高至17.07MPa。烧成温度对

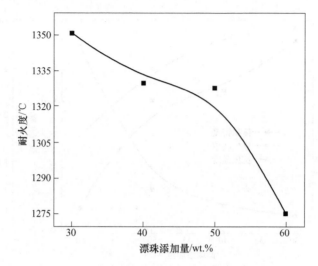

图 5-35　漂珠添加量对产品耐火度的影响

产品热导率和耐火度的影响不大。考虑到烧成温度在1100℃以下时，产品的抗压强度较低，而烧成温度在1100℃以上时，产品的体积密度较大，推荐烧成温度为1100℃。

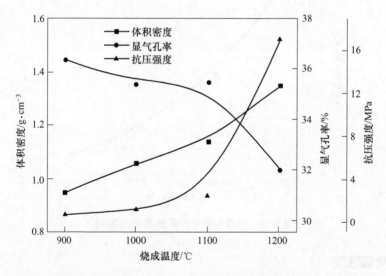

图 5-36　烧成温度对产品体积密度、显气孔率和抗压强度的影响（烧成时间：3h）

5.5.3　烧成时间

　　试验过程中，固定菱镁矿添加量为15wt.％、漂珠用量为50wt.％、烧成温度为1100℃，研究了烧成时间对产品体积密度、显气孔率、抗压强度、热导率和耐

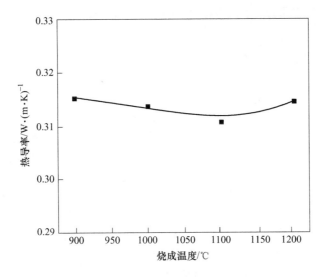

图 5-37　烧成温度对产品热导率的影响（烧成时间：3h）

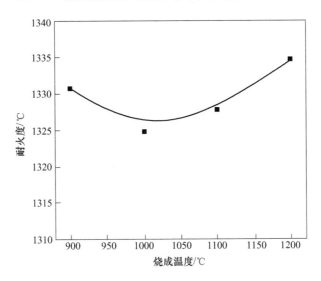

图 5-38　烧成温度对产品耐火度的影响（烧成时间：3h）

火度的影响，结果分别如图 5-39~图 5-41 所示。随着烧成时间的延长，产品体积密度和抗压强度逐渐上升，显气孔率逐渐下降。烧成时间对产品耐火度的影响不大，热导率随着烧成时间的延长而增大。综合考虑，推荐适宜烧成时间为 3h。

在漂珠添加量为 50wt.%、烧成温为 1100℃、烧成时间为 3h 时，所得产品体积密度为 1.14g/cm³，显气孔率为 35.47%，抗压强度为 2.39MPa，热导率为 0.3108W/(m·K)，耐火度为 1328℃，与高温轻质隔热材料基本要求相比（表

5-16），产品已基本可以达到了高温轻质隔热材料的要求。

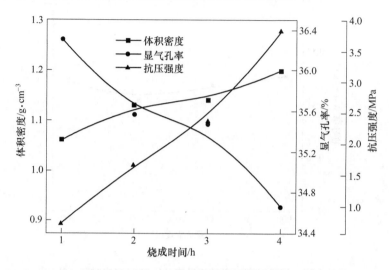

图 5-39　烧成时间对产品体积密度、显气孔率和抗压强度的影响（烧成温度：1100℃）

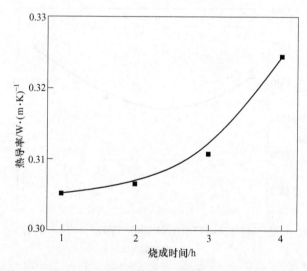

图 5-40　烧成时间对产品热导率的影响（烧成温度：1100℃）

总体上，利用镍铁冶炼渣制备耐火材料的新思路，立足于镍铁冶炼渣的化学成分、物相组成的特点，用以替代天然矿物资源生产性能优异的耐火材料，变废为宝，具有原料成本低、工艺流程简单、产品附加值高、环境友好等优点，可实现镍铁冶炼渣的高效增值化利用，有良好的潜在应用前景，值得深入研究。

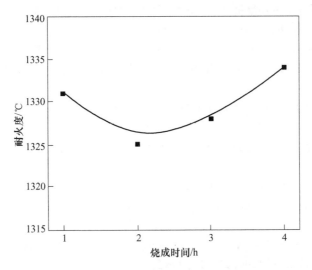

图 5-41 烧成时间对产品耐火度的影响（烧成温度：1100℃）

表 5-16 本产品与高温轻质隔热材料基本要求的对比

类　别	显气孔率/%	体积密度/g·cm⁻³	热导率 / W·(m·K)⁻¹	耐火度 /℃
高温轻质隔热材料[31]	65~78	<1.3	<1.26	>1200
本产品	35.47	1.14	0.3108	1328

参考文献

[1] 葛利杰, 杨鼎宜, 李浩, 等. 镍渣综合利用技术综述 [J]. 生产技术, 2015 (4): 6-9.

[2] 刘维国. "十二五" 中国铁合金行业发展趋势展望 [J]. 铁合金, 2012, 43 (2): 46-48.

[3] 许保见. 我国镍铁行业发展现状 [J]. 中国金属通报, 2011 (14): 20-21.

[4] 张立敏, 田泽峰, 谷丹. 红土镍矿冶炼废渣在公路工程中的应用研究 [J]. 北方交通, 2017 (12): 33-38.

[5] 李剑锋, 吴兆仁. 镍铁冶炼渣砂代替河砂对水泥砂浆性能影响的研究 [J]. 水泥工程, 2017, 30 (4): 5-7.

[6] 孔令军, 赵祥麟, 刘广龙. 红土镍矿冶炼镍铁废渣综合利用研究综述 [J]. 铜业工程, 2014, 128 (4): 42-44.

[7] Saha A K, Sarker P K. Expansion due to alkali-silica reaction of ferronickel slag fine aggregate in OPC and blended cement mortars [J]. Construction and Building Materials, 2016, 123: 135-142.

[8] 刘玉峰, 朱小东. 利用湿粉煤灰、镍渣、铁矿石配料及用工业含废渣做混合材双掺生产水泥的研究 [J]. 中国水泥, 2004 (4): 43-48.

[9] 刘梁友. 镍铁冶炼渣在水泥与混凝土中应用的研究 [D]. 济南: 济南大学, 2016.

[10] 徐彬, 张天石, 邓国柱, 等. 用镍矿渣生产建筑砌块研究 [J]. 环境工程, 1998, 16 (4): 63-74.

[11] 王亚军, 华苏东, 姚晓. 镍渣矿渣免烧砖的试验研究 [J]. 新型建筑材料, 2013 (6): 23-25.

[12] 刘云. 粉煤灰-镍铁冶炼渣地质聚合物的制备及其性能研究 [D]. 济南: 济南大学, 2017.

[13] Yang Y, Yao X, Zhang Z H. Geopolymer prepared with high-magnesium nickel slag: Characterization of properties and microstructure [J]. Construction and Building Materials, 2014, 59: 188-194.

[14] Maragkos I, Giannopoulou I P, Panias D. Synthesis of ferronickel slag based geopolymers [J]. Minerals Engineering, 2009, 22 (2): 196-203.

[15] Wang Z J, Ni W, Jia Y, et al. Crystallization behavior of glass ceramics prepared from the mixture of nickel slag, blast furnace slag and quartz sand [J]. Journal of Non-Crystalline Solids, 2010, 356: 1554-1558.

[16] Rawlings R D, Wu J P, Boccaccini A R. Glass-ceramics: Their production from wastes—A Review [J]. Journal of Material Science, 2006, 41: 733-761.

[17] 张文军, 李宇, 李宏, 等. 利用镍铁冶炼渣及粉煤灰制备 CMSA 系微晶玻璃的研究 [J]. 硅酸盐通报, 33 (12): 3359-3365.

[18] 何其捷, 译. 镍铁冶炼渣制作矿物棉 [J]. 玻璃纤维, 1990 (4): 34-35.

[19] 尹雪. 利用镍铁冶炼高温炉渣制备超细矿物无机纤维的研究 [J]. 有色矿冶, 29 (5): 48-51.

[20] 郑鹏. 镍铁冶炼渣制备无机矿物纤维的研究 [J]. 有色矿冶, 2015, 31 (6): 54-56.

[21] 徐义彪, 李亚伟, 桑绍柏, 等. 一种基于镍铁冶炼渣的镁橄榄石轻质隔热砖及其制备方法: 中国, ZL 201510619761. X [P]. 2017-09-22.

[22] Gu F, Peng Z, Zhang Y, et al. Facile route for preparing refractory materials from ferronickel slag with addition of magnesia [J]. ACS Sustainable Chem. Eng., 2018 (6): 4880-4889.

[23] Peng Z, Gu F, Zhang Y, et al, Chromium: A double-edged sword in preparation of refractory materials from ferronickel slag [J]. ACS Sustainable Chem. Eng., 2018 (6): 10536-10544.

[24] Gu F, Peng Z, Tang H, et al. Preparation of refractory materials from ferronickel slag [C] // Li B, Li J, Ikhmayies S, Zhang M, et al. Characterization of Minerals, Metals, and Materials 2018, Eds. New York: Springer International Publishing, 2018: 633-642.

[25] Gu F, Peng Z, Zhang Y, et al. Valorization of ferronickel slag into refractory materials: Effect of sintering temperature [J]. JOM, in press.

[26] Gu F, Peng Z, Zhang Y, et al, Thermodynamic characteristics of ferronickel slag sintered in the presence of magnesia [C]. Characterization of Minerals, Metals, and Materials 2019, in press.

［27］ Huang F R, Liao Y L, Zhou J, et al. Selective recovery of valuable metals from nickel converter slag at elevated temperature with sulfuric acid solution ［J］. Separation and Purification Technology, 2015, 156: 572-581.

［28］ Gbor P K, Ahmed I B, Jia C Q. Behaviour of Co and Ni during aqueous sulphur dioxide leaching of nickel smelter slag ［J］. Hydrometallurgy, 2000, 57: 13-22.

［29］ 张培育, 郭强, 宋云霞, 等. 从红土镍矿镍铁冶炼渣中分离浸取镍铬工艺 ［J］. 过程工程学报, 2013, 13 (4): 608-614.

［30］ 王建磊, 唐海燕, 李京社, 等. 红土镍矿尾渣提金属镁的工艺研究 ［J］. 轻金属, 2015, 6: 40-45.

［31］ 薛群虎, 徐维忠. 耐火材料 ［M］. 2 版. 北京: 冶金工业出版社, 2013.

索　引